伟大的变革

福建省集体林权制度改革透视与前瞻

洪燕真 / 主编

中国林业出版社
China Forestry Publishing House

图书在版编目(CIP)数据

伟大的变革：福建省集体林权制度改革透视与前瞻 / 洪燕真主编.
—北京：中国林业出版社，2022.11
ISBN 978-7-5219-1976-9

Ⅰ.①伟⋯ Ⅱ.①洪⋯ Ⅲ.①集体林-产权制度改革-研究-福建 Ⅳ.①F326.275.7

中国版本图书馆 CIP 数据核字(2022)第 223535 号

出版	中国林业出版社(100009 北京西城区刘海胡同7号)
电话	010-83143564
发行	中国林业出版社
印刷	北京中科印刷有限公司
版次	2022年11月第1版
印次	2022年11月第1次
开本	787mm×1092mm，1/16
印张	18.25
字数	350千字
定价	90.00元

编委会

编委会主任 王智桢

副 主 任 林旭东　刘伟平

主　　编 洪燕真

副 主 编 陈思莹

编委会成员 郑盛文　戴永务　冯亮明　傅一敏
　　　　　　林伟明　温亚平　温映雪　宋家健
　　　　　　何世祯　王强强　叶　遄　朱艺琦

序 言

绿水青山就是金山银山的成功实践

集体林权制度改革是习近平总书记亲自主导、亲自推动的重大改革,是继土地联产承包责任制之后我国农村的又一次伟大变革。

2002年6月,时任福建省省长习近平在武平县调研时提出,"集体林权制度改革要像家庭联产承包责任制那样从山下转向山上",从此拉开了集体林权制度改革的序幕。福建省在没有现成经验可供借鉴的情况下,先行先试,勇于担当、大胆探索,率先提出"明晰所有权、放活经营权、落实处置权、确保收益权"的改革举措,触及产权深层次问题,为全国林业改革工作破了题;率先探索林权融资,成立林权收储担保机构,首开林权抵押贷款先河,破解了林业融资难、融资贵问题;率先试行重点生态区位商品林赎买、开发林业碳汇、发展林下经济,多渠道探索生态产品价值实现机制;率先开展设施花卉种植保险试点,森林综合保险参保率保持在90%以上;率先扶持新型林业经营主体标准化建设,提升规模效益,破解了小农户对接大市场难题;为全国林业改革探索了路子、积累了经验、作出了示范,起到了很好的带动作用。

党中央、国务院对集体林权制度改革高度重视,中央有关部门时刻关注着这一重大改革,在充分调研和总结福建、江西、辽宁等省试点经验的基础上,2008年党中央、国务院颁发了《全面推进集体林权制度改革的意见》,2009年召开了新中国成立以来的首次中央林业工作会议,对全国推行集体林权制度改革作出了全面部署。20年来，这场改革始终坚持以人民为中心的改革导向，惠及了1亿农户近5亿农民，激发了亿万农民发展林业的积极性，迅速盘活了森林资源资产等生产要素，极大解放和发展了农村生产力，有力促进了生态建设和保护，大大拓展了林业发展空间，有效促进了农民就业和增收致富，基本理顺了山区林区发展的诸多关系，明显促进了农村社会和谐稳定，受到广大林农的热烈拥护，推动了全国林业发展，取得了两大历史性成就。

第一大历史性成就：全国森林资源大幅度增加。据国家林业和草原局2022年公布的数据，与第七次（2004—2008年）全国森林资源清查结果相比，全国森林面积达到34.65亿亩①，新增5.33亿亩；森林覆盖率达到24.02%，新增3.66个百分点；活立木蓄积量达到220.43亿立方米，新增71.30亿立方米；森林蓄积量达到194.93亿立方米，新增57.72亿立方米；每公顷森林蓄积量达到95.02立方米，新增9.14立方米，其中集体林每公顷蓄积量达到70.60立方米，新增14.50立方米。2021年，除森林资源资产价值外，森林生态产品价值达16.62万亿元。

第二大历史性成就：全国林业产业产值成倍增长。2001年，全国林业产业产值为4090.48亿元，到2021年，全国林业产业产值达到8.73万亿元，20年增加了20.34倍。

实践证明，推进集体林权制度改革，是绿水青山就是金山银山的成功实践，是历史发展的必然趋势，是经济社会发展的迫切要求，是实现林业又好又快发展的必然选择，对保障国家生态安全、木材安全、应对气候变化、建设生态文明、建设美丽中国、助力乡村全面振兴和共同富裕、促进人与自然和谐共生的现代化具有重大的现实意义和深远的历史意义。

改革无止境，只有进行时。今年恰逢开展集体林权制度改革20周年，又是党的二十大召开之年，福建省林业局组织编写《伟大的变革——福建省集体林权制度改革透视与前瞻》一书，回顾集体林权制度改革的发展历程，总结集体林权制度改革的经验启示，提升集体林权制度改革的理论内涵，这对更好传承弘扬习近平总书记在福建工作期间关于林业改革发展的重要理念和重大实践，深入贯彻落实党的二十大关于"深化集体林权制度改革"的精神，具有重大意义。该书逻辑清晰、内容翔实、案例丰富、论证严谨。相

---

① 1亩≈667平方米

信该书的出版，对于学习领会和贯彻落实习近平生态文明思想，指导新形势下深化集体林权制度改革必将起到有力的推动作用。

伟大的时代孕育伟大的变革，伟大的变革成就伟大的事业。党的二十大对深化集体林权制度改革作出的重要部署，赋予了林草部门新的历史使命。我们要以习近平新时代中国特色社会主义思想为引领，深入学习贯彻党的二十大精神，牢固树立和践行绿水青山就是金山银山的理念，持续深化集体林权制度改革，促进林业高质量发展，确保生态受保护、林农得利益，实现生态美、百姓富的有机统一，为探索中国式林业现代化、促进共同富裕、建设社会主义现代化国家做出新贡献。

关治邦

2022 年 10 月

目 录

序 言

第一部分 福建集体林权制度改革实践探索

第 1 章 福建集体林权制度的变迁与发展 …… 3
第一节 福建集体林权制度改革的基础 …… 3
第二节 福建集体林权制度的历史变迁 …… 7
第三节 新一轮集体林权制度改革的动因 …… 13
第四节 新一轮集体林权制度改革的主要历程 …… 19
第五节 集体林权制度改革的显著成效 …… 23

第二部分 福建集体林权制度改革突破与创新

第 2 章 围绕"山要怎么分"问题的突破创新 …… 31
第一节 "山要怎么分"的历程：公平与效率的权衡 …… 31
第二节 福建集体林权制度改革均山分林到户的制度创新 …… 33
第三节 "山要怎么分"问题的突破创新兼顾公平与效率 …… 46

第 3 章 围绕"树要怎么砍"问题的突破创新 …… 52
第一节 集体林权制度改革助力"百姓富、生态美"有机统一 …… 53
第二节 森林分类经营管理新模式探索 …… 58
第三节 放活商品林采伐管理新制度探索 …… 63
第四节 森林多功能效益实现的新体系探索 …… 66

第4章 围绕"钱从哪里来"问题的突破创新 … 73
第一节 "钱从哪里来"的历史背景及深刻内涵 … 73
第二节 "钱从哪里来"面临的现实困境 … 75
第三节 解决"钱从哪里来"问题的内在逻辑规律 … 80
第四节 福建省解决"钱从哪里来"问题的典型模式 … 84

第5章 围绕"单家独户怎么办"问题的突破创新 … 90
第一节 "单家独户怎么办"的历史背景和内在原因 … 90
第二节 福建解决"单家独户怎么办"问题的实践探索 … 93
第三节 更好解决"单家独户怎么办"问题的展望 … 105

第三部分 集体林权制度改革理论分析

第6章 集体林权制度改革的经济学分析 … 111
第一节 集体林权制度改革是生产力与生产关系变革的结果 … 111
第二节 产权理论与集体林权制度 … 115
第三节 林业产权的变迁与特征 … 125
第四节 基于产权理论的集体林权制度改革方向选择 … 129

第7章 集体林权制度改革的法学分析 … 136
第一节 物权制度理论综述 … 136
第二节 森林资源物权制度的基本内容 … 142
第三节 森林资源物权变动情况与制度问题 … 152

第8章 集体林权制度改革的公共治理逻辑 … 158
第一节 集体林权制度改革的公共治理理论基础 … 158
第二节 公共管理视角下集体林权制度改革绩效 … 165

第四部分 福建集体林权制度改革问题与展望

第9章 福建集体林权制度改革存在的问题与展望 … 175
第一节 福建集体林权制度改革亟须解决的问题 … 175
第二节 全面深化福建集体林权制度改革展望 … 187

参考文献 ……………………………………………………………………… 203

附录 1　2002 年以来福建省集体林权制度改革政策文件 ……………… 211
　福建省人民政府关于推进集体林权制度改革的意见 ……………………… 213
　中共福建省委　福建省人民政府关于深化集体林权制度改革的意见 … 217
　中共福建省委　福建省人民政府关于持续深化林改建设海西现代林业的
　　意见 ………………………………………………………………………… 224
　福建省人民政府关于进一步加快林业发展的若干意见 …………………… 233
　福建省人民政府关于进一步深化集体林权制度改革的若干意见 ………… 236
　福建省人民政府关于推进林业改革发展加快生态文明先行示范区建设
　　九条措施的通知 …………………………………………………………… 240
　福建省人民政府办公厅关于持续深化集体林权制度改革六条措施的通知
　　………………………………………………………………………………… 243
　中共福建省委全面深化改革委员会印发《关于深化集体林权制度改革
　　推进林业高质量发展的意见》的通知 …………………………………… 247
　中共福建省委　福建省人民政府关于持续推进林业改革发展的意见 … 256

附录 2　福建省集体林权制度改革大事记 ……………………………… 263

后记 ………………………………………………………………………… 279

第一部分

福建集体林权制度改革实践探索

第1章

福建集体林权制度的变迁与发展

本章分成五个部分分别阐述福建集体林权制度改革的基础、福建集体林权制度的变迁及其特征、新一轮集体林权制度改革的动因、新一轮集体林权制度改革的主要历程，以及福建集体林权制度改革的主要成效。从历史变迁与动因可以发现，福建省集体林权制度改革与经济体制改革密不可分，从改革开放前期以强制性制度变迁为主转变为改革开放后以诱致性制度变迁与强制性制度变迁相结合的方式来推进；也与当时面临的林业困境、百姓诉求、日益凸显的森林资源稀缺、经济激励，以及整体外部环境的改变密切相关。新一轮集体林权制度改革不是一蹴而就的，是通过先行先试的探索与久久为功的实践一步步推进的。

第一节 福建集体林权制度改革的基础

一、集体林与集体林的价值

1. 集体林的内涵

我国的森林资源按权属分为国有林和集体林。其中，集体林是新中国成立以后，经过长期发展演化而来的一种具有特殊权属的森林资源，其所有权归一部分劳动者共同所有，在我国具有重要意义。第九次全国森林资源清查结果表明：集体林的林地面积占全国林地面积的61.34%，集体所有的人工林占全国人工林面积的87.88%，已有43%的集体林地划为生态公益林（国家林业和草原局，2019）。

我国实行土地的社会主义公有制，分为全民所有制和劳动群众集体所有制。《中华人民共和国宪法》（以下简称《宪法》）规定"城市的土地属于国家所有。农村和城市郊区的土地，除由法律规定属于国家所有的以外，属于集体所有；宅基地和自留地、自留山，也属于集体所有。"同时还规定"矿藏、水流、森林、山岭、草原、荒地、滩涂等自然资源，都属于国家所有，即全民所有；由法律规定属于集体所有的森林和山岭、草原、荒地、滩涂除外。"全民所有土地，也叫作国家所有土地，由国务院代表国家行使土地的所有权。集体所有土地是指农民集体所有的土地，也叫作劳动群众集体所有的土地。

集体林是山林权属于农民集体所有的森林，是由法律规定属于集体所有的森林资源。集体经济的实质是合作经济，包括劳动联合和资本联合。集体经济组织是生产资料归一部分劳动者共同所有的一种公有制经济组织，可以分为城市集体经济组织和农村集体经济组织。农村集体经济组织的根本特点是始终与土地联系在一起。在农村集体经济组织里，无论是集体还是个人，土地都是重要的生产资料和生活资料。农村集体经济组织通常以村为单位进行划分，也有以乡（镇）、村民小组等类同性质的单位进行划分。土地是以村（乡、村民小组）为单位的集体土地，这决定了在该村（乡、村民小组）范围内的所有村民都是该集体经济组织成员，村民身份就是集体经济组织成员身份。在一个村（乡、村民小组）里出生的小孩，自然就拥有该村（乡、村民小组）的村民身份和集体经济组织身份，有权参加该村（乡、村民小组）集体经济组织的活动，和其他村民享有同等权利。丧失村民身份，自然也就丧失了农村集体经济组织成员的资格。

集体林产生的途径主要包括：①根据1950年颁布的《中华人民共和国土地改革法》分配给农民个人所有后经过农业合作化时期转为集体所有的森林、林木和林地；②在集体所有的土地上由农村集体经济组织组织农民种植、培育的林木；③集体与国有林场、采育场等国有单位合作在国有土地上种植的林木，包括公路、铁路两旁的护路林、江河两岸的护岸林，按合同规定属于集体所有的林木；④在"四固定"时期（指1960年《中共中央关于农村人民公社当前政策问题的紧急指示信》中规定对劳力、土地、耕畜、农具必须固定给生产小队使用），确定给农村集体经济组织的森林、林木和林地；⑤在1981年开始的林业"三定"时期（指稳定山权林权、划定自留山、确定林业生产责任制），部分地区将国有林划给农村集体经济组织所有，并由当地人民政府核发了林权证的森林、林木和林地（于德仲，2008）。

2. 集体林的价值

(1) 集体林是我国社会主义初级阶段的最优林权安排

集体林是我国社会主义改造过程中所形成的，是土地集体所有在林地上的表现。按照1958年8月《中共中央关于在农村建立人民公社问题的决议》的设计，集体所有制是向全民所有制的一个过渡性阶段，土地集体所有必然将转化为全民所有，可见土地集体所有并不是我国土地制度的最终制度安排，而是一个阶段性的制度设计。然后，由于人民公社的发展进程并没有达到预期的效果，而且在改革开放以后党和国家领导人认识到我国正处于并将长期处于社会主义初级阶段，因而并没有进一步推进土地全民所有。1982年《宪法》将全民所有制经济和集体所有制经济同时定性为生产资料的社会主义公有制，两者都是社会主义经济制度的基础。可见，林地的全民所有和集体所有在意识形态上并无高下之分，都符合社会主义经济制度。

(2) 集体林是建设现代化林业的重要保证

历史表明，山林集体所有有助于推进林业基础设施建设和改进林业生产技术。新中国成立后的土地改革将山林分配给农民，形成山林的农民所有制。同时，林地碎片化，严重制约林业生产力发展。在山林的集体所有制确定之后，拆除了各种生产要素之间流动的藩篱，为建立现代化的林业生产创造了条件。国有林一定程度上承担了部分国家建设任务，而集体林通过林业的统一集体经营，将农民组织起来，通过大规模的劳动投入，极大改变了林业的生产条件，为林业的现代化发展构建了基础。此外，各种先进的营林育林技术引入到集体林中。

(3) 集体林是我国山区农民的重要保障

我国是一个多山国家，山区面积占国土面积的69%，其中林业用地面积占国土面积的27%，因此集体林地是我国重要的土地资源，也是山区农民的重要生计来源，保持山林集体所有是确定我国山区农民生活的重要保障。我国农村人口巨大，若由国家完全肩负起农民的社会保障，将给财政带来极大的压力，我国农民的社会保障长期游离于国家社会保障之外。随着我国农村社会保障体系不断改革，农民能够享受的社会保障制度越来越接近城镇居民，但仍然存在较大的差距。农民要承担家庭成员的生老病死，需要有一个稳定的收入保障。土地是农民重要的生产资料，相对于平原农民而言，山区农民拥有的农地无论在数量还是质量上都存在较大差距，因而"就食于林"是山区农民的重要选择。林业内涵丰富，产品类型多，产业链条长，发展林下经济、木本粮油、木本调料、竹藤花卉、生物药材、林木种苗、林业生物、生物质能源和新材料、森林旅游等林业产业和林产品深加工产业，可以为农民提供广阔的生产和就业机会。集体林属于农民集体所有，其权利与农民身份密切相关，一旦失去集体经济组织成员身份，就将失去集体林所带来的各项收益。

二、福建森林资源状况

福建省是"八山一水一分田"的省份，山区面积辽阔使其成为中国南方重点林区之一，林地面积811.57万公顷，森林资源丰富。宋代开始森林资源就得到充分开发，明末清初逐渐兴起商品木业，民国时期已经成为国内三大木材产区之一。此后，随着人口增加与耕地开垦，森林植被有所减少。新中国成立以后，林业对国家工业化建设与国民经济发展作出了巨大贡献，森林覆盖率略有下降。但在改革开放以后，福建省开始集体林权制度改革的探索，并配以植树造林，森林覆盖率达到66.80%，连续43年居全国首位。如图1.1所示，在1978—1998年期间，福建省森林覆盖率增长速度远高于全国森林覆盖率增速，为福建省保持全国林业大省地位奠定了基础。

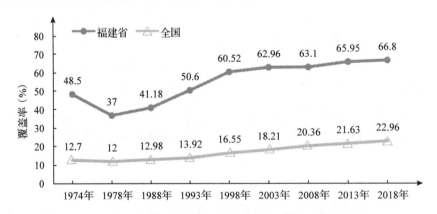

图1.1　历次清查全国与福建省森林覆盖率

随着林业"三定"与新一轮集体林权制度改革的推行，福建森林资源发展效果显著。根据第九次全国森林资源清查报告，福建活立木蓄积7.97亿立方米，森林蓄积7.30亿立方米，每公顷蓄积117.39立方米，森林植被总生物量8.73亿吨，总储碳量4.28亿吨。按林地所有权分，福建集体林地面积占全省林地面积的93.51%，国有林地占6.49%。按林木所有权划分，个人所有的林木面积占53.35%，集体所有占35.24%，国有占比只有11.41%。集体所有林木蓄积占比最高，达46.15%；其次是个人所有，占36.88%；国有占比最低，仅为16.97%(国家林业和草原局，2019)。

第二节　福建集体林权制度的历史变迁①

依托丰富的森林资源禀赋，福建自古就是林业大省，林权制度的变革往往有其典型之处，其影响范围也波及全国。早在清朝后期，福建省制定的《福建省劝民种植利益章程》提倡尊重有林地所有者的自主权，规定官荒地"谁造谁有"，奖励多植树者并惩罚毁林者，此章程也在其他地方得到推广。完整梳理福建集体林权制度的历史变迁对把握未来集体林权制度改革的方向有一定的借鉴意义。

一、土地改革阶段

中华人民共和国成立之初实行的土地改革在土地产权制度的历史中扮演着重要的作用。1950年公布的《土地改革法》中第十六条、第十八条至第二十条均规定山林的处理办法。同期，福建省农委在南平三个村开展了山林改革试点。1951年，政务院发布《中央人民政府政务院关于适当处理林权明确管理保护责任的指示》，对山林改革进行部署。同期，福建省制定和发布《福建省土地改革中山林处理办法》，具体细化山林的没收和征收、分配、折合田亩的计算方法、山区划分阶级成分的补充要项。与土地改革不同的是，山林改革更为复杂，除了需要将山林根据林种、林龄、立地条件，以及交通便利条件等折合田亩，还因为山林分配后的林地产权呈现多种形式。

山林改革分为四个阶段（福建人民政府土地改革委员会，1953；杜润生，1996）：第一，山林调查。先分发山林登记表，填报山主姓名、林种、面积、四至、株数、林龄、砍伐期、历次收益、交通条件、经营方法（出租或自营）、租额及年收入等，再实地勘察并核算每户山林的实占面积，提交对应的山契。第二，划定阶级成分。首先，山林折田，以当地解放前三年的平均山林产品价格求出山林年平均纯收入与当地农地的每年平均纯收入相比进行折算，山林的平均纯收入可适当折低，以照顾林木收益的长期性。其次，计算剥削量，若是雇工经营者，其山林剥削收入为扣除工资伙食费后，雇工经营的山林每年平均收益；分成制出租山林者，剥削收入为分得成数。最后，将把山林剥削收入与农业剥削收入进行合并计算，确定地主、富农的阶级成分。第三，山林征收与

---

① 本节主要内容参考作者已发表的文章，参见陈思莹等2021年发表在《林业经济问题》第41卷第4期的《中国共产党成立以来集体林区林权制度的演变》。

没收。根据《土地改革法》与《福建省土地改革中山林处理办法》等，对不同阶级所有林进行不同处理，没收的对象是地主的山林以及直接用于山林生产的房屋和生产工具，其余均予以征收（福建省地方志编纂委员会，2000）。第四，山林分配。

到 1952 年底，福建省基本完成山林分配工作。表 1.1 是根据主要林区所属的建阳、南平、永安以及龙岩四个专区（缺南平县、顺昌县）的统计资料汇总成的山林改革成果，可以清楚地了解改革前后山林产权占比情况的变化。四个专区通过山林改革没收与征收的山林面积共计 39.37 万公顷，在进行山林改革的面积中占 41.29%。没收与征收的山林最终要分配出去，其中的 80.82% 分配给农民，19% 收归国有，剩余的归村所有。

表 1.1 福建省主要林区山林改革前后山林占有情况[①]

阶层	山林改革前				山林改革后			
	人数（万人）	面积（万公顷）	比例（%）	人均（公顷）	人数（万人）	面积（万公顷）	比例（%）	人均（公顷）
地主	7.25	9.16	11.03	1.26	5.61	1.60	1.68	0.28
半地主	1.23	1.58	1.91	1.29	1.19	0.56	0.58	0.47
富农	3.53	2.60	3.13	0.74	3.12	2.21	2.32	0.69
中农	46.16	1.59	19.20	0.35	64.12	23.51	24.66	0.37
贫农	62.69	17.53	21.10	0.28	75.09[②]	39.00	40.91	0.52[③]
雇农	3.15	0.69	0.82	0.22	4.04	3.10	3.25	0.77
其他	3.64	1.53	1.84	0.42	4.68	1.91	2.01	0.41
祭山	—	9.91	11.93	—	—	—	—	—
公山	—	7.19	8.65	—	—	—	—	—
其他山	—	1.05	1.26	—	—	—	—	—
国有	—	0.27	0.31	—	—	7.74	8.12	—
乡有	—	15.64	18.82	—	—	14.18	14.87	—
村有	—	—	—	—	—	—	1.60	—
合计	127.64	83.09	100.00	0.65	157.95	95.53	100.00	0.60

① 资料来源于福建省地方志编纂委员会编制、方志出版社 1996 年出版的《福建省·林业志》第 132-133 页。本资料仅包含福建省部分地区，其数据结果无法体现福建全省情况。

② 原表格中，山林改革后，贫农阶级人数为 2750925 人，比山林改革前同阶级人数增加了 212.41 万人。但查阅《福建省·人口志》，1949 年乡村人数约为 1017 万人，1954 年乡村人数比 1949 年只增加了 70 万人，因此怀疑数据录入有错。经过对永安、南平、建阳、龙岩等 4 个专区所辖地区的县志资料考证，山林改革后，贫农阶级人数部分地区有所减少，部分地区有所增加，但总体未出现倍数增长，所以怀疑数据录入多打了一位"2"。因此，山林改革后，贫农阶级人数推测为 750925 人较合理。

③ 根据贫农阶级人数的修改，即 750925 人，对应的人均山林面积应为 0.52 公顷。

此次改革解决了土地高度集中问题，分布基本达到了均等化。改革后，共有与公有山林面积锐减，国有林面积则在此时期得到扩张。整个时期仍以山林私有制为主，但此时的私有制是均等化后的私有制。借着山林改革的推进，山林产权得以划分与界定，并成了后期集体林权制度改革的凭证之一。

二、农业合作化(人民公社)阶段

农村长期有帮工换工的习惯，而均等化的山林则不仅仅需要帮工换工。土地改革与山林改革实行土地平均分配，加之各户之间生产工具类型不一，就存在劳动力数量、劳动工具与生产所需存在出入的问题。在不允许土地买卖与劳动力雇佣的前提下，为了有效利用资源，农民自发形成了互助组。基于自愿形成的互助组，合理安排劳动力生产与调配各种生产工具，效果立竿见影，解决了生产问题，凸显其优越性。所以早在1951年底，《中共中央关于农业生产互助合作的决议》(草案)，指出"劳动互助是建立在个体经济基础上(农民私有财产的基础上)"，"按照自愿和互利的原则"，可以有三种主要的形式，"第一种形式是简单的劳动互助"，"第二种形式是常年的互助组"，"第三种形式是以土地入股为特点的农业生产合作社，因此也称为土地合作社"。福建省因山林资源丰富也组织了农林生产劳动互助组、茶叶生产互助组等，不仅促进生产效率的提高，也增强了风险的抵御能力。

1953年，《中国共产党中央委员会关于发展农业生产合作社的决议》指出了"对农业逐步实现社会主义改造的道路"，并且"发展农业合作化，无论何时何地，都必须根据农民自愿这一个根本的原则"。初级生产合作社即为以山林入股为特征的农业生产合作社，按股分红，林地仍为私有。1954年，福建省鼓励发展农林相结合的生产合作社，并迅速壮大，到次年秋收之前，仍以初级生产合作社为主。

1956年的《高级农业生产合作社示范章程》确立了高级农业生产合作社是在自愿和互利的基础上组织起来的社会主义的集体经济组织，将社员私有的主要生产资料转为合作社集体所有。社员把私有的林地转为合作社集体所有，幼林苗圃和成片的经济林、用材林作价归合作社集体所有，零星的树木仍属私有。1957年，福建省公布《关于正确贯彻林木入社政策，迅速完成林木入社工作的指示》，进一步明确山林入社的具体操作。在各项规定下，福建省在1958年春基本完成了林木入社。

1957年冬和1958年春，伴随着林木入社工作的展开，各地进行了林权调整——解决林证不符、山林分配不合理的问题并扩大国有林。1957年10月

《全国农业发展纲要（修正草案）》指出，要大力加强国营造林，并在12年内，尽可能把国有森林全部经营管理起来。各地掀起了扩大国有林，兴建国有林经营所的风潮。如建瓯西坑国有林经营所原有森林1466.67公顷，为扩大国有林的经营管理，在踏查后，将2533.33公顷森林纳入国有经营管理。省委要求各地立即处理林权问题的指示中指出"把无主林、公有林以及群众中核对土地证后多分的山林都归还国家"，如此处理后，福建省国有林占有比重达到50%～60%（许亚，1958）。公社化以前，福建省国有林面积就占到50%，乡有林面积占5%，高级社所有林面积占45%（中央档案馆，中共中央文献研究室，2013）。

1958年，《中共中央关于在农村建立人民公社问题的决议》公布后，福建省山林除国有林外全部归人民公社所有，部分生产资料也归公有，影响了广大农民造林、护林的积极性。为此，福建省委在1959年4月向中央提出《关于山林所有制问题处理意见的报告》，主张"山林所有权问题，应在公社化前山林占有的基础上，分别进行处理"，"原属乡有的划归公社所有，原属高级社所有的，仍归原高级社（大队或生产队）所有"，"在村庄分散，林木又多的地方，也可将少量的林木划归生产小队所有"。中共中央通过后并批转其他省份以供参考。福建省则于当年5月部署确定公社化后的山林权属整理工作。

1960年中共中央作出相关规定后，福建省委根据省内具体情况补充规定，山林权属"三级所有，队为基础"，实行乡、村、林场统一经营，成为集体林业的基本制度和主要经营形式。1966年，将山林所有权分为国有和公社所有。

三、林业"三定"阶段

1981年，福建全面推行农村联产承包责任制，并根据《中共中央 国务院关于保护森林发展林业若干问题的决定》（中发〔1981〕12号），结合省内情况制定《福建省政府关于稳定山权林权若干具体政策的规定》（闽政〔1981〕73号），明确指出"稳定林权，要以现在的权属为基础"，对于确权的应颁发林权证，林权证可以一式两份，分别发给林权和山权所有者，同样有效。当年6月，福建省就此全面开展稳定山权林权、划定自留山、确定林业生产责任制的林业"三定"工作。

1984年，福建出台《关于放宽林业政策搞活林区经济的若干政策规定》，特别是规定集体山林可以承包到组，也可以承包到有经营能力的户，保护承包者的合法权益，极大地提升了林农经营积极性，并因改革利好信号吸引社会资本投入林业经营建设。到1984年年底，全省98%以上的山地、林木都明确了权属。其中，山权属国家所有的占7.82%，属集体所有的占90.24%，未定权属的占1.92%；林权属国家所有的占13.75%，属集体所有的占81.71%，属个人所有的(主要是自留山)占2.56%，未定权属的占1.78%(表1.2)。

表1.2 福建省稳定山林权属面积统计表

项目	山权		林权	
	面积(万公顷)	占比(%)	面积(万公顷)	占比(%)
一、国家所有①	70.45	7.82	93.94	13.75
国营林场	11.52	1.28	23.34	3.42
国营伐木场	5.15	0.57	29.12	4.26
国有林经营所	0.65	0.07	1.33	0.19
县林业局	43.49	4.83	29.09	4.26
二、集体所有	813.15	90.24	558.42	81.71
公社所有	19.40	2.15	33.16	4.85
大队所有	675.57	74.98	415.52	60.80
生产队所有	118.17	13.11	109.75	16.06
三、国社合作	0.11	0.01	1.42	0.21
四、个人所有	—	—	17.48	2.56
自留山②	—	—	14.64	2.14
五、未定权属	17.34	1.92	12.14	1.78
总 计	901.05	100.00	683.40	100.00

① 国家所有部分下的各分项缺晋江地区的数据；
② 自留山山权归集体所有，农户只有使用权。
资料来源：福建省地方志编纂委员会，1996. 福建省志·林业志[M]. 北京：方志出版社.

四、集体林经营体制改革探索

喊停"分山到户"，同时又充分认识到集体林权制度改革的重要性，为了调动林农的积极性，福建省开启了多个林业改革试验，各林区积极探索适宜的林业生产责任制实现形式，林业改革如火如荼推进。

首先，时任三明地委书记邓超根据调研与经验，提出权属不清、有责无利是落实责任制需要解决的核心问题，要在林业所有制改革上进一步突破，建立林业合作股份制，实行"分股不分山、分利不分林，折股联营、经营承包"的新体制。三明在林业"三定"之后，全市集体林采取"分股不分山，分利不分林"

的方式，组建村林业股东会(有的称村林业合作社、林业股份合作林场或林业股份公司)，统一经营集体所有的用材林，木材生产、林副产品加工等林业的全部收入，由股东会按不少于60%的比例，兑现给林农拥有的股份分红即按股分红，20%缴归村集体用于公益事业，剩下的作为林业再生产费用。通过构建集体林区基层林业经营主体，对于保护森林资源、发展林业生产、增加林农收入起到重要作用。时任中共中央书记处农村政策研究室主任杜润生在听取三明改革试点情况汇报后，欣然题词"中国林改'小岗村'"，并将其作为典型列入中共中央政策研究室出版的《中国农民的伟大实践》，在全国产生了积极的影响。1999年7月，经过试点探索和反复酝酿，中共三明市委、市政府做出决策，出台下发《关于深化集体林经营体制改革的意见》(明委发〔1999〕15号)，在全市统一部署开展以"明晰产权，分类经营，落实承包，保障权益"为主要内容的集体林经营体制改革。

其次，南平地区实行林业生产承包责任制，开展了百村试点工作，不同村进行不同形式的责任制试点，实行国营造林、集体造林、国营集体合作造林、联合造林、股份合作造林等多种造林形式并存(南平市地方志编纂委员会，1994)。如浦城县管九村实行按山林保护难易、树种、林况、林地条件，确定利益分成办法，按片张榜公布，投票承包；虹垂村实行分股不分山、分利不分林、按股分红的"股东制"。南平地区浦城县呈现多种形式的林业生产责任制：①从1984年起承包到户，改县无偿投资为县与乡、村联营有偿投资，利益分成，山权单位得10%，投资单位得20%，造林单位得70%。②集体现有林以村庄为单位、划片管理，分户承包，收益按规定比例分成，规定承包者有受理权、收益分成权、继承权。收益分成比例一般成熟林按2∶8，近熟林3∶7，集体得大头；中、幼林5∶5，幼林6∶4或7∶3分成的，集体得小头。③先确定分成比例或报酬，投标承包。④山场划片，专职承包，固定报酬，每片确定1人专职保护，实行保护责任制。⑤现有林价作股，按股分红、联户承包，收益比例分成，折价方法为将全村现有林按现行折价，按人口平均折股，分股不分山，分利不分林，建立新的林业经济实体(浦城县地方志编纂委员会，1994)。

再者，龙岩地区也在探索多种形式的林业责任制。比如，对集体山林实行有偿租赁承包经营，使山林所有权与经营权分离；对大片天然林和人工用材林，公社林场或大、小队设专职护林员或巡山员管护，确定管理年限，待林木收益时按比例分成；毛竹、油茶、油桐等经济林主要承包到户，合同约定10~30年不变，收益上交实物或现金；荒山、疏林地以重点户、专业户或联合体承包造林，一般 30 年不变，由承包者投工、投资，按 1∶9 或 2∶8 分成（龙岩市地方志编纂委员会，1993）。1993 年开展落实林业生产责任制工作后，连城形成了 11 种责任制形式：县乡村联办林场，由乡、村提供林地，县营林公司投入资金进行联合造林；乡村股份制林场，由村提供林地，乡、村共同投资造林；村集体办林场；林业部门租山造林，由县营林公司、林业站租赁村集体山场进行造林；林化厂与村集体联办；非林业部门与村集体合作经营；分户承包管护；联户承包管护；个体承包荒山造林；招标承包管护；村聘请护林员管护（连城县地方志编纂委员会，2005）。

此外，漳州等沿海地区对果树、毛竹等经济林也承包到户。

第三节 新一轮集体林权制度改革的动因

新一轮集体林权制度改革是农村经济体制改革中继家庭联产承包责任制之后又一项重大变革，是一项仿照但超越农业承包制的改革（厉以宁，2008）。通过分析这项改革的动因有利于理解改革推行的条件与必然性，为后续深化集体林权制度改革提供理论支持。新一轮集体林权制度改革得以顺利推动，是充分把握整体社会经济背景的情况，顺应了林权制度变革的社会需求。本节将从林业困境、百姓诉求、资源稀缺及外部环境变迁四个方面来分析启动新一轮集体林权制度改革的动因。

一、林业困境

"两危"局面与"五难"困局形成的林业困境是亟须推动新一轮集体林权制度改革的原因之一。20 世纪 60 年代到 80 年代末，森林资源消耗量激增，林业出现资源危机、经济危困的"两危"局面。当时，由于集体山林的产权主体没有明显界定，林农作为集体山林真正的所有权主体被虚置，林权归属不清、机制不活、分配不合理，出现了"造林育林难投入、林火扑救难动员、乱砍滥伐难制止、林业产业难发展、干群关系处理难"的"五难"困局。

一是造林育林难投入。截至 1957 年，集体林面积的扩张趋势保持显著，但这是为了能够顺利过渡到全民所有所采取的缓冲办法，集体的相对谈判地位仍低于国家；到了人民公社前期，国家和集体各占山林总面积的一半，此时，国家的相对谈判地位仍高于集体和个人。因为激进的国有林扩张政策，严重打击了农民营林积极性（闫瑞华，2021）。甚至因为营林积极性不高，群众中流传一句顺口溜："年年造林初二三，造在家的后门山，年复一年还是一片光头山。"

二是林火扑救难动员。福建省也是全国重点火险区,全省84个县(市、区)中被列为国家重点火险单位的有54个,占全省县级行政区划的64%,森林防火工作历来十分繁重(阮晓兵,2007)。集体林权制度改革前,群众不但不担心森林火灾,反而还盼着等火灾发生后可以砍伐一些林木作为薪材。

三是乱砍滥伐难制止。1987年,《中共中央 国务院关于加强南方集体林区森林资源管理,坚决制止乱砍滥伐的指示》(中发〔1987〕20号)颁布,提出要"严格执行森林采伐限额制度","集体所有集中成片的用材林凡没有分到户的不得再分"。当时全省规模不等的乱砍滥伐事件,一年高达万起左右,有的地方甚至出现年采伐量超过生长量的现象。全国"林改第一村"武平县万安镇捷文村,集体林权制度改革前乱砍滥伐严重,一年因偷砍抓了18个人,村两委认为不搞林改,山迟早被砍光,青壮年会被抓得更多。

四是林业产业难发展。几十年来,林业科技部门投入大量资金,取得了巨大的研究成果,但农民没有造林积极性,即使有了技术,也难以推广。福建省在林业"三定"期间,除以荒山为主的9.40%的林地实行分林到户和部分区域(如三明市)对"现有林"实行折股联营外,其余大部分地区仍实行集体统一经营,随着投资主体多元化形成,以及国社合作造林、买卖青山、公益林划定等一系列政策和项目的实施,其实质是对村集体山林产权的重新配置过程,老百姓心中对山林产权的自我意识不足,林业技术研发和推广的动力不足(张海鹏,2009)。

五是干群关系处理难。农民常说:"集体林干部林,群众收入等于零。"这句话并不夸张,事实也确实如此。该时期,涉林腐败案件频发,干群矛盾加深,群众难以对村干部任意占夺集体山林的行为采取维权。按照我国农村行政管理体制,村委会为农民集体产权的经营管理主体。按法理,村委会应是农民集体的代理人,其行为宗旨是实现与保护农民利益。但由于农民政治权利和自治组织的缺乏,使村集体内部缺乏有效监督机制或存在监督成本过高情形,"农民集体"产权大多实为村干部个人或少数人的产权。普通村民除享有村内有限的基础公共设施外,既无经营权又无直接收益权。村民将集体山林称为"干部林",是村干部的"私人银行"。

中国集体林地占林地总面积的60%左右,提供全国80%以上的商品林、经济林产量与林业总产值,但集体林区也存在林地生产力水平偏低,生产经营主体林业生产要素投入不足等问题(朱文清,张莉琴,2019)。过去林业部门垄断着木材收购市场,缺乏市场竞争的木材收购垄断价格往往压低了农户的利润,挫伤了农户培育森林的积极性,配置到林地的资本有限,森林资源生长速度变缓(李周,2008)。因此,从政府的角度来看,新一轮集体林权制度改革旨在借鉴农村家庭联产承包责任制提高农业生产力的成功经验,提高林业生产力和林业经济效率。推行的一大动因就是提高我国林业生产力,缓解木材供需矛盾,保障我国木材安全问题。

二、百姓诉求

福建作为传统林业大省,林业产值对于福建经济总产值的贡献不可忽略,所以,不论是地方政府还是农民,对于林业、林权都十分重视。在集体林权制度改革之前,福建虽然已经历经数次改革,但均未触及产权问题,集体山林权属问题不明,利益分配不合理等问题制约了林业发展和农民增收,生产关系难以适应生产力的发展规律,林业发展面临困境,百姓渴求释放林业发展的不竭动力。百姓诉求存在两个层次的表现:一是外在的表现,即随着山林经营收益的增加,老百姓对"耕者有其山"的呼声越来越高;二是内在的机理,即老百姓意识到合理的产权制度对于财产经济收益的保障作用日益增强。

福建是山区省,山地是农村最重要的生产资料之一,全省2600多万农业人口在很大程度上靠山吃山。特别在当年工业化、城市化程度不高,农村劳动力转移能力有限的情况下,解决农民增收问题还得依靠和发挥山的优势、林的潜力。但到20世纪八九十年代,很多地方成了"靠山不能吃山",林农生活艰难。在新一轮集体林权制度改革之前,福建省守着"金山银山"过穷日子。随着农村家庭联产承包责任制的推进与深化,农民也期望林地能够像农地一般,真正承包到户。福建林区流传着几句话就体现了百姓诉求——"集体林干部林,群众收入等于零""千年铁树开了花,田地回了家,何时铁树又开花,林地回到家"等。

集体林权制度改革关系到老百姓的切身利益,只有尽早解决林权问题,提高老百姓生活水平,才能从根本上解决乱砍滥伐问题,从而突破林业困境。为了进一步改变福建山区林区的艰苦现状,"民有所呼,我有所应,共产党的领导干部就是要了解百姓的诉求,回应百姓的期盼,再难的事情也要敢于担当,不要过多的顾虑",要"让老百姓真正受益",那么推动新一轮集体林权制度改革势在必行。

从另一方面来讲,明晰的产权可以保证资源的最佳配置,产权的这种与激励机制和经济行为的内在联系是经济有效运行和资源合理利用的重要保障机制(柯水发,温亚利,2005)。学界中关于哪种产权形式是促进资源有效配置的最佳所有制仍存在争论，但是基本认同 Coase(1960)所说的，"只要产权是明晰的，充分竞争的条件下，市场机制就会协调生产和需求，引导资源的优化配置。"新制度经济学强调了产权安排对资源配置效率的影响，产权安排对个人行为提供激励与约束从而影响到社会绩效，有效的制度安排是促进经济增长的关键。当产权模糊不清，那么双方交易就存在道德风险，交易费用不为零，资源配置低效；当交易费用存在且不为零时，通过清晰产权的界定与安排，可以有效降低交易费用和道德风险，解决资源配置难、流动性差等问题，提高资源的使用效率。

新一轮集体林权制度改革是诱致性制度变迁与强制性制度变迁的结合，先是由地方省份自发进行，而后中央政府才开始在全国范围内推动，这更具有深刻的意义(张海鹏等，2009)。根据 Lin(1989)的定义，诱致性制度变迁是"现行制度安排的变更或替代，或者是新制度安排的创造，它由个人或一群（个）人在响应获利机会时自发倡导、组织和实行"，而强制性制度变迁则由政府命令和法律引入和实行。可见，新一轮的集体林权制度改革的动因很大部分是利益主体受到林业经营中经济利益的驱动，当林业经营受损和受益的内部化成本更经济，新的林业产权制度就代替了旧的产权制度，这是大势所趋。

林业产权制度变迁最重要的动力之一是经济利益的刺激和诱导，这也是不同林业利益主体行为活动核心的驱动力(柯水发，温亚利，2005)。产权制度变迁的一个原因就是现行制度安排无法保证相关利益主体尽可能地获取潜在利润，对主要利益主体而言，存在更经济的制度安排可以使其获取更多的潜在利润，那么他们将会推动制度变迁。产权制度是林业管理的重要内容，产权制度对生产关系与生产力至关重要的影响，决定了其与可持续发展战略有着密切的关系(郑小贤，2002)。

新一轮集体林权制度推行之前，福建省成立了"林业股东会"以防范短期内大量砍伐木材的风险，并提高林业经营活力。"林业股东会"的制度设计是科学的，但实际运行中却违背了设计初衷。名义上独立的股东会仍由村干部控制，实行集体统一经营；名义上林木所有者的林农无法约束股东会成员，无法掌握林木收益的分配权，无法决定林业生产经营(杨益生等，2010)。这样的林权体制无法激发林农经营的积极性，不仅出现森林资源巨大变化，而且也冲击相关团体的利益(李周，1997)。因此，相对于实际仍为公有制林业制度的"林业股东会"，"分林到户"的非公有制林业制度改革能够赋予微观市场主体农民追求潜在利益的权利。在林业"三定"改革中与农民相对的利益团体是国有木材公司与村集体，伴随着农村经济体制改革的成功，国有木材经营单位逐渐退出木材市场,村集体经济权能减弱,农民作为个体的谈判能力增强(张敏新等,2008)。

新一轮集体林权制度改革作为非公有林业制度,保障了林农对林业生产经营中潜在利润的追求权利,将林业生产经营剩余的索取权从其他相关利益主体转到林农本身,激发林农进行林业生产经营的动力,这也是林农自发推动新一轮集体林权制度改革的原因之一。此外,因早期集体经营林业不善,村级财政状况长期赤字,"分林到户"后获取活立木转让费、林地使用费,缓解村级财政紧张的问题,村集体经济组织也有了推动集体林权制度改革的动力(徐晋涛等,2008)。

三、资源稀缺

产权既是一种社会工具,能够帮助人形成与他人交易时的合理预期;又是一种现实激励,可以引导人们将外部性较大地内部化。因此,当产权的主要配置性功能是将受益和受损效应内部化时,内部化成本更经济的新产权会替代旧产权(Demsetz,1967)。因此,当资源稀缺的时候,资源的产品价值会提高,那么交易中的成本收益预期将会发生变化,市场竞争更为激烈,竞争的结果就需要产权给予保证(周其仁,2017;张五常,2008)。为此,由公信力较强的国家利用政治与法律就交易双方对物的使用所引起的相互认可的行为关系,在经济活动中的收益、损失与补偿规则进行界定的产权制度就产生了。

当稀缺资源共有时,排他性和可让渡性就不存在,没有人会节约使用一种共有资源(德姆塞茨,2014)。私有产权则是将权利分配给一个具体的人,它可以转让以换取其他产品类似的权利,除私有产权以外的其他产权都降低了资源的使用与市场所反映的价值的一致性(Alchian,1969)。私人所拥有的资源常常会被配置到最优价值的用途上(Furnbotn,Peiovich,1972),在私有产权的条件下,给定了产权是排他的和可以让渡的,那么不同的制度安排不会存在不同的资源配置效率(Cheung,1968)。Hardin(1968)宣扬,当没有私有财产时,面对不确定未来的个人将拥有很高的贴现率,并将最大化地利用手中的资源,因为他们知道其行为的代价将会转嫁给资源的所有使用者,而当他们拥有私有财产的时候,就必须承担因其行为带来的损失或者利益,他们不会用尽这种资源,而会以能在市场上保持竞争力的方式使用它。

如果制度不能适当地反映资源稀缺性和经济机会,市场经济中就会出现行为的扭曲(North,1990)。对于任何一个社会而言,制度的基础总是一组关于产权的法律规定,它界定了社会成员运用特别资产权利的范围(Bazel,1989;

Libecap，1989；Eggertsson，1990；Alston，1996）。合适的林业产权制度能够反映森林、林地、林木的真实价值，明晰的林权影响着权利主体的行为，也影响着社会财富的分配。近30年来，世界许多国家开展了森林及林地权属制度改革，主要是将森林、林木的所有权或经营管理权下放给政府外的利益主体，包括家庭、企业和社区，即从国有向集体、个人转变。发达国家推动林权制度改革是因为国有林业投入和补贴所带来的政府财政负担过大，或国家难以直接经营管理森林，而发展中国家主要是希望当地社区和土著居民能够利用森林资源维持和改善生计（谭俊，1996；侯元兆，2009；郭祥泉等，2006；白秀萍等，2017）。

森林资源尽管是可再生资源，但其受制于自然环境与长生长周期，无法短期内成材。林业困境造成森林资源稀缺性增强，国家启动了采伐限额、天然林保护工程、划定生态公益林等项目，通过森林资源消耗量不能超过生长量的总量控制减缓森林资源稀缺性增强的趋势。经济发展和林业市场化程度的提高刺激社会对林产品与森林系统服务的需求增长，森林资源稀缺程度随之提升，在市场拉动和政府推动下山林经营收益凸显，这激发了农民对山林资源强烈的产权需求（张红霄等，2007）。但由于喊停林业"三定"，农民经营林业的积极性下降，造林抚育跟不上，产权归属不清晰与利益分配不合理，使得森林资源稀缺性增强的情况更为严重。为了解决森林资源稀缺的根本问题，新一轮集体林权制度改革从产权明晰、产权实现机制灵活、产权利益分配保障等多方面释放林业发展的不竭动力。

四、林业外部环境变迁

改革开放以来，我国集体林的相关政策法规、市场经济与社会经济背景都发生了深刻的变化。以往以行政命令和指令性计划为特征，以政府的等级制度为保障的林业推进方式所暴露出的乏力和低效已完全凸显，从制度层面呼唤重塑林业新体制（柯水发等，2005）。中国农村改革体现了国家与农村社会的关系本质性的变化，国家控制农村社会经济活动在弱化，农村社区和农民个人所有权在加强。周其仁（1995a）认为国家保护有效率的产权制度是长期经济增长的关键，而有效的财产权利可以在社会与国家的交易中形成。如20世纪70年代的农村政策调整一样，当农民对于政策调整的稳定性存在怀疑，就会存在短期行为——从事掠夺地力的行为，这可能是对短期化的制度约束的理性反应（周其仁，1995b）。

全面放开木材市场的改革直接冲击了经营木材和使用统配材的国有企业的

既得利益，国家在 1987 年就喊停"分林到户"。当林业面临经营不善、林业效率低下、无效投资增加、运作成本高以及监督有效性低等问题时，各地多次尝试探索行之有效的体制改革。而此时农村改革的分省决策则表明各个省份可能会为基层自发的产权创新提供不同的政治保护（周其仁，1995b）。

新一轮集体林权制度改革是林业系统自身实现可持续发展的需要。对于集体林权制度安排存在着各种争论：一方面，部分学者、专家指出林业是规模产业，集体经营有助于生态保护以及降低执行成本，认为不应该推行集体林权制度改革；另一方面，集体经营给农户带来的收入增加是极少的，严重挫伤了造林积极性，导致森林保护成本增加，且林业在财政收入中的贡献下降，这使得部分学者、专家或地方政府工作者支持集体林权制度改革（徐晋涛等，2008）。此外，集体林地的控制权掌握在少数人手中诱发了要求森林权益公平的呼声（张红霄等，2007），还有省政府想要降低管理成本而推动集体林权制度改革（孔祥智等，2006）。随着市场经济体制的逐步建立与放开，农村经济体制改革的红利影响到林业，各界合力推动适应新时期制度创新要求的新一轮集体林权制度改革开展。

第四节 新一轮集体林权制度改革的主要历程

新一轮集体林权制度改革不是一蹴而就的。集体林权制度改革是一次"摸着石头过河"式的改革，没有可参照的改革方案，只能先行在部分地区进行试点，而后通过总结经验，从村到县到市到省再到全国，一步步推行开展。福建的主要实践与经验总结为全国集体林权制度改革的推动作出了较好的示范。

一、主体改革阶段

1999 年，为进一步解放和发展生产力，推进林业由计划经济向市场经济转变，龙岩市委、市政府出台《关于深化林业经济体制改革的决定》，并将武平、漳平列入改革试点县。2001 年，武平县研究部署开展林权登记换发证试点工作，着手探索开展以"明晰产权、放活经营权、落实处置权、保障收益权"为主要内容的集体林权制度改革，并选择万安镇捷文村为集体林地林木产权制度改革工作试点村。在全面总结武平集体林权制度改革试点的基础上，市政府转发《市林委关于深化集体林地林木产权改革指导意见的通知》，拉开了全市集体林权制度改革的序幕。

2002 年 6 月，时任福建省省长习近平同志到武平开展调研，对武平集体林权制度改革工作给予充分肯定和支持,并作出"林改的方向是对的,要脚踏实地向前推进,让老百姓真正受益""集体林权制度改革要像家庭联产承包责任制那样从山下转向山上"的重要指示。2002年8月,福建省林业厅在武平县召开集体林权制度改革研讨会,总结武平集体林权制度改革试点经验。2002年年底,福建省委、省政府出台了《福建省加快人工用材林发展的若干规定》(闽政〔2002〕52号),提出实行林权制度改革。

2003年,在总结武平县集体林权制度改革经验的基础上,福建省人民政府出台了《关于推进集体林权制度改革的意见》(闽政〔2003〕8号),在全国率先开展了以"明晰产权、放活经营权、落实处置权、确保收益权"为主要内容的集体林权制度改革,文件明确了新一轮集体林权制度改革,进一步明晰集体林木所有权,放活经营权,落实处置权,确保收益权,依法维护林业经营者的合法权益,最大限度地调动广大林农以及社会各方面造林育林护林的积极性,解放林业生产力,发展林区经济,增加林业收入,促进林业可持续发展。文件提出集体林权制度改革的主要任务是明晰所有权,落实经营权;开展林权登记,发换林权证;建立规范有序的林木所有权、林地使用权流转机制。集体林权制度改革需要坚持有利于"增量、增收、增效"的原则;坚持"耕者有其山"、权利平等的原则;坚持因地制宜,形式多样的原则;坚持政策稳定性、连续性的原则;坚持公开、公平、公正的原则。时任福建省委书记的卢展工说过:"我们一定要把林改好事办好,把好事办实,把好事办到位。"福建的省情、林情有自己的特点,省内不同地区的情况也有很大的差异,集体林权制度改革从方案设计上即坚持因地制宜,分类指导,不搞"一刀切"。

经过全省上下3年多的努力,于2006年基本完成了明晰产权的主体改革任务。这一阶段的集体林权制度改革,开了全国集体林权制度改革之先河,通过分山到户,初步实现了集体所有是集体成员共同拥有的本意,还山于民,建立起经营主体多元化,权、责、利相统一的集体林经营管理新机制,充分调动了广大林农投入林业、发展林业的积极性,实现了"山定权、树定根、人定心"。

二、配套改革阶段

2006年,福建省委、省政府出台了《关于深化集体林权制度改革的意见》,又率先推进以"稳定一大政策、突出三项改革,完善六个体系"(即稳定林地承包政策,突出林业投融资体制、商品林采伐管理制度和林业经营方式改革,完善林业保护、林业服务、林业科技支撑、林业管理、林业生态建设和林业产业发展体系)为主要内容的改革,在放活林业经营方面进行了有益的探索。这一阶段的集体林权制度改革,主要是推进配套改革,还权于民、还利于民,初步实现了"山有其主、主有其权、权有其责、责有其利"。

福建集体林权制度改革的积极探索和成功实践为全国集体林权制度改革探了路子、出了经验、做了示范,得到了国家领导的充分肯定和高度评价。2006年1月,时任中共中央总书记胡锦涛同志在永安市视察时指出:"林改意义确实重大"。正是福建省的成功改革,让党中央下了决心,在全国推进集体林权制度改革。2008年6月,中共中央、国务院下发了《关于全面推进集体林权制度改革的意见》(中发〔2008〕10号),提出用5年左右时间,基本完成明晰产权、承包到户的改革任务。在此基础上,通过深化改革,完善政策、健全服务、规范管理,逐步形成集体林业的良性发展机制。福建省总结的"明晰所有权、放活经营权、落实处置权、确保收益权"及"县直接领导,乡(镇)组织,村具体操作,部门搞好服务"的集体林权制度改革工作机制等经验做法,被吸收到中央集体林权制度改革文件中。

2009年6月,新中国成立60年来的首次中央林业工作会议在北京举行,全面部署推进集体林权制度改革工作,要求必须确保实现资源增长和农民增收两大基本目标,建立以家庭承包经营为基础的现代林业产权制度和支持林业发展的公共财政制度两项根本制度,坚持尊重农民意愿和依法办事两大重要原则,抓住勘界发证和落实责任两个关键环节,处理好改革与稳定、放活与管理两个重要关系,切实保证改革沿着正确的方向推进。

三、巩固提升阶段

认真贯彻落实中央林业工作会议和中央10号文件精神,福建省委、省政府出台了《关于持续深化林改 建设海西现代林业的意见》,全面动员部署深化集体林权制度改革和海西现代林业建设,深入开展集体林权制度改革"回头看",对集体林权制度改革主体改革的民主决策、林业产权明晰、登记发证,以及配套改革等情况进行全面检查摸排,查找问题,分析原因,抓好整改,使集体林权制度改革工作进一步向纵深推进。

为了更好地处理林权问题,2009年11月福建省第十一届人民代表大会常务委员会第十二次会议审议通过了《福建省林权登记条例》,规范林权登记行为,加强林权管理,保护林权权利人的合法权益,有利于巩固和拓展集体林权制度改革成果。福建省高院林业审判庭、省处纠办对林木林地权属争议处理进行研讨,进一步规范涉及林权争议案件的处理,提出了指导性意见,保障集体林权制度深化改革。此外，福建省还配套实施森林综合保险政策，有效降低林业的经营风险，保证林业可持续发展，提高林业经营者抵御风险能力，加快林业发展，促进林农增收。

为巩固集体林权制度改革工作，福建省林业厅召开了集体林权制度改革调查摸底工作，深入一线，掌握实际情况。围绕集体林权制度改革明晰产权、登记发展和配套改革存在的问题，明确集体林权制度改革的目的就是山上增资源、农民增收入，各地的情况不一样，可以按照"愿单则单，以单为主；愿联则联，联合自愿"的要求，采取不同的改革做法。集体林权制度改革明晰产权工作"回头看"要全面梳理、分析问题、抓住要害，为决策提供依据，以改革促发展，以集体林权制度改革促进各项工作，促进农民致富、推进生产力发展。

这一阶段的集体林权制度改革，主要是对明晰产权主体改革工作进行总结回顾与排查整改，针对性地进行补缺补漏，进一步巩固和拓展了集体林权制度改革成果，实现了"资源增长、林农增收、生态良好、社会和谐"的目标。

四、全面深化阶段

2013年8月，福建省人民政府出台了《关于进一步深化集体林权制度改革的若干意见》（闽政〔2013〕32号），福建省进入全面深化集体林权制度改革阶段。2014年初，省政府在武平县召开了全省深化集体林权制度改革现场会。2015年6月，出台了《福建省人民政府关于推进林业改革发展 加快生态文明先行示范区建设九条措施的通知》（闽政〔2015〕27号）。2016年6月，省政府办公厅又出台了《关于持续深化集体林权制度改革六条措施的通知》（闽政办〔2016〕94号）。2017年3月，省政府办公厅转发了《国务院办公厅关于完善集体林权制度意见的通知》（闽政办〔2017〕30号），对新型林业经营主体培育、金融支持林业发展、林业金融风险防控、重点区位森林资源管护、林下经济发展、林业服务体系建设等方面进行全面部署和指导。2017年10月，省委、省政府下发了《关于深化集体林权制度改革 加快国家生态文明试验区建设的意见》，要求认真贯彻落实习近平总书记对福建集体林权制度改革的重要指示精神、全国深化集体林权制度改革现场经验交流会精神，着力创新生态保护和建设模式、创新林业生产经营模式、创新投融资支持模式、创新林业管理服务模式。2021年10月14日，福建省委全面深化改革委员会印发了《关于深化集体林权制度改革推进林业高质量发展的意见》（闽委改〔2021〕2号），对新时期深化集体林权制度改革进行再部署、再推进。2022年6月29日，福建省委、省政府印发了《关于持续推进林业改革发展的意见》，高起点深化集体林权制度改革。这一阶段的集体林权制度改革，主要是对集体林经营体制机制的健全与完善，进一步放活集体林经营，让广大林农从经营林业中得到实实在在的收益，真正实现"社会得绿、林农得利"。

作为南方重点林区省份之一的福建，森林资源丰富，还有优越的气候与自然条件，但广大林农却守着"金山银山"过穷日子，林业辉煌不再。这成了困扰福建省委、省政府的难题，新一轮集体林权制度改革则突破了体制上的障碍，将福建资源禀赋优势转化为林业发展与生态文明建设的优势，率先开启新一轮集体林权制度改革。历届福建省委、省政府始终牢记习近平总书记的嘱托，把集体林权制度改革作为生态文明建设和农村改革的重要任务，先后下发多份推进集体林权制度改革的综合性政策文件，实行"五级党政主要领导抓林改"的工作机制，积极探索、接力奋斗，持续深化集体林权制度改革；积极应对集体林权制度改革分山到户后的林权分散化、经营兼业化等新情况、新问题，大力培育新型林业经营主体，引导多形式合作经营，进一步提升林业经营规模效益；积极支持和鼓励基层金融创新，率先开展林业投融资改革试点，让青山变金山、绿树变活钱、资源变资产；积极创新生态补偿模式，进一步调动社会各界育林护林积极性，健全森林资源管护机制；紧扣绿色循环、可持续发展，着力改造提升传统林产工业，重点发展竹产业、花卉苗木、生态旅游、林下经济、碳汇等绿色富民产业，进一步激发林业绿色增长内生动力。

第五节 集体林权制度改革的显著成效

产权制度能优化资源配置，有效的产权制度是促进经济增长的关键，集体林权制度改革是农村生产关系的又一次深刻调整，影响的不仅仅是林农、林业、林区，对整个农村经济社会发展都具有长远、深刻的意义。

一、解放和发展了农村生产力

1. "还山于民"，实现"山有其主"

集体林权制度改革的推动实现了家庭承包责任制在林业上的丰富与完善，明晰产权主体，落实集体成员财产权利，以恒产生恒心；坚持社会主义公有制，促进了公平正义的实现，体现了社会主义的本质要求，将"集体林本身就是村民集体共有的"落到实处，解决产权主体虚置的问题；完善了林业发展政策措施，活化了林业经营机制，集体林权制度改革的推动实现了农村产权制度在林业上的创新和突破。

2. "还权于民",实现"主有其权"

集体林权制度改革不仅赋予了林农长期稳定的承包经营权,更是赋予了土地承包经营权人对其承包经营的林地享有占有、使用和收益的用益物权。集体林权制度改革的推动确保了经营主体的处置权;创新林地经营权流转机制,促进了林地流转集聚,提高经营效率;确保了经营主体的收益权,创新林木采伐管理制度,触发产权激励机制,调动林农生产积极性,增加市场木竹供应量,保障了经营主体的资金需求;创新投融资支持模式,释放了投资利好信号,引导社会工商资本参与林业经营与农村建设;增强了农村产业结构的广度与深度,解放了农村生产力,激发了林业经营活力。

3. "还利于民",实现"权有其利"

我国农业可持续发展面临资源紧缺这一重要的瓶颈问题,通过拓宽促进农村经济发展的资源支撑,助力乡村振兴。集体林权制度改革的推动改善了林业发展环境,通过完善林业税费体制降低木竹税费,将改革红利留给林农;拓展了关于林地的农村土地制度改革,保障了林农的承包经营权,以灵活多样的产权形式确保收益权的兑现;释放了林业经营活力,为林农提供持续稳定的收入保障,也通过增强集体提供公共服务的能力建设美丽乡村。

二、促进了林业发展与农民增收

1. 提高了森林资源储备与生态功能

集体林权制度改革赋予林农长期稳定的承包经营权,发挥市场在生产要素配置中的基础性作用,提高林农对林业收入的预期,促进生产要素投入的增加,提升了森林质量与数量。集体林权制度改革后,集体林资源得到培育加强,全国集体林森林蓄积从集体林权制度改革前的46亿立方米增加到2021年的69.87亿立方米,增长近24亿立方米。2021年,福建省商品材产量795万立方米,同比增长55.60%;竹材产量9.57亿根,与上年持平。

2. 加快推进林业产业融合发展

林业具有显著的规模效益,集体林地承包到户会造成林地分散的情况,但要进一步落实处置权,鼓励与规范林地流转,推动市场驱动下基于利益联合机制的合作经营,发展多种形式的适度规模经营,增强林业经营与承担风险的能力。截至2021年,全国集体林权流转稳步推进,新型经营主体达28.39万个,经营林地2000多万公顷。新型林业经营主体实现生产要素资源的整合配置,优化产业结构,履行社会责任,促进了林业一、二、三产融合发展,助推产业实现绿色发展。2021年福建省花卉苗木产业全产业链总产值达1164.80亿元,其中种植业产值 636.70 亿元，园林应用和花卉加工产值合计 290.70 亿元，市场销售、花卉服务等三产产值合计 237.60 亿元，分别较 2020 年增长 8.30%、8.90%、14.30%。

3. 全面带动农民就业增收

林业产业类型多样，产品丰富，整个产业链条极长，各类产品市场需求量大，能够创造的就业岗位空间巨大。集体林权制度改革解放了农村生产力，激发了林农与社会资本投资林业的积极性，创造多方位的就业岗位。比如，2021 年全国林下经济规模稳步扩大，经营和利用面积超 4000 万公顷，从业人数达 3400 万人。再如，习近平同志在福建工作时推广过的油茶产业，从 2020 年到 2021 年亩均经济效益增加 150 元，实现亩均年收益 1650 元，巩固了 200 多万脱贫人口的脱贫成果。集体林权制度改革成为林业发展的内在动力，从原材料供应到初加工，再到新兴林业产业及林产品精深加工，为不愿远离家乡的农民提供了充足就业岗位，促进林业产值与区域经济提升，带动农民就业增收。此外，集体林权制度改革通过明晰产权，增加林业经营投入，提高林产品质量，在充分挖掘林产品经济价值的同时，改善的生态环境也赋予林产品生态溢价。通过集体林权制度改革，林产品生态溢价的收益落实到林权持有者手中，保障生态优先战略下农民收入稳定增长，助力乡村振兴与共同富裕的实现。

三、推动了乡村治理现代化

1. 化解了林权纠纷，助力林业稳定经营

集体林权制度改革之前，大部分的集体林地由村集体统一经营，林农并不是林业生产决策的主体单位，对造林、抚育、管护经营以及技术推广运用缺乏积极性。集体林权制度改革通过明晰产权梳理了实际边界，解决历史遗留的林权纠纷问题，有效减少了林权纠纷；通过确权发证解决了原来"谁造谁有"与公有林等产权主体不明的林权纠纷问题，将生产决策权与管护责任落实到家户层面，减少政府管护成本，森林火灾损失明显下降；通过林地流转与多样化合作，建立共同利益主体，化解林权纠纷，助力林业稳定经营。

2. 缓解了"干群矛盾"，促进乡村和谐治理

集体林权制度改革充分尊重群众的知情权、参与权、决策权，林权制度改革与林业收益使用制度经过村级民主决策并进行公示，实现了改革方案公开化；理顺了利益关系，创新了农村集体经济利益分配制度，保证村级公共事业建设与管理的资金使用透明，林业收入分配公平化；集体林权制度改革在阳光下进行，基层干部和广大农民群众并肩作战，打成一片，共同探讨集体林权制度改革事宜、调节集体林权制度改革纠纷，促进了干群之间的和谐相处。

3. 创新了基层自治，形成社区治理新格局

在产权明晰的基础上，明确集体内部的农户是林业生产决策的实际权利主体与参与经济活动的市场主体，有权对所承包的林地使用权和林木所有权进行支配和使用。集体林权制度改革的推行通过改革具体方案的反复讨论、民主协商、民主表决的程序，尊重集体经济组织成员在承包方案上的民主决策权与首创精神；以法治思维和法治方式稳步开展，促进集体林权制度改革工作依法依规，提高改革质量；将集体林地经营权和林木所有权落实到农户，确立农户的经营主体地位，激发了农民参与林权决策与森林经营管护的积极性，树立民主、法治、公平的意识，形成共建、共治、共享的新型社区治理格局。

四、探索了生态产品价值实现路径

1. 统筹了生态保护与资源利用

集体林权制度改革促进了产业生态化，通过林产品生产过程标准化，严格使用有机农药与有机肥料，加大研发投入实现以竹代木，助力林业产业结构升级发展；实现了生态产业化，开发森林旅游、林下经济、康养产业等新业态，实现生态产业融合发展和多层次发展，扩大产业结构范畴，从产业自身与延伸产业链条两个方面满足人民日益增长的美好生活需要，共享美好生态生活，提升生活质量。

2. 促进了人与自然和谐共处

集体林权制度改革通过产权激励调动农民造林护林的积极性，达到森林开发利用与生态保护的双向循环，促进人与自然和谐相处，实现可持续发展。集体林权制度改革的推动不仅界定了林业经营的物质收益，而且界定了森林经营的生态收益，通过政府转移支付的形式保障重点生态区位商品林、生态公益林等林木所有者的权益，鼓励以绿色生态发展的方式利用森林资源，达到森林开发利用与生态保护的双向循环，践行"绿水青山就是金山银山"理念，促进人与自然和谐相处，实现森林资源可持续发展。

3. 形成了生态产品有价意识

集体林权制度改革激发了林业经营者造林营林积极性与权利意识，探索森林资源外部性内部化的生态补偿机制，通过碳汇林的建设并入碳交易市场，正式开启了市场化生态补偿，让林业生态产品价值不仅获得政府基本补偿，更能获得市场肯定，充分显现生态产品经济价值，拓宽"绿水青山就是金山银山"

的转化通道，促进"双碳"目标早日实现。自 2016 年以来，福建林业碳汇成交 321 万吨，成交额 4665 万元，均居全国首位，农民"不砍树也致富"，通过经营林木的生态效益获取经济回报。

20 年以来，福建集体林权制度改革取得了显著成效，其原因在于集体林权制度改革遵循时代发展规律，大胆创新，不断深化与探索。

第一，在于坚持人民至上。集体林权制度改革的实践，科学回答了改革为了谁，改革依靠谁，改革成果由谁共享等根本问题，深刻诠释了改革成功与否的最终标准就是人民满意不满意、人民幸福不幸福。改革之所以成功，在于我们坚持把维护和发展人民的根本利益作为林改的出发点和落脚点，真正让广大人民群众成为林改的支持者、参与者和受益者。

第二，在于坚持担当作为。集体林权制度改革始终遵循"敢为人先"的要求，以"明知山有虎，偏向虎山行"的干事魄力，"事不避难，义不逃责"的责任担当，从"分山到户"的主体改革，到创造被推广到全国的"林票制"、"生态银行"等一系列改革措施，无不体现敢于作为的改革决心和勇于担当的改革魄力。

第三，在于坚持生态优先。森林是"绿水青山"的重要载体，是"山水林田湖草沙"生态系统的核心，是维护生态安全的关键环节。集体林权制度改革始终恪守生态优先的价值取向，理顺了人与森林的关系，坚持"人与自然和谐共生"的新时代中国特色社会主义基本方略，从而取得了保护与发展的"双赢"局面。

第四，在于坚持系统改革。集体林权制度改革是一项极其复杂的系统工程，始终坚持系统改革战略思维是集体林权制度改革层层推进的制胜法宝。深刻把握土地政治属性，提出解决"山要怎么分"的正确途径；深刻把握绿色发展理念，提出解决"树要怎么砍"的"双赢"路子；深刻把握金融"活水"规律，提出解决"钱从哪里来"的创新办法；深刻把握市场经营法则，提出解决"单家独户怎么办"的明确方向。

第五，在于尊重群众首创。充分激发人民群众的首创精神是集体林权制度改革的动力源泉。20 年林改始终坚持改革程序、方案、内容和结果都由村民自己说了算，正是由于坚持"群众的事情群众办"，所以我们才能形成和谐改革的大环境，成功破解一系列改革难题。从三明市的"福林贷"和"林票制"、南平市"森林生态银行"、再到武平县金融区块链服务平台等创新的森林资源资产证券化，都是尊重群众首创精神的鲜活例子，让广大人民群众参与改革，共享改革红利。

第二部分

福建集体林权制度改革突破与创新

第2章

围绕"山要怎么分"问题的突破创新

"山要怎么分"是集体林权制度改革的第一步,是讲求公平和效率权衡的一次有效探索,有利于实现"山定权、树定根、人定心"。本章主要从"山要怎么分"问题上对公平和效率进行讨论,回顾了在集体林权制度改革之前对"山要怎么分"的艰难探索,总结福建省在分山初期通过实施均山分林的家庭联产承包责任制的模式探索和制度创新,从而指明此次均山分林有效促进了林业经营效率的提升,同时为新时期林业高质量发展中如何兼顾公平与效率,以及为实现公平与效率的"双赢"目标提供了启示。

第一节 "山要怎么分"的历程:公平与效率的权衡

一、"山要怎么分"兼顾公平与效率的必要性

纵观我国集体林产权制度形成与变迁历史,"重新"界定初始产权是历次集体林产权变革的主题。"统"与"分"的反复试错过程,不仅未能构建起符合集体林业内在机理的产权制度,而且已成为阻碍集体林业发展的瓶颈。从土地改革时期的分林到户阶段,到人民公社时期的山林集体经营阶段,再到20世纪80年代初的林业"三定"阶段,这几次改革只解决了山林的经营权问题,并没有真正触及林地的产权问题,这也使得全国大部分集体山林长期在旧制度下运转,产权问题久而久之积累成为整个林业发展的瓶颈。

在林业发展的过程中,通过不同的林权组合方式,中国在跨越低收入陷阱

的同时实现了森林面积和蓄积的双增长。在制度变迁的路径选择方面，之所以与同期开展的农地制度改革不同，原因在于森林功能多样性及经营长周期性的特点。森林产权包括林地和林木两个权利客体及由它们附加的各种权利组合。这一特点决定了在进行"分林到户"改革时必须先进行均山，均山又不可避免要分林，以解决林木的产权问题。而初始的分配公平也为后来兼顾效率提供了有利的基础，习近平同志指出林改必须坚持社会主义方向。在坚持土地集体所有的前提下，我国探索家庭承包责任制，将土地承包经营权赋予了广大农户，并不断延长土地承包年限，直至承包关系永久不变，取得巨大成效。集体林地作为集体土地的重要内容之一，在开展集体林权制度改革时，必须坚守土地公有制底线要求，走家庭承包道路，充分发挥社会主义集体经济优越性，提高农村土地资源的配置效率和水平。

二、集体林权制度改革的历程："山要怎么分"问题的艰难探索

林地天然具备着促进农民就业增收、巩固和发展现代林业、改善人与自然和谐共生环境等多重属性与使命。但受到林农生产力的客观实际、生产关系的地域条件、计划经济思想观念的束缚等问题影响，集体和林农关于森林、林木和林地的权益，在"分与统"、"收与放"之间几经调整，集体林权制度的改革与发展经历了漫长且曲折的历史演进（闫瑞华，2021）。

集体林地是我国基本的林地权属形式之一，是伴随着合作化运动、人民公社运动而形成的一种林地形态，为《宪法》《中华人民共和国民法典》（以下简称《民法典》）、《中华人民共和国土地法》《中华人民共和国土地管理法》（以下简称《土地管理法》）等法律所确认和规范。在集体林权制度改革之前，集体林的形成经历了新民主主义时期、土地改革、互助组、初级农业生产合作社、高级农业生产合作社、人民公社和改革开放时期。

第一，新民主主义阶段，这个时期面对"三座大山"的压迫和我国贫穷落后的现状，进行了山林权属的变更，森林所有制的变革调动了人民群众保护森林、发展林业的积极性，并为新中国林业政策的制定积累了宝贵经验。第二，土地改革阶段，林地为农民私有，农民拥有林地完整的私人产权，可以自主决定个人所有林地的处置，从而在新中国建立初期形成了私人林权制度。第三，互助组阶段，林地为农民私有，承认各自土地所有权的基础上，由农民自愿联合组成互助组织，为集体林的形成进行了铺垫。第四，初级农业生产合作社阶段，林地为农民私有，农民的林地所有权转化为合作社社员权，农民通过参与合作社的决策和经营、劳动而实现其林地所有权。第五，高级农业生产合作社

阶段，林地为集体所有，农民的林地所有权不再表现为对合作社的土地入股，农民转而成为拥有林地所有权的合作社的成员，确立了林地的集体所有。第六，人民公社阶段，林地为集体所有，尽管后期直至改革开放之前，集体林权制度发生了多次改革，但都保持了集体所有。第七，改革开放阶段，在重新确定国有林和集体林产权界限的基础上，实行林业生产责任制，所有权与使用权相分离，并赋予农民个人平等而完全的自留山初始产权，使得农民拥有一定的山林经营与收益权。

第二节 福建集体林权制度改革均山分林到户的制度创新

家庭承包经营制度是国家在农村的基本经营制度，是党在农村的执政基石。深化集体林权制度改革，首要任务是稳定家庭承包制度不走偏、不倒退。本节主要围绕在家庭承包责任制的基础上，福建省对于"山要怎么分"的实践探索和模式创新进行分析，分析在坚持林地集体所有的前提下，通过"三权分置"改革，不断细分集体林权的产权束，通过赋权、强权、稳权，稳定家庭承包责任制，兼顾社会"公平"与"效率"。

一、均山分林到户为实现"四权"奠定制度基础

1. 在集体林权制度改革中稳定家庭承包责任制

以家庭承包经营为基础、统分结合的双层经营体制，是农村的基本经营制度，是党的农村政策的基石。家庭联产承包责任制是农民以家庭为单位，向集体经济组织（主要是村、组）承包土地等生产资料和生产任务的农业生产责任制形式。它是中国现阶段农村的一项基本经济制度。在农业生产中农户作为一个相对独立的经济实体承包经营集体的土地和其他大型生产资料（一般做法是将土地等按人口或人口与劳动力比例分到农户经营），按照合同规定自主地进行生产和经营。林地与耕地一样，是农村重要的生产资料，是林区农民重要的生活保障。集体林权制度改革是农村家庭承包经营制度的丰富和完善，是农村土地制度改革的拓展和延伸。长期稳定林地承包政策，事关集体林权制度改革成果的巩固，事关林业发展、林农增收、林区稳定。在深化集体林权制度改革中，必须始终坚持林地家庭承包经营基本政策不动摇，严格按照《中华人民共和国农村土地承包法》（以下简称《农村土地承包法》）、《中华人民共和国森林法》（以下简称《森林法》）等法律法规规定，依法保护林木林地承包经营权不受

侵犯。承包期内，集体(发包方)不得违法收回农民承包的林地，企业和个人不得以任何方式中断农民与集体的林地承包关系，农民与集体的初始承包关系不因流转而改变。对承包期满的林地，属于家庭承包的，要按照"大稳定、小调整"的原则进行延包；属于其他方式承包的，特别是在明晰产权改革时因其承包期未满而未落实家庭承包的，待承包期满后，原则上必须按照"均山、均权、均利"的要求落实家庭承包政策。

一方面，坚持林地的集体所有，是坚持林业公有制经济主体地位的必然要求，有利于确保林业发展的社会主义方向。公有制是社会主义生产关系的核心和集中体现，是社会主义经济制度的基础。坚持公有制为主体、多种所有制经济共同发展，是我国现阶段的基本经济制度。改革开放后，我国为适应林业生产力发展水平和农村实际，在坚持林地集体所有的前提下，普遍实行了家庭承包经营制度，对我国林业发展和农村经济社会的发展发挥了重大作用。

另一方面，坚持林地的集体所有，是中国特色社会主义制度体系的内在要求。中国特色社会主义制度体系是多项制度的联结，各制度之间互为关联，林地的集体所有与社会主义初级阶段基本经济制度是吻合的，它有利于中国特色社会主义制度建设。反之，林地私有化与社会主义初级阶段基本经济制度在本质上是互斥的，会导致基本经济制度发生性质上的变化。在中国特色社会主义制度体系中，土地制度属于深层次的制度，它作为我国基本经济制度的重要基础，必须保持其连续性和稳定性。因为土地制度实质性的变动，必将引发我国基本经济制度实质性的变化以及其他相关制度的变化。

2. 坚持产权明晰细分

产权是一种通过社会强制而实现的对某种经济物品的多种用途进行选择的权利。林业产权作为具体的一种产权形态，是人们对林业资产的一组经济权利，它包括了森林、林木和林地的所有权及其派生的使用权、收益权和处置权等。我国现代的林业分类经营改革使市场机制成为林业资源配置的主要手段，客观上要求支配资源、决定资源交换的林业经营主体——自然人和法人的产权必须清楚明确，即林业经营主体必须有林地和林木处置的选择权和决定权，否则就不是市场主体，也就不能动员和吸引社会力量参与林业建设。可见，建立明晰的林业产权制度，明确产权主体，体现产权利益，直接关系到林业经济发展的活力和效益。林业的问题，归根结底是产权问题。开展林业改革，调整林业生产关系，核心是明晰产权、理顺产权、落实产权。但初始产权公平分配只是建立产权制度的基础，产权的核心是利益，而处置权利的赋予是实现利益的重要路径。在福建省进行以"均山"为目标的集体林产权改革之前，村集体对山林的控制逐步弱化，完全产权属于村集体的山林越来越少（张敏新等，2008；吕月良等，2005）。所以集体林权制度改革之初就明确了以产权改革为核心的"明晰所有权、放活经营权、落实处置权、保障收益权"林业经营体制改革模式，这"四权"是一个有机整体，相互关联，不可分割。前"两权"是改革的核心和基础，后"两权"是改革的重点和归宿。

"明晰所有权"主要是因为当时全国林业经历了的"三定"、"四固定"多次林地边界调整，但村与村、村与乡、集体与国有的边界交叉重叠依然存在，加之统管模式弊端导致村民不满的长期累积，所以这次改革先厘清边界，确定集体林和经济组织的林地范围，把村集体的产权归村集体所有。此后，"明晰所有权"通过不断完善后，主要内容为在坚持集体林地所有权不变的前提下，依法将林地承包经营权和林木所有权，通过家庭承包方式落实到集体经济组织的农户，确立农民作为林地承包经营权人的主体地位。对不宜实行家庭承包经营的林地，依法经本集体经济组织成员同意，通过均股、均利等其他方式落实产权。村集体经济组织可保留少量的集体林地，由集体经济组织依法实行民主经营管理。

"放活经营权"就是农民家庭的承包权（成员权），归农民家庭长期经营，依据"用益物权"的定义，农民在承包期内享有占有、使用和收益的权利，视同"物权"，可以抵押贷款、流转、租赁、入股合作，政府不得干涉，也是当时社会流行的一句话"山有其主，主有其权，权有其责，责有其利"。此后，"放活经营权"通过不断完善后，主要内容为实行商品林、公益林分类经营管理。依法把立地条件好、采伐和经营利用不会对生态平衡和生物多样性造成危害区域的森林和林木，划定为商品林；把生态区位重要或生态脆弱区域的森林和林木，划定为公益林。对商品林，农民可依法自主决定经营方向和经营模式，生产的木材自主销售。对公益林，在不破坏生态功能的前提下，可依法合理利用林地资源，开发林下种养业等林下经济，利用森林景观发展森林旅游业等。

"落实处置权"，农民承包林地要做到"我种能够我砍，我砍能够我得"。此后，"落实处置权"通过不断完善后，主要内容为在不改变林地用途的前提下，林地承包经营权人可依法对拥有的林地承包经营权和林木所有权进行转包、出租、转让、入股、抵押或作为出资、合作条件，对其承包的林地、林木可依法开发利用，特别是林木采伐的处置权得到落实。

"保障收益权"这是改革的出发点，也是落脚点。因此，集体林权制度改革的关键是处置权，没有处置权，农民的收益权就没有办法得到实现。山区经济落后,但村民看到了林地价值随市场需求增长逐步提高的趋势,所以这次林权制度改革是在社会主义条件下的土地使用制度的重大变革,是马克思主义中国化的重大实践,下一步深化改革一定要坚持这一正确方向,总结以往经验。此后,"保障收益权"通过不断完善后,主要内容为农户承包经营林地的收益,归农户所有。征收集体所有的林地,要依法足额支付林地补偿费、安置补助费、地上附着物和林木的补偿费等费用,安排被征林地农民的社会保障费用。经政府划定的公益林,已承包到农户的,森林生态效益补偿要落实到户;未承包到农户的,要确定管护主体,明确管护责任,森林生态效益补偿要落实到集体经济组织的农户。与此同时,福建省于2003年开展农业税费改革,配套措施对木材收费项目进行全面清理整顿,取消不合法和不合理的收费,在此基础上,公布保留的税收和合法的收费项目,接受社会监督,并建立举报制度,严肃查处各种向林农乱收费、乱摊派、乱集资的行为,把林农负担真正减下来。

3. 从"两权分离"到"三权分置"的必要性

20世纪80年代的家庭承包责任制实现了"集体所有权"和"承包经营权"的分离,其本质是按人口均分土地、以家庭为单位分散经营,实现了社会的公平。农村集体作为土地所有权主体向承包户发包土地,承包户是土地的承包者和经营者,在土地二级产权结构层面,承包户具有占有权、使用权、收益权。

"三权分置"被《农村土地承包法》确认后再次规定于《民法典》中,要将其上升到基本法层面予以尊重,将其作为物权法中的根本规则加以适用。三权分置是指形成所有权、承包权、经营权三权分置,经营权流转的格局(肖卫东,2016)。"三权分置"下,所有权、承包权和经营权既存在整体效用,又有各自功能。从当前实际出发,实施"三权分置"的重点是放活经营权,核心要义就是明晰赋予经营权应有的法律地位和权能。实行"三权分置"就是把土地承包经营权分为农户承包权和土地经营权。重构农村土地集体所有权、使用权、转让权权利体系,为农民提供完整、权属清晰、有稳定预期的土地制度结构,是厘清农村土地集体所有制、农民社会保障和土地财产权益、农村土地产权市场化改革三者关系的现实可行的制度安排,也是有效化解土地承包经营权所承载的社会保障功能与经济效用功能之间矛盾与冲突的现实可行的制度安排。

随着工业化、城镇化发展进程的加快,城乡社会和经济结构也随之发生巨大变化,"两权分离"的家庭承包责任制的局限性逐渐显露。一是"一家一户"承包经营制的细碎化经营带来效率损失,严重抑制了集中化、规模化生产以及现代生产技术的采用;二是大量农村劳动力转向城镇,农户兼业化、非农化趋势明显加大,农村土地抛荒现象显著。为了解决农村土地"谁来种,如何种"

以及优化配置土地资源等问题，需要通过调整农村土地产权结构，将承包经营权进一步细分为农地承包权与农地经营权，实现农地使用权的有效流动，因此，"三权分置"成为农村土地产权制度改革的创新点。十八届三中全会提出赋予农民更多财产权利，推进农村土地承包经营权确权登记颁证工作，赋权、强权和稳权已成为中国农村土地制度改革的基本核心内容。2014年中央首次将农地所有权、承包权、经营权"三权分置"提上农村土地制度和产权法治建设层面，指出要在坚持农村基本经营制度的基础上，落实集体所有权、稳定农户承包权、放活土地经营权。

为稳定集体林的家庭承包关系，林业也推进"三权分置"改革，集体拥有林地所有权、农民拥有林地的长期承包经营权、流转得到林地的林业经营者拥有林地自主经营权，如抵押贷款、采伐、享受政府补贴等权益，并受法律保护。村集体持有林地所有权凭证（权利类型为"林地所有权"的不动产权证）；家庭承包农户持有承包经营权凭证（权利类型为"林地承包经营权"的不动产权证）；转入林地的经营者持有经营权凭证（权利类型为"林地经营权"的不动产权证）。

从"两权分离"到"三权分置"，三权之间的关系有了更加清晰化和规范化的规定。一方面确立了以成员权为基础的农民集体所有权制度，另一方面强化了农户对承包地的支配权、流转权，让土地承包经营权真正成为农民的财产权，从而实现了所有权主体与成员之间权利关系的依法配置。《民法典》保护了经营主体根据流转合同取得的土地经营权和土地上的收益权，放活土地经营权使土地资源得到更有效合理的利用。土地经营权的产生是建立在农户对经营土地的自由选择、自主签约的基础上的，从而实现了集体成员与土地利用者之间权利关系的依约配置。

"三权分置"制度是在坚持林地集体所有权不变的基础上，遵循"权能分离"理论，将承包经营权中具有交换价值和使用价值的权能分离出来形成土地经营权，土地经营权作为一种衍生产权，与承包权形成两种独立的权利形态。农户从村集体承包林地，再将林地经营权流转给新的经营主体并获得收益。因此，农村土地制度从"两权分离"到"三权分置"符合诱致性制度变迁的逻辑，制度本身具有渐进性、自发性和经济性特点。可以说，"三权分置"是解决当前农地"产权困境"的有效探索，符合产权激励的内在要求，兼顾社会"公平"与"效率"，是当前经济发展"新常态"下建设现代林业的创新实践。

二、围绕"山要怎么分"问题的实践探索

20世纪80年代以来，由于集体林产权不清、经营主体不明等体制机制问题，森林资源丰富的福建省出现很多地方"靠山不能吃山"，"端着金饭碗过着穷日子"。为了破解这些问题，福建省自下而上发动一场集体林权制度改革，加快推进集体林业发展。2001年，福建省武平县开展集体林权制度改革试点工作。改革面临的首要问题就是"山要怎么分"。当时，既没有上级的文件指导，也没有现成的经验可循，在摸索中进行改革，各种争论都很激烈。

首先，要解决"山要怎么分"问题。当时武平县有两种不同取向：第一种取向是主张家庭承包，要分山到户，强调公平优先，其代表是捷文村。捷文村按照人口平均分山，在本农村集体经济组织内部成员平均分配，坚持在第一次分配中体现公平优先。第二种取向是主张大户承包，竞价拍卖，采用效率优先，其代表是中赤村。中赤村采取效率优先的方式，对集体林权进行拍卖，谁出钱多就卖给谁，承包期限定在70年。理由是山林跟田地的情况很不一样，山林的生产周期长、投入大、效益低，只有大户承包才能经营好，体现效益优先，采用竞标办法把山卖给出价最高的人。

在这关键时刻，2002年6月21日，时任省长的习近平同志到武平县调研集体林权制度改革，十分有针对性地指出"集体林权制度改革要像家庭联产承包责任制那样从山下转向山上"、"集体林权制度改革的方向是对的。要脚踏实地向前推进，让老百姓真正受益"，为武平县集体林权制度改革一锤定音。

习近平同志指出多次的改革为什么成效不大，因为都只在管护责任制上兜圈子，没有触及产权，就不会触动林农的心。这次集体林权制度改革是社会主义条件下的山地使用的产权制度改革。社会主义基本特征，一是土地公有，二是共同富裕。只有山分到每家每户，农民有了财产权，农民才有经营的积极性，几十年来中国林业分了收，收了分都是在林业生产责任制上打圈圈。只有把产权交给农民，农民才有育林、护林的积极性。把广袤的山地作为产权，集体经济组织的每一个成员，有恒产才有恒心。

习近平同志的指示拉开了中国集体林权制度改革的序幕。2002年8月，福建省林业厅邀请了国家林业局法规司、经济发展研究中心、福建省政研室、福建省人大法制委员会、福建省政府发展研究中心等部门的专家，在武平县召开了集体林权制度改革研讨会，形成了"明晰所有权、放活经营权、落实处置权、保障收益权"的以产权改革为核心的新一轮林业经营体制改革创新模式。2003年4月，福建省人民政府发布了《关于推进集体林权制度改革的意见》（闽政

〔2003〕8号），在全省推行集体林权制度改革。福建省的集体林权制度改革得到中央的重视和认可，2008年6月，中共中央和国务院发布《关于全面推进集体林权制度改革的意见》(中发〔2008〕10号），全面吸收福建集体林权制度改革的经验。

三、围绕"山要怎么分"问题的模式创新

一方面，集体林权制度改革在如火如荼地进行，另一方面，林业历史遗留问题和集体林权制度改革过程中各地出现的不同问题导致集体林权制度改革推进一度出现了许多困难，此次改革的发展方向应是广泛的初始产权平等分配，各地因条件差异使实现的方式和时间有所不同，对"分山"问题进行了探索，总体而言，改革过程是自下而上的，具有自发性和多样性。当时，福建省的集体林权制度改革均山探索过程中，村集体实际可管理的森林资源和村民的参与是确定"均山"的重要因素。同时，各地也灵活地探索了多种形式，实践过程中深刻地认识到"均山"并不等同于绝对地、完全地均山到单户，而是包括了均山到组、均山到联户、均山到单户等不同形式。

1. 武平分山——集体林权制度改革的一锤定音

武平县县域面积2630平方公里，其中林地面积为21.65万公顷，占82.30%。2001年6月，该县选择万安镇捷文村开展集体林权制度改革试点工作，充分尊重群众意愿，借鉴家庭联产承包责任制的改革经验，把集体山林均包到户。2002年，习近平同志在武平调研时为集体林权制度改革指明了方向，也为后期"山要怎么分"问题提供了思路。

武平县的集体林权制度改革过程同全省的集体林权制度改革一样，是一个逐步推行的过程，而非一蹴而就的结果。武平县的集体林权制度改革按照"分步实施、整体推进"的办法、根据"耕者有其山"的原则，坚持"以家庭承包和家庭联户承包为经营主线，多种形式并存"，因地、因村制宜，选择适合当地生产力水平和农民意愿的改革形式，推进改革进程。武平县的集体林权制度改革在万安乡上镇、捷文两村和中赤乡中赤村进行试点之后就开始在全县铺开，改革的重点是在保持林地所有权归集体所有的前提下，将集体统管或失管山林的林地使用权和林木所有权(不含生态公益林)，有偿转让给个人或联合体承包经营。转让主要分两种形式：在林区，群众对林业依赖性大，将林地按协议价格转让给各家各户经营；在非林区，群众不以林业为主要收入，为促进规模经营，将林地分为几大块，进行公开招投标，林地由中标者经营，确保政策的稳定性与连续性。武平的林改主要采取了以下四种方式。一是农户承包经营。

按照稳定"自留山"、"谁种谁有"政策,把林业"三定"中划分的自留山和村民自种自造的林木,落实给农户经营,确保政策的稳定性与连续性。二是联户经营、协议转让到户。对林业"三定"以来落实、管护较完好的责任山,经简单评估作价,协议转让到户经营。对未落实管护或人多山林少的林区及人工林,则在通过评估定价后,实行一次性公开招标转让到户或联户或经济实体经营。三是村集体林场经营。林木属集体所有,实行自主经营、自负盈亏,有些部分则实行风险抵押,责任承包经营,由农户交纳一定数额押金进行承包,主伐时按比例分成。四是村民小组或自然村联户经营。对一些原村民小组和自然村管护较好的山林,将现有林作价,由村民各户分摊,实行联户经营,或将现有林无偿划拨,收益时村集体按比例或固定提成,由村民小组或自然村内部实施分配(杨益生等,2010)。

武平县对分山问题的探索,是一次公平优先还是效率优先的讨论,家庭联产承包责任制指明了集体林权制度改革的方向。集体林地作为集体土地的重要内容之一,集体林权制度改革必须坚守土地公有制底线要求,走家庭承包道路,充分发挥社会主义集体经济优越性,提高农村土地资源配置的效率和水平。

2. 顺昌的预期均山——动钱不动山的预期均权

顺昌县是"中国竹子之乡"和"中国杉木之乡",通过"预期均山""货币均山""现货均山"等形式,实现了"耕者有其山"。

无山可均是社会和谐一大隐患。20世纪80年代至90年代初期,顺昌县农村买卖集体青山比较普遍,大片林地"归大户",农民没有得到林地。大户"拖、延、占"现象,争山、抢山、盗伐现象,农民群体上访现象增多。无山的闹、山少的吵、山多的骂,村部、乡(镇)政府,甚至县政府常常挤满了信访群众,80%以上都与林权有关。改革之初确有重视"确权发证"、忽视"均山到户"的倾向。如不及时纠正,"确"的只是少数人的"权","发"的只是少数人的"证"。

预期均山是化解矛盾的有效办法。为解决这一问题,顺昌县立足解决矛盾纠纷让农民得到生产资料,不容许继续以拍卖青山的形式处置山场,不容许继续让林子、林地向少数人集中,不容许继续让非农主体与农民争夺山地。他们创新明晰产权方式,实行了预期均山:将已发包但承包期未到的集体商品林林地使用权预先分给村民,相当于"期货"的形式,待上轮承包到期后进行迹地交接。在操作过程中,他们尊重历史,维护传统的小组经营界线。组织村民代表、小组长等上山逐片评定等级,由农户联合逐块竞标,以投标人口数多的中标。抽签将林地预分到组。由各小组90%以上的户代表签字，委托本组代表与村委会签订预期林地使用权承诺书。均山到组后，各小组自主决定如何落实到户。村落与林地较为分散的，可山随田走，按人均大致面积就近调整。

预期均山促进社会和谐稳定。实行预期均山，是在集体林地、林子已发包出去但尚未到期情况下的一种改革形式，适应了改革要求，满足了群众愿望。一是村民感到"期货"有期。将商品林地预先分配给村民小组或村民，采伐后再落实到位，使少山无山农户有了盼头。二是村民感到"期货"有利。对提前或拖延采伐作了明确规定。提前采伐，由村集体收回，按预期均山方案落实到小组或农户；推迟采伐，由现有经营者每年交村委会一部分收益，再由村委会返还分到该山的农户。三是村民感到"期货"有据。村委会与预期分到山地的村民签订预期林地使用权承诺书，并告知现有经营者，使其没有"延、占"的可能和暗箱操作的余地，打消了与村民争夺林地的念头，村民也感到未来完全能够收回到期的林地。

顺昌县的预期均山是对林业收益权的提前变现和分配，这是一种渐进方式实现均山需求的举措，针对的是山林历史遗留问题较大而实际产权控制较弱时多方协商和妥协的一种有效分山的方式，使农民在保障收益权后对林地的预期收益提高。对资金和技术的需求增长，赋予农民对自身以及对农业、农村的各项资源的全部权利是农民收入持续增加、森林经营持续发展的基础条件（张敏新等，2008）。

3. 邵武高南村的轮包制——协调资源和均山之间的矛盾

高南村是邵武市一个经济发展水平中等偏下的自然村，林业用地比重大，人均林地面积超过邵武市平均水平，森林资源对社区经济和农户收入有重要影响。受资源可控程度的限制，高南村只有部分林地可参与当前的分配。为了协调短期资源限制与广泛的均山要求之间的矛盾，创造了分步实现均山的方法（轮包）。高南村经过划定自留山、租赁造林、明晰合作造林产权、毛竹山招投标以及林权转让等多种形式的林权变革，较多部分的用材林经营权已转移到社区外个人与组织或社区内少数人手中，只好采取轮包的方法，让部分村民优先获取经营权，逐步实现都享有的权利，有效解决了均山带来的林地过度破碎化问题。

轮包制对完全的招投标方法进行了改进，区分了平等权利和优先取得权利。具体做法是在林地动态分配的基础上，按立地条件等因素确定林地租金并将其作为标底：凡本村过去未曾中标的农户在交纳押金后参加竞价，出价最高者中标；中标户取得一个轮伐期的山林经营权，并分中标、间伐、主伐3个时点向村集体按约定比例交纳林地租金；本村每户均获得林地经营权为一轮，在一轮中已中标户不得再次投标，不得转让标的。该方案经过村民代表大会通过，并从2002年起实施。截至2005年年底，全村共有52个农户在轮包中获得林地经营权，占农户总数的1/4以上。"轮包制"保证普通村民通过轮包取得山林经营权，富裕户基于资金优势通过竞标获得资源先占优势，进而获取"时间差"利益（张敏新等，2008）。

轮包制催生自发的自愿的联合经营趋向。轮包制实施后的资金入股与劳务入股已十分普遍。一是中标户因资金不足而邀其他村民入股合伙经营；二是山里村民因地缘优势被山外中标户邀请以管护劳务参股（张敏新等，2008）。

资源数量及控制水平的不同对改革模式的多样性起着重要作用。"均山、均权、均利"三者相比，"均山"将农民个体平等初始产权落实到森林实物分配上，较强的财产物权化性质更有利于权利的实现和保障。因此，森林初始产权的均权、均利的政策含义应界定为可分资源有限条件下的权宜选择，均山到户（包括联户）应成为条件具备时的目标。

4. 泉州德化的股份合作经营模式——以林场化促进产业化

德化县地处闽中屋脊戴云山区，全县地势较高、地形复杂，地貌以低中山为主，拥有"山多、水足、矿富、瓷美"四大优势，素有"闽中宝库"之称。山多，全县海拔1000米以上的山峰有258座，福建第二大山脉戴云山主峰横亘境内，是典型的山区县；现有林业用地18.13万公顷，有林地17.13万公顷；林木蓄积量1245万立方米，占泉州市的55%；森林覆盖率77.30%，位居泉州市首位。

2003年集体林权制度改革以来，德化县积极探索集体林经营的有效实现形式，在落实和完善家庭承包经营责任制的基础上，重点推行以股份（联营）合作林场为主要模式，多种经济形式并存的经营体制改革，取得了较好的成效，实现了以林场化促进产业化，并在那时成立了林场新型林业经济合作组织。德化县主要是采取以下三种方式对集体林进行经营的。一是对林地和林木进行资产评估后将林地使用权和林木所有权公开拍卖转让，使用期限一定30~50年不变。受让者实行自己经营、自行管理、自负盈亏，拍卖资金一次性或分期支付。按投标拍卖的比例分配给村民林地，必须得到村民代表大会的多数人员投票表决通过才可以转让。这一举动充分调动了农民的积极性，真正实现了"山有其主，主有其权"的改革目标。二是乡村林场集体经营。乡、村用提取造林更新费和自筹的造林资金组织造林绿化和幼林抚育，并聘请了专（兼）职管理人员、护林员，落实管护责任，其经营状况基本良好。该举措能够比较好地保障村财政和林农的收入,让"专业人办专业事",使得林业经营更加有效,提高了科学管理水平。三是股份合作经营。股份、联营合作机制是德化县集体林经营体制改革的主要形式。该方式是村集体以土地和现有林木入股,企事业单位或个人以资金、物资、技术等生产要素入股,结合成风险共担、利益共享的利益共同体,合作造林、育林,并签订明确双方责权利的合同,收益时按合同约定的分成比例进行分成,实现"林权分散、经营集中",森林资源的各种生产要素充分聚集,社会各界将大量人力、物力投入到林业生产和经营管理中(杨益生等,2010)。

如今,德化县在集体林权制度改革后结合当地自然资源优势,石牛山景区2020年被授予"福建省森林康养基地",2021年被授予"福建省职工疗休养基地"、"泉州市职工疗休养基地"等,成为度假旅游的首选之地,戴云山通过加强对自然环境和文物古迹的保护,也成了吸引游客的重要景区,自然森林资源、森林康养和森林旅游收益成为当地的重要收入来源之一。

5. 永安市洪田村的均山到组——两步并一步走

早在1998年,洪田村就敢为人先,把土地承包责任制引向山林,完成了"分山到户"的创举,拉开"均山、均利、均权"的集体林权制度改革序幕,为福建省在全国率先推进集体林权制度改革探索出一条新路子。在2003年开始的新一轮集体林权制度改革中,洪田村再次成为永安市的集体林权制度改革试点村,也是福建省乃至全国的首个集体林权制度改革试点村(杨益生等,2010)。

作为福建省新一轮集体林权制度改革的首个试点村,洪田村在这次集体林权制度改革的过程中,主要进行了以下几个方面的具体工作:一是开展森林资源资产评估。资产评估是产权改革的基础和前提,主要目的是明确集体山林的价值。因此,洪田村的集体林权制度改革试点工作就是以对山林资产价值的评估作为起点。新一轮的集体林权制度改革试点开始后,该村就以1998年的评估数为基础,结合本次集体林权制度改革开始时各个小班林木的实际生长状况和市场价格,对原先的评估值进行相应的调整,得出每个山场地块的山林资产价值。二是明确待分配山林的权属关系。在新一轮集体林权制度改革试点过程中,为了保证各项改革措施的顺利到位,经过村民代表大会讨论,决定对于那些可能引发产权纠纷的山头地块的山林产权进行重新界定,洪田村本次集体林权制度改革的总体目标是在保证林地集体所有的前提下,将林地的使用权和林木所有权明晰到林农或其所在的联合小组,以建立健全经营主体多元化,权、责、利相统一的集体林经营管理新机制。三是确定参与山林资源分配的人口数量。洪田村在本次集体林权制度改革中,经村民代表大会讨论,决定以1998年9月30日的在册人口为准,并明确农民嫁居民或居民嫁农民和因国道建设征地迁出的,不再分给山林;但通过民政或计生部门抱养的、参军服兵役的、大中专在校生、劳动教养和劳改服刑的,仍然继续分给山林。对在此之后因人口的增减变化而带来的利益不平衡,则灵活地采取"动钱不动山"的办法予以调整,以保持山林经营的相对稳定,防止掠夺性经营和采伐。即决定每5年分红一次,在此期间生产木材所得的利润,按人口平均得出分红额,人口多的补入,人口少的付出。四是确定产权落实方式。根据全村所有山林的不同情况,分别采取不同的产权落实方式。首先,对于仍然由村集体经营的集体山林,根据评估的山林价值和确定的分配人口,在产权明晰到人的基础上,将全村这种类型的山林按照立地的好坏进行搭配,划为3大片,每片再分2个组,每组又细分成2个小组,共形成12个经营小组,每组平均约68~69人,实行联户经营。对于那些林农愿意而且实际可以明晰到户的山林,允许再细分下去。同时,为了加强对村民山林经营的监督管理,该村的村委会和村林业合作社与全村的12个经营小组分别签订经营合同(经营组内的所有户代表都在合同上签字),从而以合同的形式明确了双方的责、权、利关系。然后,对于那些村民个人按照"谁造谁有"的政策营造的山林,则由造林者继续经营,并承认其产权,将那些适宜发包的山林资源基本上都明晰到人、到户或到村民小组,使村民们拥有实实在在的山林产权,让他们敢于投资发展林业,大力培育森林资源,而林权证的核发更使村民们吃下了"定心丸",从而极大地激发了他们经营林业的积极性。五是确定村民与村集体的利益分配比例。对于在这次集体林权制度改革中新分配到户或村民小组的林木,在其主伐时还需要明确主伐所获得的收入如何在村民与村集体之间予以分配。洪田村的做法是以原有小班调查评估数据(1998年的评估数据)为基础,原有材积的70%归承包户或联户,30%上缴村集体,作为村集体收入的一个主要来源;评估后新增林木材积的80%归承包户或联户,20%上缴村集体。同时,他们还界定主要树种的一般主伐年龄和不同立地的出材量,如果要培育大径材、年限在30年以上的,超出部分每年每亩再上缴0.10立方米木材给村集体。六是对原先改革不彻底的山林开展进一步的深化改革。同时,针对过去改革中仍然存在的不全面、不彻底、不规范等问题,2003年,洪田村在新一轮集体林权制度改革的开始阶段,认真开展了"回头看",即区分不同情况分别将过去的改革成果分为需要"巩固确认"、"完善提高"和"重新改革"三种不同的类型。七是抓好相关的配套改革。在经过"确权发证"明晰山林产权关系之后,接下来就进入了这次改革的第二阶段,即相关的"整改"和"配套改革"阶段(杨益生等,2010)。

自2003年初洪田村成为福建省新一轮集体林权制度改革的首个试点村以来,各项改革措施基本上实现了预期的目标,并取得了较为明显的成效。近年来,洪田村还通过林权抵押贷款、发行林票等深化集体林权制度改革试点,带动村民大力发展竹产业,做优林下经济、发展生态旅游、设立全省首个林业碳汇专项基金。洪田村在"双碳"目标的大背景下,发展林业碳汇。林业改革的发展历程中,能够敢为人先,推动"以竹代木"等,真正实现"不砍树也能致富"的目标。结合当地历史遗留情况,科学合理地推广促进林业发展的举措,不断为林业发展注入新动能。

6. 三明市的股东会改选模式——分山均利的林业改革

三明是福建省有代表性的集体林区,管辖12个县(市、区)中,其中有9个县(市、区)属我国南方林业重点县,全市森林覆盖率75.89%、蓄积量1.62亿立方米,保持全省前列。创新联防联动等森林管护机制。建有国家级自然保护区4处、省级7处,国家森林公园6处、省级19处,国家湿地公园1处,是全国全省自然保护地最密集地区之一。

1984年,三明市有的村开始组建林业股东会(有的叫林业股份公司、林业股份合作林场、林业合作社)1304个,集体林折股联营和管护承包的覆盖面积占84%,近120万公顷。在股东会组建和改选方面三明市主要有以下做法:一是产权主体。即集体林(包括天然林和人工林)通过折股联营,以资产的形态和股份合作的形式,由村委会转移到股东会,成为股东共有的财产,股东会按村现有人口,每人一份,发给股金证,林业盈利按股分红,但山权仍归代表全体村民的村委会所有,同时股东会设立理事会,订立章程,就像成立公司一样,按章程办事,对所拥有的山林实行统一管理,分散承包经营,实行有规则有秩序的山权管理。二是关于股份设置原则。林业股东会组建初期,股份设置普遍分为基本股和投资股两种,基本股约2/3的股数分给林农个人,剩下1/3归村委会作为集体提留股(实际上是"虚拟股份")不参加股份总量的分红,显然这样的股份设置是不科学的。以后,从集体林区森林资产的复杂性和生产经营的多样性考虑,股份设置进行了必要调整,改分为山地股、普通股(或基本股)和投资股三种。其中,山地股归村委会,属于集体所有;普通股(或基本股)指1984年折股联营时按人头分股的股份,普通股一般允许继承转让,但生不补死不除,也不得退股兑现金,成为村民集体劳动创造的森林资产的再分配；投资股则指村民用资金和投工获得的股份，可以继承、转让，投资满三年，允许自由抽退股金。三是林地使用安排。林地有偿使用是指使用集体的山地造林，必须在林木主伐时缴纳一定的"地皮费"，具体规定山地股按占有总量，参加每年一次的股份分红，村委会获得山地股分红后，不再要求股东会的资金和利润；对于社区性合作经济组织外部的单位和个人，应同内部一视同仁，一样实行林地有偿使用。三明市采取折股联营的股份制经营形式，使原来集体所有的森林资产发生了财产关系变化，因此具有统分双层经营性质：第一层次，通过股份制实现的价值形态上或所有权关系上的统分结合，既体现了林农对森林资产的拥有，又实现了分股到户的林农资产的合作经营；第二个层次，通过承包制实现的实物形态上或经营权关系上的统分结合，体现了承包者的分散经营，同时，又实现了股东会对生产的统一管理。这种有统有分，统分结合的股份合作经营形式，基本适应了林业生产特点和林区实际情况，也符合林业规模经营要求，从而有效促进林业生产。林业利益分配的深刻变化，给林农带来了实惠（杨益生等，2010）。

通过构建集体林区基层林业经营主体，对于保护森林资源、发展林业生产、增加林农收入起到重要的历史作用，曾被作为典型列入《中国农民的伟大实践》一书，在全国产生了积极的影响。近些年，三明市林业局高度重视松材线虫病防控工作，以全面推行林长制为抓手，将松林改造提升与造林绿化、森林抚育、生物多样性保护、森林质量精准提升等生态工程项目相结合，从"治"的层面有效促进林业增绿增效。同时，三明市认定4家康养样板基地，努力在实现资源增长、生态增效、产业增值、林农增收方面，走出一条生态环境"高颜值"、经济发展"高素质"协同并进的绿色发展路径。

第三节 "山要怎么分"问题的突破
创新兼顾公平与效率

纵观我国农村土地制度的变革过程，发展重点主要集中于农业用地。作为发展最不充分、最不平衡的地区，"人在家里穷，树在山上烂"曾经是山区、林区的普遍现象。新中国成立后，为了更好地保护和实现集体林价值，我国先后开展并实施了农村集体林权制度改革。回顾我国集体林地分山变革的历程，发现在"山要怎么分"问题中，不断在效率和公平上进行探索，也为林业下一步发展兼顾效率与公平指明了方向。

一、福建集体林权制度改革实现了初始产权的公平性

1. 坚持初始产权的公平性,是社会主义制度的正确方向

在社会主义初级阶段,从我国现有的发展情况而言,山林的集体所有是对山林的最优产权制度安排,这一制度将得到长期保持。集体所有就是要保证集体内部成员共同所有,保证内部的公平性。第一,经过社会主义改造,我国已经确立了社会主义经济制度,将集体所有的山林进行私有化,不符合我国社会主义公有制的根本要求。第二,经过几十年的集体化,农村家庭和人口发生了剧烈变化,若要恢复到人民公社化之前的山林私人所有将会带来高昂的成本,并引发新的社会纠纷。第三,我国将长期处于社会主义初级阶段,在短时间内无法实现共产主义,那么与共产主义相适应的山林全民所有制也无须在短时间内实现,山林的集体所有将在相当长的时间内继续存在。

土地问题始终是中国共产党在革命和建设时期的中心问题,农地制度的变革历来是解决社会主要矛盾的焦点和难点所在。纵观中国共产党百年的风雨历程,农村土地改革经历了重大变革,农村土地产权制度也随之发生了重大变迁。早在新民主主义革命时期,中国共产党就深刻认识到解决农民土地问题的重要性,通过土地革命,实现"耕者有其田"。习近平总书记在庆祝中国共产党成立100周年大会上的重要讲话中强调"江山就是人民、人民就是江山,打江山、守江山,守的是人民的心",充分反映了中国共产党一以贯之的思想。回顾我国集体林地政策变革的历程,发现集体林地产权制度变革始终遵循土地公有,为福建集体林权制度改革实现初始产权的公平性提供了突破创新。

2. 坚持初始产权的公平性,为实现共同富裕奠定基础

山林产权初始界定时的份额公平,即以特定时点的村民人口数量为基点,实现均山,以保障林农的应有权益。新一轮集体林权制度改革通过山林产权的明晰,激发了林农生产经营的积极性,也提高了林业生产要素的产出效率和山林经营的水平,从而直接或间接地增加了林农的收入水平,这对于缩小城乡收入差距和促进社会实现共同富裕等方面均具有十分重要的作用。集体林权制度改革使林农成了山林资源真正的主人,其生产经营土地的积极性得到了极大提高,从而出现了"把山当田耕,把林当菜种"的喜人景象,广大林农来自林业的直接收入大幅增加。"群众的事情自己说了算"的做法促成了和谐的改革大环境,也成为集体林权制度改革成功的制胜法宝。三明是全国重点林区,林地面积占全市土地总面积的82.70%。但长期受制于部分林业政策的约束,三明多山多林却无法让林农"靠山吃山",苦闷的林农将满目青山称作"不开门的绿

色银行"。集体林权制度改革后,从分离承包经营权,到让林地"变现",再到林票、碳票等一系列创新举措的推出,三明盘活广袤的森林资源,以"改"解题,点绿成"金"。如今,三明农民收入约1/3来自林业,真正走出了一条生态惠民的康庄大道(邓丽君,王爽,2022)。"家有恒产,才有恒心",集体林权制度改革以分山到户的形式明晰产权,得民心、合民意,推进林业高质量发展。

2003年福建省人民政府出台《关于推进集体林权制度改革的意见》(闽政〔2003〕8号),明确了以"明晰产权、放活经营权、落实处置权、保障收益权"为主要内容的集体林权制度改革正式在福建省全面推开(陈思莹,2021)。2008年,中共中央、国务院颁布了《关于全面推进集体林权制度改革的意见》(中发〔2008〕10号),国家林业局在福建、江西、浙江等地的典型经验基础上,在全国范围推广深化集体林权制度改革政策和制度创新(闫瑞华,2021)。在本轮集体林权制度改革中,以"均山制"为主要特征的集体林权制度改革实现了林地初始产权分配的公平,使农民通过得到林地这一主要的生产要素的使用权获取收益权,增加财产性收入,优化收入和财富分配格局,为实现山区林区共同富裕奠定了制度基础,实现了福建集体林权制度改革初始产权的公平性。

二、福建集体林权制度改革以公平促进效率的提升

1. "三权分置"的制度化设计,是以公平促进效率提升的重要保证

如果说我国集体林权制度改革长期关注的焦点是"公平",那么林地"三权分置"改革则体现了在林地初始产权分配公平前提下更加注重效率的提升,显示出集体林权制度改革的价值转向。"没有农业农村现代化,就没有整个国家的现代化",农业农村现代化离不开与之相适应的农地权利制度。相对于"两权分离"模式下的林地分散经营,注重林地产权经济属性和林地资源市场配置的"三权分置"进入中央决策的视野。

2009年6月,中央林业工作会议对推进集体林权制度改革作出全面部署。同年,国家林业局出台了《关于促进农民林业专业合作社发展的指导意见》(林发改〔2009〕190号)和《关于切实加强集体林权流转管理工作的意见》(林发改〔2009〕232号)等,提出"加强集体林权流转管理,是优化资源配置、落实处置权、维护森林资源安全和社会和谐稳定的重要举措",鼓励"推进适度规模经营"。2014年中共中央办公厅、国务院办公厅印发《关于引导农村土地经营权有序流转发展农业适度规模经营的意见》(中办发〔2014〕61号),提出"实现所有权、承包权、经营权三权分置""坚持农村土地集体所有权,稳定农户承包

权，放活土地经营权"。

集体林地"三权分置"革新，通过规模化集约化经营发展新型林业经营体系；通过稳定林地承包关系和加强林地流转经营巩固农村基本经营制度；通过夯实农民集体土地所有权制度实现乡村治理与基层自治；通过丰富林地用益物权稳定农民的基本保障；通过拓展农民的土地财产权落实林地资源的高效配置，促进小农生产与现代农业生产的衔接过渡，是推进乡村振兴战略实施和农业现代化建设的重要抓手。

2. 以公平促进效率的提升，是调动林农积极性的必要选择

新一轮集体林权制度改革通过"确权"、"发证"和"配套改革"等关键措施，在保持林地集体所有的前提下，将林地的经营权和林木所有权明晰到林农家庭或由林农自由组合而形成的村民小组，明确了产权主体，明晰了产权关系，从而使广大林农拥有了实实在在的林业生产经营自主权。这不仅极大激发了林农发展林业生产的积极性，也有力提升了林业生产经营效率，促进了森林资源面积、蓄积的双增长及林业产值的大幅提升，初步实现了"资源增长、农民增收、生态良好、林区和谐"的目标。

林业生产的长周期性及森林资源露天生长的特点，使森林资源的管护成为一项难度极大的工作。因此，在长达数年甚至上百年的生长周期内，如何做到既保证森林资源的安全，又可以有效提升其经营管护的效率和水平就成为一项十分重要的工作。新一轮集体林权制度改革之前，由于大部分地区的集体林产权关系不明晰，主要由村集体统一组织经营，因此其管护工作效率相对低下。新一轮集体林权制度改革之后，绝大部分的集体林资源经过"确权发证"得以明晰到农户，成为林农有权掌控的资产。森林资源的管护效率直接关系到经营者自身的利益，从而逐步形成了一种权、责、利相统一的新机制，促进了经营者育林、护林积极性的提升，促进森林资源的管护效率有效提升。

三、福建集体林权制度改革再出发需要进一步兼顾公平与效率

1. 以解决突出问题推进公平与效率，是壮大集体经济再分配的有力举措

新一轮集体林权制度改革虽然促进了公平和效率，但集体林权制度改革不可能毕其功于一役，现实中仍然存在一些问题，需要通过进一步的改革加以解决，以进一步落实林农的公平财产权利。

一方面是分户的山林被划为生态公益林问题。在福建林区的不少地方仍然存在着部分产权已经明晰到林农家庭的山林资源，被重新规划为生态公益林的情况，而公益林的产权受到相关政策的较大制约，其经营者只有经营权，却无

法享有这部分森林资源的处置权和收益权。这不仅影响林农生产经营的积极性，也对新一轮集体林权制度改革造成了一定程度的负面影响，其中最直接的负面效应就是难以落实林农的公平财产权。针对这方面的问题，各级政府应该通过与村集体及相关的林农之间进行充分、平等地沟通协商，并分别针对不同的山林状况给予其原经营者以及时、确定的足额经济补偿，以保证林农享受到其应得的公平财产权，并保障其生产和生活不受大的影响，从而避免出现新的社会矛盾。

另一方面，目前各地在林地使用费的收取和使用等方面还存在着一些不足之处，还需要进一步加以规范。林地使用费收取的关键在于合理确定其收取比例，为此，既要考虑集体收入增长的需要，更要顾及林农的实际承受能力，要保障林农在经营山林中有利可图，否则就会影响其生产经营的积极性。通过全面深化集体林权制度改革壮大村集体经济，首先有利于促进村财政增收和基层组织建设。要进一步规范林地使用费的使用，要通过制定和实施一系列规章制度来保证林地使用费的使用符合广大村民的共同利益，利用集体林业收入为村民办实事好事。扩大森林防火、防盗、防病虫害"三防"工作等乡村公益事业的投入，提高村集体治理能力，使村民在分配正义的基础上共享集体林业高质量发展的成果，接受全体村民的监督，从而实现各项开支的公开、公正、公平和有效率，有助于实现公平与效率的"双赢"。

2. 以第三次分配协调公平与效率，是促进共同富裕的重要抓手

第三次分配由厉以宁(1994)在《股份制与现代市场经济》中提出"在两次收入分配之外，还存在着第三次分配——基于道德信念而进行的收入分配"。第三次分配指的是公平优先与效率优先两者之间的调节。最近中央又明确提出"第三次分配"，整个国家、社会需要通过第三次分配来调控贫富差距拉大的问题，对山区林区的平衡发展来说，更显得十分紧迫。山区林区的第三次分配主要还是体现为林地、林木的收益分配问题。长期以来我国农村集体经济组织承担了大量的公共服务，尤其在广大山区林区，村集体在集体林治理方面具有丰富的经验。但调研中发现，集体林权制度改革后，由于林业收入对村财政的贡献减少，重点林区村集体治理能力有所下降。此外，集体林权制度改革坚持家庭承包责任制，逐渐形成了山区林区独特的人口收入矛盾问题。因此，在全面深化集体林权制度改革阶段，亟须探索创新林业经营模式，发展新型集体经济再分配以实现共同富裕。

以林业生态服务推动效率和公平的统一。当前，良好生态环境已成为人民群众最强烈的需求，绿色林产品已成为消费市场最青睐的产品。要探索形成生态共建共治共享的良好机制，调动广大人民群众的创造性和积极性，既吸引群众积极参与林业建设，开展身边增绿行动，又确保群众公平分享发展成果，让人民群众更好地亲近自然、体验自然和享受自然。探索建立多元化、可持续生态补偿机制，推进国有自然资源有偿使用，完善天然林保护、森林和湿地等补偿制度和保护立法。在保护修复好绿水青山的同时，要大力发展绿色富民产业，创造更多的生态资本和绿色财富，生产更多的生态产品和优质林产品。扩大林业对外开放，实现理念互鉴、经验共享、合作共赢，积极参与全球生态治理，共建生态良好的地球美好家园。推动生态惠民和绿色治理的协调发展，让人民共享林业发展成果，用有效的社会分配手段实现林业生态功能的社会外部性。

集体林权制度改革再出发要兼顾效率与公平，为共同富裕打好基础，最重要的任务是缩小城乡之间、区域之间、群体之间的发展和收入差距，而通过第三次分配调控贫富差距，促进山区林区的平衡发展则尤为紧迫。由于我国山区林区各级财政实力还不强，难以满足农村经济社会发展的投入需求，公共财政全面覆盖农村还需要一段很长的过程。在此背景下，长期以来农村集体经济组织为山区林区公共服务产品的供给作出了极大贡献。但集体林权制度改革分山到户后，由于村集体预留的林地面积不超过10%，而且多为生态公益林、天然林或不具备经营条件的林地，部分重点林区村财政收入得不到保障，村集体治理能力有所下降。对于广大山区林区而言，最丰富的资源是森林资源，农民最重要的财产是林地。因此，对山区林区进行第三次分配的重点体现为林地、林木的收益分配上。只有通过赋权活权增强集体经济实力，才能更好地增进农民福祉、发展农村事业，在农村双层经营体制中更好地发挥"统"的功能，才能补齐共同富裕中的这块"短板"（徐刚，2021）。

第3章

围绕"树要怎么砍"问题的突破创新

20世纪80年代,在"稳定山权林权、划定自留山、确定林业生产责任制"集体林权制度政策背景下,全国农户从事营造林的积极性仍然没有得到有效调动。有研究发现,农户虽然获得了林地,但由于政策的不确定性和不稳定性,仍然不愿意进行森林管理(Yin et al., 1997),南方林区部分农户为了防止下一轮林权政策调整后,自己可能会失去"唾手可得"的经济利益,不断加大采伐力度,试图在短期内实现利益最大化,"毁林毁山"的现象逐渐在集体林区蔓延开来。乱砍滥伐的现象很快受到政府及有关部门的关注,及时暂停了林业"三定"分山到户工作的开展,一时间集体林地的经营工作陷入"僵局",监管者与经营者保持观望态势,集体林地的经营处于"停摆"阶段。这说明分山到户仅仅是激发农户生产活力的必要条件,并非充分条件。因此,在进行集体林权制度改革探索的过程中,如何化解生态保护与经济发展之间的矛盾,促进农民生活水平提高的同时,减少乱砍滥伐现象发生,成为摆在许多地方政府面前的现实问题。20年来,福建省牢记习近平同志擘画的"家庭联产承包责任制从山下转移到山上"的宏伟蓝图,吸取过往集体林权制度改革的经验教训,既强调集体林权制度改革要重点关注百姓的生计问题,也不忽视社会发展进程中对于生态建设的关注,紧紧围绕"树要怎么砍"的科学命题,从森林分类经营管理、商品林采伐管理、森林多功能效益实现等方面进行实践,探索出一条实现"百姓富、生态美"有机统一的发展道路。

第一节 集体林权制度改革助力
"百姓富、生态美"有机统一

森林保护和利用并不是对立的，它是辩证的统一。"树要怎么砍"，不仅蕴含着人与自然和谐共生的理念，也意味着保护与利用的有机融合。在经济迅速发展的时代，人们对于美好生态环境的需求持续增加。这就要求我们在利用森林资源时，必须建立在保护环境或者不高度消耗生态环境的基础上，构建人与自然和谐共生的氛围。实际上，马克思曾就生态环境的保护与利用进行论述。马克思认为："人类是自然界的一部分，如何正确处理人与自然界的关系是人类在认识和改造世界的过程中必须面对的现实问题。自然界为人类提供了空气、植物、动物等物质基础，是人类生产生活重要的资料。"因此，作为自然界的一部分，我们的发展必须与生态环境建设相呼应。事实上，在中华民族悠久的历史长河之中，人们早已经意识到在利用自然资源的同时必须重视保护工作。《逸周书·大聚》就曾记载："春三月，山林不登斧，以成草木之长；夏三月，川泽不入网罟，以成鱼鳖之长。"由此可见，古代的统治者就曾制定"春季不能用斧头到山林中砍伐，夏季不能用渔网在江河湖泊中捕鱼"等规章制度，要求人们顺应自然规律从事生产经营活动，对自然资源进行适度开采，最终实现区域性的可持续发展，以达到巩固自己统治地位的目的。由此可见，如何实现自然资源有序利用，在保护中促进发展是人类社会持续关注的科学领域。集体林权制度改革过程中，"树要怎么砍"就是不可回避的人与自然和谐共生的现实问题。森林资源是福建宝贵的资产，是福建社会经济发展中突出的竞争优势，是南方集体林区许多农户生产生活资料的重要来源，集体林权制度改革关系老百姓切身利益，也决定了当地的生态环境。近年来，福建省坚持经济发展与生态保护协调统一，实现经济跨越式发展与生态环境协同共进，以建设国家生态文明试验区为契机，牢牢把握发展机遇，深入总结经验，不断开拓创新，持续深化与推进集体林权制度改革向好向前，努力实现"百姓富、生态美"的有机统一。

一、"树要怎么砍"关系到"百姓富"目标的实现

福建省森林资源普遍分布在经济发展水平相对落后的地区，对于生活在集体林区的普通农户而言，森林资源是其安身立命的重要资源，他们渴望从森林这处"钱库"中获取"财富"，以满足生产生活需要与改善生活质量。针对这部

分人群，如果在集体林权制度改革的过程中抛开森林经营谈生态保护是不公平的，这种做法不仅不能调动生活在集体林区的农户从事林业生产的积极性，也不符合人民群众最根本的利益诉求。社会主义的本质要求就是要实现共同富裕，让最广大的人民群众能够享受到国家和社会高速发展的红利。森林资源的利用对于长期生活在集体林区的经营者而言至关重要，"树要怎么砍"就意味着要合理制定管理与采伐制度，从人民的利益出发，让居住在林区的老百姓真正从林业生产经营中获取收益。

从林业生产经营的角度，在没有获取外部性补贴的前提下，老百姓要想从林业经营中获取收益，就需要增加森林经营强度，改善林木生产效率，提高木材产量。在这样的森林经营理念与行为指引下，全社会森林资源必然得到有效的保护与发展。当百姓从林业经营中收获经济价值与生态效益之后，为了更好地实行森林的可持续经营与发展，居民自然也会主动遏制自己的乱砍滥伐行为，参与到森林的管护之中，让森林资源与生态环境得到保护。正如习近平总书记所言"林权改革关系老百姓切身利益，这个问题不解决，矛盾总有一天会爆发，还是越早解决越好，况且经济发展了、农民生活水平提高了，乱砍滥伐因素减少了，只要政策制定得好、方法对头，风险是可控的。"①因此，在新一轮集体林权制度改革中，由过往的"稳定山权林权、划定自留山、确定林业生产责任制的林业发展方针"改变为当前的"明晰产权、放活经营权、落实处置权、保障收益权。"完善了农户的"产权束"，也让"树要怎么砍"政策变得明晰。当百姓对于森林资源的重视程度提高时，森林资源保护与利用的矛盾就能化解。农户通过明晰产权政策获得林权证，确权发证不断丰富农户的产权感知，农户自身行使林地产权的能力提升。对于想经营林业的农户而言，放活经营权后自己的经营模式弹性变大，生产自由度提升，林业生产行为不再受到过多的限制，可以选择与自身禀赋相适配的林业经营方式进行生产，落实的处置权和保障收益权能帮助农户对未来的收入有明确的预期，"树要怎么砍"在他们心中已有明确的规划。稳定的林木采伐政策使得他们不必再像以前那样担心自己的投入"付之东流"而加快采伐行为，最终造成乱砍滥伐的现象。对于没有林业经营能力的农户而言，新一轮集体林权制度改革中"树要怎么砍"的政策仍然给予他们充分的自主选择权，该群体可以通过"买卖青山"、"土地流转"等方式将"树要怎么砍"的生产决策交由他人，自己在作出该经营选择之后仍然能从中获得不菲的经济价值。无论是专业从事林业生产的农户还是兼业进行林

---

① 资料来源：努力成为可堪大用能担重任的栋梁之才[J]. 求是，2022(3)：4-15.

业经营的农户，集体林权制度改革后关于"树要怎么砍"的配套政策保障了农户从林业经营中获得收益，实现了"百姓富"的目标。

实际上，在非农就业机会增加和社会生产分工深化的背景下，居住在农村的林业生产者"靠山吃山"的程度逐步下降，倚仗林业经营"糊口"的家庭数量正快速减少，但不能否认的事实是木材资源仍然是集体林区社会经营活动中重要的生产资料，部分生活在林区的农户对于木材原料的需求依然旺盛，生产者与需求者对于木材原料的消费需求量只增不减。由此可见要想实现"百姓富"的目标，必须合理利用森林资源，做好"树要怎么砍"的相关工作。在思想上，要牢固树立砍树并非森林资源价值实现的唯一渠道，要明确认识到森林资源的经营与保护是可以通过制度的建立与完善实现有机统一的。发展的过程中要牢固树立人与自然和谐共生思想，意识到保护森林生态对于维系人类生存可持续发展的重要性，保证森林资源生产有序经营，就能实现保护生态环境的目标。在规划上，要把森林经营当作林业产业发展来办，把林业产业和林业生态产业统一抓好，在森林经营中，如果只是简单地利用林木带来的经济价值，那么森林资源的利用率就远远无法跟上其他产业发展水平。要抓住福建具备的林业资源突出特色优势，加强产业链条丰富与延伸，不断提升林业产业造福、造富能力，提高产业附加值。在方法上，必须勇于创新，敢于创新，激活百姓的首创精神。福建省的龙岩、三明、南平地区都是全国最早探索集体林权制度改革的地区，从目前的成效来看，这三个地区的森林资源不仅没有被破坏，反而在不同维度发挥着关键的作用，都是其经济社会发展中重要的"名片"。在集体林权制度改革实践的过程中，敢于创新发展，实现森林资源变资产、资金变股金、农民变股东，坚持创新发展道路，不断拓展"百姓富"的实现路径。在路径上，要立足地方产业，因地制宜把林业发展与当地特色产业相结合，持续提升林业产业竞争力，增加林木附加值，提高林业产业核心竞争力。要立足现代产业发展模式，把林业发展与现代经济发展需求相结合，不断满足人民日益增长的对美好生态的需求，创造森林价值实现新动力。面对森林采伐的客观现实需求，我们要清醒地认识到人类与森林的依存关系，森林资源利用对于实现"百姓富"目标具有深远的影响，我们必须正视森林提供木材原料对于现代社会生产与发展的重要意义，加强森林科学经营与管理，提高森林向社会提供必要的木材原料的能力，充分发挥森林作为生产要素的作用。美好生态在合理的制度安排下，通过适当的载体，能转化为高质量的经济效益，人民生活的幸福感和满足感将得到极大的满足，最终通向"百姓富"的幸福之路。

二、"树要怎么砍"关系到"生态美"目标的深化

中国共产党团结带领人民全面建成小康社会,开启了全面建设社会主义现代化国家新征程,向人民交出了一份满意的答卷,也向世界贡献了中国智慧与中国样板。到 21 世纪中叶,我国将建成富强、民主、文明、和谐、美丽的社会主义现代化强国,这其中的美丽中国必然离不开森林资源的重要贡献。"森林是陆地生态系统的主体和重要资源,是人类生存发展的重要生态保障。不可想象,没有森林,地球和人类会是什么样子。全社会都要按照党的十八大提出的建设美丽中国的要求,切实增强生态意识,切实加强生态环境保护,把我国建设成为生态环境良好的国家(霍小光,2014)。"由此可见,"树要怎么砍"问题与美丽生态建设密不可分,不仅关系到国家的生态安全,更关系到社会主义现代化强国的"成色"。世界上最大的幸福莫过于为人民幸福而奋斗,全心全意为人民服务是中国共产党的根本宗旨。"良好生态环境是最公平的公共产品,是最普惠的民生福祉"①。森林资源作为公共物品,关系到每一个人的生存环境,如果林业生产者为了眼前的经济利益而不顾长远社会发展,对森林进行大规模的采伐,或将重现过往乱砍滥伐的现象,生态环境必将遭到毁灭性的破坏,那么优美生态的愿景也就无法实现。林木生长的特性决定了短时间内森林资源无法迅速恢复,造林绿化是功在当代、利在千秋的事业,并非短时间内通过大量的人力、物力就能实现的目标,我们破坏的环境要想得到恢复,必然需要付出更大的代价。由此可知,正确处理"树要怎么砍"的问题,集体林权制度改革需要通过制定合理的森林采伐政策,实现保护好森林资源管理的目标,这将是达成"生态美"目标的不二法门,也是实现美丽中国建设的必由之路。

近年来,随着城乡居民生活水平的不断提高,人们对于美好生态环境的需求也与日俱增,人们生活方式更加环保,提倡"绿色消费",生产方式也更加绿色,追求"绿色产品",人们逐步从思想和行为着手践行绿色发展理念。诚然,我国正处于新发展阶段,在发展的过程中我们将会再次面临经济发展与生态保护"两难"选择的局面。在经济发展的过程中要充分意识到,转型期间的发展必然会产生经济结构性"阵痛",这实际上是"优胜劣汰"、"脱胎换骨"的过程,要时刻谨记"宁要绿水青山,不要金山银山",不要为了短期经济利益去牺牲长远的经济价值、生态价值、社会价值。历史教训与实践探索已经表明,过往经济发展依靠消耗大量森林资源为代价的方式已经与我国长远发展目

---

① 资料来源:习近平总书记论生态文明建设[N]. 人民日报,2017-08-04(01).

标不适配。新的百年征程中,我们必须贯彻新发展理念,要树立"绿水青山就是金山银山"的观点,坚持用发展的眼光看发展中出现的问题,加快转变经济发展方式,坚持生态优先,但绝不是简单地把森林保护与经济发展对立起来,而是将绿色、低碳、可持续理念融入经济体系建构与规划中,着重发展绿色产业,通过新的增长极带动经济又好、又快发展。要明白"人不负青山,青山定不负人"的道理,不仅仅是追求经济发展在数字层面的增加。在制定"树要怎么砍"的集体林权制度改革配套措施时,要时刻牢记森林资源的经营与发展的立足点就是为了创造更优美的生态环境,"树要怎么砍"的政策也必须建立在森林可持续经营的理念下,在不影响生态环境的情境中开展,为人民创造绿水青山、守护绿水青山。"我们要加强生态文明建设,牢固树立绿水青山就是金山银山的理念,形成绿色发展方式和生活方式,把我们伟大祖国建设得更加美丽,让人民生活在天更蓝、山更绿、水更清的优美环境之中。"①

自 2008 年集体林权制度改革以来,福建省根据林业发展实际情况,深入贯彻《国家林业局关于改革和完善集体林采伐管理的意见》(林资发〔2014〕61号)精神,结合福建省委、省政府《关于持续深化林改 建设海西现代林业的意见》要求,按照"长大于消、总额控制、分类经营、分类管理"的指导思想,提出建立"一控、三严、三放"采伐管理机制的具体改革导向。"一控"即实行采伐限额总量控制,确保森林覆盖率不下降。"三严"即严格控制生态公益林采伐,严格控制天然阔叶林皆伐,严格控制铁路、公路(高速公路、国道、省道)、重点江河沿线一重山等"三线林"皆伐。"三放"即对商品林的采伐审批,放宽采伐年龄,对集体人工用材林不再分大、中、小径材,可按最低采伐年龄进行采伐,短周期工业原料林的采伐年龄由经营者自主确定;放活采伐计划,经营者依法自主编制森林经营方案,确定采伐计划,林业主管部门按照森林经营方案落实采伐指标;放开非林业用地上种植的林木采伐,实行报备制,不纳入采伐限额管理。福建省提出的"一控、三严、三放"采伐管理机制,坚持生态受保护、林农得实惠和分类指导、分区施策、分步推进的改革原则,成为开展采伐改革试点工作的具体导向。围绕这一导向,不同地区开展了各具特色的探索实践,如永安市突破现行的政策和技术规程框架积极探索森林可持续经营;顺昌县积极探索采伐年龄管理的改革,打破现有的人工用材林经营类型管理,得到群众普遍拥护;永泰县率先编制完成《永泰县森林经营规划》,形成森林可持续经营框架,为编制经营方案提供依据;长泰县、漳浦县抓住速生丰

---

① 资料来源:共同构建人与自然生命共同体[N]. 人民日报,2018-06-14(02).

产林资源培育发展的重头戏,积极探索人工商品林(桉树)科学经营,以采伐利用促进资源培育,增强林业实力。针对"树要怎么砍",福建省各地通过一系列措施不断提高森林经营水平,充分保证生态环境的稳定,为实现"生态美"目标打下了扎实的基础。

第二节 森林分类经营管理新模式探索

1995年颁布的《林业经济体制改革总体纲要》中明确提出"森林资源培育要按照森林的用途和生产经营目的划定公益林和商品林,实施分类经营,分类管理",由此森林分类经营的理念得到社会各界的广泛关注。森林分类经营的理念是由林业的生态效益与经济效益所决定的。2003年,《中共中央 国务院关于加快林业发展的决定》(中发〔2003〕9号)明确提出:"实行林业分类经营管理体制。将全国林业区分为公益林业和商品林业两大类,分别采取不同的管理体制、经营机制和政策措施。"从政策的视角,已经很明显地将林区的林木种类分为公益林和商品林两个大类。第九次森林清查数据显示,全国森林面积中,公益林1.24亿公顷、占56.65%。其中,防护林1.01亿公顷、占81.55%;特用林2280.40万公顷,占18.45%。全国森林面积中,商品林9459.73万公顷,占43.35%。其中,用材林7242.35万公顷,占76.56%;薪炭林123.14万公顷,占1.30%;经济林2094.24万公顷,占22.14%。林业建设是事关经济社会可持续发展的根本性问题,同时也关系到国家生态建设与生态安全,对于社会主义现代化强国的建设至关重要。近年来,福建省秉承分类经营和近自然经营理念,加快转变集体林地森林经营方式,加强生态公益林建设,推进商品林持续经营,探索重点生态区位商品林赎买等改革工作,强化战略性森林资源培育与储备,不断提升集体林地分类经营管理水平。

一、加强生态公益林建设

1999年,《国家林业局关于开展全国森林分类区划界定工作的通知》中明确要求全国各地开展森林分类区划工作。2001年,福建省制定并印发了《福建省生态公益林规划纲要》,将森林资源划分为生态公益林与商品林两大类。2018年福建省人大常委会通过《福建省生态公益林条例》。2020年经省政府常务会议通过,省林业局、省财政厅又联合印发了《福建省生态公益林区划界定和调整办法》。一系列政策与法规的制定与出台使得福建省成为全国少数由省政府研究并颁布生态公益林地方性法规的省份。长期以来,福建省走在全国生态公益林保护管理工作探索的前列,对于生态公益林的经营与管理有较好的基础。

　　福建省关于生态公益林的保护与管理工作主要从以下几方面开展工作。第一,不断提高生态公益林补偿标准、完善补偿机制。2001年以来,福建省积极探索生态公益林补偿机制,从最早的1.35元/亩,先后9次提高补偿标准。目前竹林、经济林补偿22元/亩,乔木林及其他地类补偿23元/亩,省级以上自然保护区每亩再补3元。福建省生态公益林的补偿标准总体上在全国居于前列,一定程度上保障了集体林权制度改革后农户的收益权,有效缓解了生态保护与林农利益的矛盾,引导更多的农户参与到生态公益林的保护工作中。第二,集体林地中生态公益林树种的优化。在集体林权制度改革的过程中,根据不同区域林地的资源禀赋和当地的经济发展现状,将生态价值更高的天然阔叶林调入生态公益林之中,同时实施天然商品林管护补助政策,进一步促进了林木的管理与经营。2016年福建启动实施管护补助政策,相应补助标准目前为23元/亩,将天然林管护补助与公益林补偿标准进行了统一,并将补助范围扩大至灌木林地、未成林封育地、疏林地,让公益林的管理更上新台阶。突出利用天然阔叶林的生态修复能力,不断加强生态公益林整体发展水平。第三,集体林地中生态公益林区位优化。按照山区林业、沿海林业、城市林业的布局和特点,因地制宜分别采取相应的经营目标和管理政策,完善森林经营"两个三"的分类管理机制,制定生态林分三级保护、商品林分三级管理的具体分类标准,提高管理的科学性、针对性、有效性。这种生产方式是分类经营思想最集中的体现。它一方面关注到了社会层面对于森林资源的差异化需求,另一方面也有利于分类经营管理,突出不同集体林地资源的禀赋优势。第四,集体林地中生态公益林的管理优化。生态公益林最核心的"竞争力"是需要其发挥生态功能,强调对于生态环境保护的重要性。但是,严格的生态保护措施并不意味着不需要进行森林管理与经营。在开展森林生态保护工作时,集体林权制度改革的配套政策仍然强调关注低质、低效林的改造与抚育工作,并在不影响集体林地公益林生态功能的原则下,开展适度的林下经济与森林旅游经营,巩固集体林权制度改革成果。合理开发与利用集体林地重要的森林资源,用"绿水青山就是金山银山"的理念不断提升森林生态功能,营造良好生态环境,进一步强化农户对于生态公益林的保护意愿。多年来,福建省通过不断提高生态公益林补偿标准,加强生态公益林的管理与保护措施,使得森林资源优势得到有效保护与巩固,生态环境相对脆弱地区的森林植被得到恢复,农村人居环境发展水平不断提升,生态公益林保护工作已经取得初步成效。

二、加强商品林可持续经营

福建省是南方集体林区重要组成部分,集体林权制度改革后,农户通过确权发证,获得了稳定的林地经营权,从事林业经营的生产积极性在一定程度上得到了提高。但不能否定的事实是由于政策的频繁变化、非农就业市场蓬勃发展以及森林经营周期长、劳动力投入量大等因素叠加之后,农户从事商品林经营的积极性受到一定的冲击。为此,作为最早探索集体林权制度改革的地区,福建省狠抓落实、突破创新,扎实推进明晰所有权、放活经营权、落实处置权、确保收益权等综合改革,通过给予农户自主经营与销售政策、精准提升商品林质量、减轻税费负担等方式,提升家庭参与林业生产的积极性。2002年以来福建省累计完成植树造林263.27万公顷,谱写了集体林权制度改革福建新篇章。

第一,农民可依法自主决定经营方向和经营模式。福建省大力发展林业合作社、合作林场、家庭林场等多元化、多类型经营主体;鼓励骨干合作组织采取"合作社+林农"模式,林业龙头企业采取"公司+林农"模式或采取"公司+合作社+林农"模式开展合作经营,推动商品林经营规模化、专业化、集约化,极大程度调动了农户参与林业经营的生产积极性。政府不断优化角色,向"服务型政府"转型,在苗木栽培、林木种植技术、防虫防灾等领域培育社会化服务组织,不断提高普通农户森林经营技术应用水平,从而提升全社会商品林经营水平。第二,实施森林精准提升工程。针对部分林地存在的生产力不足、森林蓄积量不高、树种材种结构不优等现实情况,福建省实施森林精准提升工程,旨在提升森林生态效益和森林景观效果,增强森林生态系统稳定性和碳汇能力,采取科学、精准、高效的营造林技术措施,推进全省森林资源增量、结构增优、生态增效、景观增色、作用增强、林农增收。针对商品用材林的精准提升工程,福建省通过集约人工林栽培、现有林改培、退化林修复等方式,大力推进国家储备林、武夷山森林和生物多样性保护、珍贵用材树种培育、国土绿化示范项目,不断加强抚育间伐、松林改造提升、桉树林改造、森林经营试点示范项目等工作。第三,减轻税费、提高补贴。从2006年1月1日起,生产、销售两个环节免征特产税;2009年7月1日起,将育林基金征收标准由林木产品销售收入的20%降至10%以下,从2016年2月1日起育林基金征收标准降为零。"让利于民"的做法直接提高农户从事商品林经营的利润率,调动商品林经营的积极性。继续对以林区"三剩物"和次小薪材为原料生产加工的综合利用产品实行增值税即征即退政策,提高林业产业附加值,延长林业产业链条。第四，对商品林重点开展中幼林抚育，对天然林、生态公益林重点开展封山育林和低效林分改造修复。鼓励分户经营之后的农户提高商品林经营强度，通过造林补贴、抚育补贴等财政政策激励农户提升森林经营水平，推动商品林经营可持续发展。

近年来，福建省不断开展森林经营试点工作，在南平市顺昌县国有林场开展一般杉木用材林改造提升模式、生态公益林采伐更新混交林培育模式、天然商品林采伐更新混交林培育模式、重点区位人工杉木商品林改造提升混交林培育模式等四类森林经营提升模式；在三明市将乐县开展高价值森林资源培育、天然商品针叶林过熟林更新性改造、重点区位人工商品林针叶林成熟林提升改造等森林经营模式和更新改造措施改革；在上杭白砂国有林场开展更新造林及森林抚育、科学示范经营等模式大力提升商品林持续经营水平与能力。通过开展多种经营模式，强化科学经营商品林措施，调整商品树种结构，降低针叶林比重，增加珍贵树种资源储备，优化林分结构，对精准提升森林质量起到示范推广作用。通过强化森林经营管理措施，有效促进林木生长，使林分提早郁闭，增加碳汇储量。一系列促进商品林可持续经营的措施与政策有效缓解了森林资源保护、林业生态文明建设与林权所有者处置权之间的矛盾，既维护集体林权制度改革后林农的合法权益，又实现"生态得保护、林农得利益"的双赢目标。

三、探索重点生态区位商品林赎买等改革工作

福建是全国第一个"市市通高铁"的省份，高速发展的铁路网络不仅预示着福建经济的快速发展，也意味着高速公路、铁路和城市周边的项目建设使得全省重点生态区位发生了一些变化。为破解生态保护与林农利益之间的矛盾，福建省先试先行、敢于突破，创新重点生态区位商品林经营管理模式，成为全国首个开展重点生态区位商品林赎买的省份。开展重点生态区位商品林赎买，既能开展重点区位的生态保护工作，又可保障林农的根本利益。2017年1月福建省人民政府办公厅印发了《关于福建省重点生态区位商品林赎买等改革试点方案的通知》(闽政办〔2017〕9号)，从赎买方式、资金筹措、后续管理等方面探索重点区位商品林赎买等改革工作，对重点生态区位商品林通过赎买、租赁、置换、改造提升、合作经营等方式保护起来，有效破解了集体林区中重点生态区位商品林采伐利用与生态保护的矛盾，缓和了林农利益与生态保护的冲突，降低了潜在社会矛盾发生的可能性。2018年6月，中央深化改革办公室将福建省重点生态区位商品林赎买经验在《改革情况交流》(第34期)刊登发布。

2018年印发的《中共中央 国务院关于实施乡村振兴战略的意见》中强调"鼓励地方在重点生态区位推行商品林赎买制度"。赎买改革工作作为福建推进生态文明试验区建设创新经验向全国推广，2020年11月，福建省赎买等改革经验写入国家发展改革委印发的《国家生态文明试验区改革举措和经验做法推广清单》。这一系列来自社会各界的认可充分证明了福建省探索的生态区位商品林赎买等改革工作值得学习、借鉴与推广。

第一，赎买方式探索。赎买价格方面，通过公开竞价或与林权所有者充分协商一致后确定，赎买双方按约定的价格一次性将林木所有权、使用权和林地经营权（使用权）收归国有，林地所有权仍归村集体所有。赎买对象方面，赎买改革工作强调权属优先，即个人所有、合作投资造林等非集体权属林木优先，集体权属次之，不得用于赎买权属为国有的林木。这样就充分保障了集体林权制度改革后"分山到户"的家庭利益，农户参与种植林地的合法权益将得到充分的尊重与保障，有利于维系农户对于政策的信任程度以及调动他们未来参与林业生产的积极性。同时，赎买工作遵守起源优先原则，即人工林优先，以切实保障林农生产积极性为导向。在该原则的指导下，集体林地中人工林的所有者利益得到了合法、合理的维护。集体林权制度改革配套措施做到了让老百姓真正受益（田延华，2018）。第二，资金筹措探索。根据赎买工作开展前的摸底调查和评估测算，福建省制定赎买参考价格为3500元/亩，赎买改革所需资金量较大。为此，福建省积极探索多元化资金筹集机制。一是加大财政资金投入。开展集体林权制度配套森林赎买工作以来，省级财政持续投入。从福建省林业局关于省十三届人大六次会议第1564号建议的答复中可以发现：截至2021年年底，累计拨付补助资金3.39亿元，用于重点生态区位商品林赎买等改革；2022年继续拨付5000万元专项资金，累计高达3.89亿元。二是争取政策性贷款。南平市探索运用PPP模式策划并实施国家储备林质量精准提升工程项目，获得国开行政策性贷款额度170亿元，有效解决了推进重点生态区位商品林赎买财政资金有限、社会募资不稳定、银行融资贵融资期短等问题，破解了改革工作的资金瓶颈。三是吸引社会资金投入。三明市永安积极开展森林资源保护宣传和引导工作，并成立非营利性的"生态文明建设志愿者协会"，具体负责改革工作。协会积极发动社会各界募捐，并推出表彰先进、享受旅游优惠等激励措施，全市共募集资金6466万元。第三，注重赎买后的经营与管理，充分提升森林价值，构建分类落实管护责任主体的方式。对于适宜国有林场或国有森林经营单位开展集约化、规模化、专业化生产的林地，由政府交给适宜的对象进行统一的经营管理，既促进了森林资源的保护与管理，又能提高地方性国有林场和国有森林经营单位的生产规模与水平。对于没有适宜生产对象的赎买林地，则以政府购买外包服务的方式，邀请专业化的生产服务组织进行森林资源的管理，同样也能得到森林资源资产的保值增值。

因生态保护需求导致部分位于集体林地上的重点生态区位商品林无法进行采伐，林农守着满山的林木却不能砍伐变现改善生活，集体林区农户从事林业生产的积极性不断下降，对林业政策产生抵触情绪，通过赎买等工作有序开展，着力破解了集体林区生态保护与林农合法权益之间的矛盾，部分地方根据赎买后重点生态区位内的商品林的林分状况，通过专业化林业生产的方式不断加强营造林管护措施，不仅使得集体林区的重点生态区位商品林得到有效保护，林农也从中得到经济利益，人居环境也得以极大程度的改善，有力促进集体林区社会和谐稳定发展。2022年4月，福建省人民政府新闻办公室召开"推进林业改革发展再出发"新闻发布会，对外宣布：截至2021年，福建省完成赎买等改革的面积为2.93万公顷。

第三节　放活商品林采伐管理新制度探索

20世纪80年代林业"三定"后，农户对于森林资源的渴求程度集中释放，但是绝大多数农户又因为担心林木采伐政策以及林权制度改革政策的不确定性，部分地区出现乱砍滥伐现象。要解决这个问题，关键在于采伐政策的制定与实施，政策的科学性、有效性直接影响农户的生产决策。合理制定商品林采伐管理制度既可以调动集体林区经营者的生产积极性，还能有效保护森林资源资产。福建省逐步建立起"一控、三严、三放"的采伐管理机制，不断满足生态环境建设保护需求与百姓生产、生活基本需要。

一、采伐指标合理分配，控制森林采伐限额

福建省全面推行份额分解、分类排序、阳光操作、强化监督的林木采伐指标分配办法，实行采伐公示制度，公开、公平、公正分配采伐指标。坚持以人民群众的根本利益作为出发点，从群众中来到群众中去的工作方法，坚持以科学规划为重要方式，改革商品林采伐管理制度。全面规范采伐指标分配办法，积极推行"份额分解、分类排序、公开透明、强化监督"机制，形成按树龄排序、以小班为单元落实采伐指标的规范办法。采伐经依法批准占用征收林地上的林木，不纳入采伐限额管理。鼓励和支持抚育采伐。人工商品林抚育采伐可以把明确保留林木的合理株数、目的树种伐后平均胸径不低于伐前平均胸径、

不能造成天窗作为控制目标。县级林业主管部门或省属国有林场管理部门可对各类人工林伐后保留林木的合理株数标准作出规定。为培育大径材或套种珍贵树种的，可对近熟商品林实行抚育采伐。一系列集体林权制度改革配套政策使得采伐指标实现合理分配，达到控制森林采伐限额的目标。

二、科学编制森林经营方案

在集体林权制度改革配套措施实行过程中，积极引导森林经营主体科学编制并实施森林经营方案，把培育目标、经营措施和采伐计划落实到山头地块、具体年度，让林农对采伐安排"五年早知道"，给予经营者采伐自主权利。强化业主责任，建立权责相应的采伐监管新机制，逐步实行商品林采伐合同化管理，实现从采伐管理向森林经营管理的转变。各级林业主管部门不断提高对森林经营管理工作的认识，以科学编制森林经营方案为抓手，建立以森林经营方案为核心的森林经营管理制度，通过开展森林经营试点，不断创新森林经营管理机制，以点带面推进全省森林科学经营，实现森林整体质量提升、森林综合效益提高、森林生态系统稳定健康的目的。科学探索采伐强度、伐后郁闭度、补种、套种等技术措施。积极开展与科研院所合作，着重进行择伐对生物多样性保护作用、择伐与皆伐对保持水土的差异、择伐作业技术、择伐对林地生产力影响等课题研究，提升林木采伐机械化水平和生态保护效益，建立起专业采伐队伍，进行技术培训，提高择伐作业专业化程度与水平。各级林业主管部门不断加强对本行政区域森林经营的监管、指导和服务。各级人民政府和有关部门依法打击乱砍滥伐、毁林开垦、乱占林地等破坏森林资源的生产行为，确保森林资源持续增长、森林质量不断提高、生态功能进一步增强。

三、"数字经济"赋能商品林采伐管理

福建是全国探索"数字经济"较早的地区。2005年，关于林业行政执法监督管理等林业行政审批项目的审核工作，福建省就开始根据"数字林业"建设要求，建设林业行政审批领域的电子政务，开展林业行政审批项目网上审批和并联审批的试点工作。依托福建省电子政务网和"金林网"工程，全面实现国家、省、市、县各级上下互联互通，提高行政办公效率，建成国内领先的信息化平台，实现信息资源共享，提供全面、快捷、准确的信息服务。建立联网共享的森林资源、权属、经营主体等基础信息数据库和管理信息系统，林权档案在建立文本档案的基础上建立电子数字档案，特别在制作林权证宗地附图方面，充分利用森林资源建档地理信息系统资料，并将林权初始登记相关资料刻

录成光盘，方便群众查询利用，提高林业信息化水平。在林业信息应用与服务方面，实现信息技术在林业资源监测、评价、规划、培育、管理、保护与合理利用等各个环节的重点应用。疫情期间，为减少人员流通给防疫工作带来的压力，同时确保顺利完成"十四五"期间年森林采伐限额的编制工作，福建省采用了"福建省'十四五'期间年森林采伐限额编制成果上报与审核系统"，该系统以在线申报的形式允许县（市、区）林业局自主进行森林限额申报，区市、省编限办通过在线审核的方式汇总各地年森林采伐限额编制成果，这种通过线上数字化的编制方式，做到了"足不出户"完成工作的目标。不仅如此，该系统通过对比各地填报的"十四五"期间年森林采伐限额建议指标与"十三五"期间年森林采伐限额、近三年采伐限额执行情况、年生长量和合理年伐量等数据，以图、表、文字等形式直观地展示给限额编制和审核人员，辅助分析、决策限额编制成果，最终实现智能化办公。

四、林木采伐管理突破举措

2020年12月，国家林业和草原局为三明市授牌，三明市成为全国首个林业改革发展综合试点市，这是一份肯定、也是一份责任，更是一份期许。2021年7月，国家林业和草原局办公室对《三明市全国林业改革发展综合试点市实施方案》作出批复，要求南平、龙岩市参照该方案开展试点建设，三明、南平、龙岩地区共同成为探索集体林权制度改革的重要试点。随后，根据《关于深化集体林权制度改革推进林业高质量发展的意见》（闽委改〔2021〕2号）《国家林业和草原局办公室印发〈关于支持福建省三明市南平市龙岩市林业综合改革试点若干措施〉的通知》等文件精神，三明市、龙岩市、南平市先后针对林木采伐管理作出突破性举措。第一，放宽林木采伐条件。三明地区的做法主要体现在实施承诺制方式审批采伐的数量、主伐年龄和择（间）伐控制技术指标方面。主伐年龄放宽的范围是集体人工商品林，在《福建省森林采伐管理办法》规定基础上，下调一个龄级，即杉木组下降5年，马尾松组下降10年。而龙岩地区的方案则是在不突破"十四五"期间年采伐限额的前提下，开展集体林木采伐制度改革试点，人工杉木用材林主伐年龄下调为16年、松类用材林主伐年龄下调为21年。第二，精简采伐审批材料。三明地区林农采用申请承诺制方式审批采伐，可不再提交专业性较强的伐区调查设计材料，只需签署采伐承诺书，表明自愿承担相应责任，并明确采伐地点、树种、方式、数量等简要内容，即可申请办理采伐。龙岩地区实行告知承诺方式审批，允许各县（市、区）选择1~2个乡镇对零星分布3公顷以下的人工商品林由林权所有者自主确定采伐年龄。第三，提高采伐审批效率。精简采伐审批手续，缩短采伐审批时限，打通采伐审批服务利农的最后一公里。第四，提升自主选择权利，给予农户种什么、怎么种的充分自主权。鼓励200公顷以上的大规模经营主体根据自己的实际生产需要编制森林采伐限额，依照批准的森林经营方案开展正常的经营活动。第五，提供林木采伐管理便民利民服务。提供蓄积30立方米杉木、马尾松、桉树等不同树种在不同胸径、树高时的对应株数，方便林农在实际采伐时控制采伐数量，避免超量采伐导致滥伐案件发生。

第四节　森林多功能效益实现的新体系探索

森林是水库、钱库、粮库、碳库，这充分说明了森林功能的多样性，森林的价值不仅可以经过林木的经营与管理实现，还可以通过森林多功能显现。绿水青山向金山银山转化的本质是如何将森林的多功能效益从不同的维度转化为多方面的差异化价值。2020年4月，自然资源部办公厅印发《关于生态产品价值实现典型案例的通知》，该通知通过"树立典范"的方式整理出在生态产品价值实现工作中值得学习的经典案例，用于指导各地结合实际情况进行学习借鉴。其中，福建省厦门市五缘湾片区生态修复与综合开发、福建省南平市"森林生态银行"成为典型案例。习近平总书记2018年在深入推动长江经济带发展座谈会上强调："要积极探索推广绿水青山转化为金山银山的路径，选择具备条件的地区开展生态产品价值实现机制试点，探索政府主导、企业和社会各界参与、市场化运作、可持续的生态产品价值实现路径。"[①]2021年3月，习近平总书记再回福建省沙县农村产权交易中心听取集体林权制度改革介绍后指出："三明集体林权制度改革探索很有意义，要坚持正确改革方向，尊重群众首创精神，积极稳妥推进集体林权制度创新，探索完善生态产品价值实现机制。"[②]近年来，福建省持续探索森林多功能效益实现的不同路径，在林下经济、森林旅游、生态资源权益交易等方面走出了一条"不砍树、也致富"的科学发展道路。

一、抓牢特色产业，大力发展林下经济

2013年，福建省人民政府关于进一步深化集体林权制度改革的若干意见

---

① 资料来源：习近平在深入推动长江经济带发展座谈会上的讲话[N]. 人民日报，2018-06-14(02).
② 资料来源：习近平在福建考察时强调在服务和融入新发展格局上展现更大作为 奋力谱写全面建设社会主义现代化国家福建篇章[N]. 人民日报，2021-3-26(01).

中明确指出：各地要按照生态优先、顺应自然、因地制宜的原则，科学编制林下经济发展规划，科学发展林药、林菌、林花等林下种植业，林禽、林蜂、林蛙等林下养殖业。"十三五"期间，福建省大力发展林下经济，逐步发展形成林药、林菌、林果、林菜、林禽、林畜、林蜂等林下种植养殖业，林下经济产品品牌创建及标准化建设稳步开展，多元立体生态林业产业形成，发展了竹业、油茶、种苗、花卉、名特优经济林等特色优势产业。根据福建省林业局有关部门的统计显示：截至2021年年底，全省林下经济利用面积217.07万公顷，产值736亿元，参与发展林下经济的农户达133万户。

依靠背山面海，气候温暖，雨量充沛，土壤肥沃的地理禀赋，福建省近年来牢牢抓住集体林地资源优势，大力发展林下经济。第一，增加宏观调控，加大政策扶持力度。2019年，福建省林业局联合省财政厅等五部门下发了《关于加快林下经济发展八条措施的通知》（闽林〔2019〕4号）；2021年，福建省林业局联合省发展改革委等十部门印发了《关于促进木本粮油和林下经济高质量发展的实施方案》（闽发改农经〔2021〕371号）；2022年，福建省林业局出台了《福建省林下经济发展指南（2021—2030）》，不断加强制度建设，通过政策红利支撑产业发展，进一步推动全省林下经济再上新台阶。第二，积极培育新型经营主体，注重发挥龙头企业示范带动作用。推广"龙头企业+合作社+基地+林农""企业（合作社）+项目+林农"等经营模式，采取林地租赁、入股分红、技术指导等方式，多方式、多渠道、多维度辐射带动林农发展林下经济。第三，打造经营模式特色化、规模化。一是大力推广"一县一业、一村一品"发展模式，开展省级林下经济重点县、重点乡镇认定工作，出台省级林下经济重点县评定标准。二是鼓励多样化模式发展，摆脱以往"一刀切"、盲从跟进的简单做法，坚持因地制宜、发展符合地区实际的林下经济，鼓励各地分析发展区域实际情况、自然资源优势以及市场需求，合理设定林下经济的规模与类型。三是推进林副产品精深加工。推进林下经济产品一二三产融合发展，延长灵芝、黄精等药食同源品种的产业链，提高林副产品附加值。第四，加强市场流通体系建设。加大林下经济产品营销力度，林下经济经营主体抱团"走出去"，对接国家重点林业龙头企业、大型药业生产企业、农副产品上市公司，发展"订单式"生产。第五，着力打造品牌。一是抓好宣传引导。突出宣传报道发展林下经济好做法、经验，示范基地建设的成效和发展林下经济的政策，扩大宣传面。二是提高品牌价值。鼓励各地深入挖掘当地特色林下物种资源，大力推进林下经济产品申报农产品地理标志登记、地理标志证明商标、地理标志保护产品；推进当地特色野生品种、物种种源的驯化、繁育，建立种源研发基地和种子库等，保证产品品质和竞争力。第六，加强林下经济经营技术指导。一是编制《林下经济实用技术手册》，组织科技志愿团深入林区实地调研、指导。二是加大科技对接，提高林下经济发展"含科量"，走产学研结合发展路子，充分发挥科研院所与高校在新技术、新成果转化与应用方面的优势。结合当地独特的气候、地理、人文等条件，发展特色产业，打造特色品牌，保障林下经济健康快速发展。第七，注重绿色可持续发展。把保护生态放在林下经济的优先位置，林下养殖重点扶持林下养蜂、养蛙，取消林下养鸡、鸭等破坏森林植被的补助。开展化肥、农药使用零增长减量化行动，增加有机肥料和生物制剂使用，真正实现改善生态环境就是发展生产力的目标。

"十四五"期间，福建省将坚定不移抓牢特色产业，大力发展林下经济，将重点发展金线莲、铁皮石斛、黄精等道地中草药，引导发展蜂、梅花鹿、麝等药用特种动物的养殖管理，有序开展红菇、竹荪等食用菌和竹笋的采集加工，扶持林下经济产品产地初加工和精深加工，加强产业联盟、产业集聚和品牌建设，支持生物质能源、生物制药等产业发展。预计至2025年，林下经济利用面积稳定在200万公顷，产值达到1000亿元。

二、深耕森林旅游品牌，打造森林旅游产业集群

集体林权制度改革后，农户获得了林地的经营权，如何让农户"不砍树，也致富"的关键就在于通过林地的其他经营方式获取经济收益。随着经济社会发展水平不断提高，人们对于美好生活的需求结构也发生了转变，越来越多的人关注到森林旅游、森林康养等项目。早在"十二五"期间，福建省就开始探索整合龙岩、三明、南平的绿色山水旅游资源，依托出色的森林资源优势，重点发展森林休闲旅游业，形成森林旅游集群，开发了一系列森林生态休闲、养生度假等旅游项目。"十三五"期间，福建省加大森林旅游基础设施建设，加快推进森林公园、森林人家、打造精品森林旅游线路，重点开发森林游憩、休闲、探险、体验、康养等森林旅游产品，塑造森林旅游品牌。随后，福建省重点围绕森林康养和森林公园展开建设。2019年福建省林业局印发《关于进一步促进森林旅游业发展的通知》（闽林文〔2019〕178号），通知强调：到2022年，福建省拟改造提升县级以上森林公园100处，建设森林步道1000公里，森林休闲游憩人数突破1亿人次，森林旅游产值突破1000亿元。持续不断打造"森林人家"品牌，并对其进行评星授牌，通过开展森林生态旅游，带动林农增收，实现"不砍树，也致富"。

截至 2021 年，福建省在森林旅游景点和基础设施建设等领域不断增加扶持政策，培育形成了武夷山国家森林公园等 156 处省级以上森林公园、6 个全国森林旅游示范市(县)、3 个森林特色小镇、749 个森林人家，2020 年共接待森林旅游游客 1.58 亿人次。福建省森林旅游工作主要从以下几方面开展：第一，政策扶持机制不断完善。一是在福建省研究推进森林旅游、森林康养产业与美丽乡村建设有效融合发展的新政策，鼓励和构建地方政府和社会力量共同参与森林旅游建设的模式。二是投融资支持政策。通过出台有利吸引外来资本投入森林公园和森林旅游开发的优惠及支持政策。三是省级财政支持政策。安排专项资金对"一场一景"、"百园千道"生态共享工程进行"以奖代补"的方式支持生态共享工程建设。四是鼓励各地积极发展森林康养旅游项目试点，结合福建省情况，打破政策壁垒，实现突破创新，因地制宜地出台发展指导意见，并给予用林、用地等方面的政策保障，推动森林旅游产业步入健康可持续的发展道路。第二，通过项目带动森林旅游。通过项目落地改善森林旅游景区基础设施水平，提升服务品质。一是实施"百园千道"、"一场一景"生态产品共享工程。二是联合旅游、文化、住建、卫生、农业等相关部门，深化生态文明示范区建设，依托森林生态景观资源，大力发展森林康养产业，以点带面、稳步推进，构建产品丰富、标准完善、管理有序、融合发展的森林康养服务体系。第三，提高森林旅游产品有效供给。在严格执行林地保护利用规划和林地用途管制前提下，做好项目服务指导工作，对涉及森林公园等保护地及国有林场林地开展森林旅游建设的，督促各级林业主管部门提前谋划，主动服务。依据《福建省森林公园管理办法》《福建省国有林场管理办法》，协调做好森林旅游、森林康养项目涉及林地、生态红线及生态公益林的用地政策服务，在科学保护前提下，实现项目用地得到充分保障。第四，宣传推介运用。依托中国森林旅游网、福建林业网等网络媒体和中国绿色时报、福建日报等平面媒体进行森林休闲康养旅游宣传，扩大知名度和影响力，利用中国森林旅游节等展销平台，三明、福州、龙岩等地举办的各类旅游节庆活动，促成森林旅游项目招商引资。

"十四五"期间，福建省将大力发展森林康养、森林人家、休闲游憩等新业态，评定一批森林养生城市、森林康养小镇和森林康养基地，打造一批知名的生态旅游精品线路，提供更多优质生态旅游产品。培育"生态+"旅游新业态，建立生态旅游、森林康养的标准和服务体系，建设优质的生态旅游目的地，搭建生态旅游公共服务平台，丰富森林康养、森林人家等生态旅游产品。

三、碳汇交易等制度新尝试

森林具有固碳等特殊功能，林业在应对气候变化中的特殊作用已得到国际社会空前关注。欧美许多国家纷纷制定了"碳中和、碳达峰"的"计划表"。习近平总书记2015年在气候变化巴黎大会开幕式上讲话时曾向世界承诺，中国力争于2030年左右使二氧化碳排放达到峰值并争取尽早实现，并且森林蓄积量比2005年增加45亿立方米左右①。五年之后的2020年习近平总书记向世界进一步宣布，到2030年中国森林蓄积量将比2005年增加60亿立方米。② 2021年政府工作报告将"扎实做好碳达峰、碳中和各项工作"列为重点工作之一。

森林具有巨大的生物量和强大的碳汇功能，森林平均每生长1立方米生物量可吸收1.83吨CO_2。福建省地跨中亚热带和南亚热带，属亚热带季风气候，光照充足，雨量充沛，森林资源丰富，林业碳汇潜力巨大。根据第九次全国森林资源清查结果，福建省现有林地面积924.40万公顷，其中森林面积811.58万公顷，占林地面积的87.80%，森林覆盖率66.80%。活立木蓄积7.97亿立方米，其中森林蓄积7.29亿立方米，占91.50%。福建省乔木林年均生长量7.09立方米/公顷，其中天然乔木林6.48立方米/公顷，人工乔木林7.76立方米/公顷。福建省现有乔木林621.35万公顷，其中幼龄林119.11万公顷，中龄林245.83万公顷，共占乔木林总面积的58.73%。研究表明，部分成熟林地上净生产力少，但幼、中龄林碳汇功能强大。福建省幼、中龄林所占比重较大，是林业碳汇发展的主要方向。据测算，目前福建省森林蓄积量、碳储量、年增固碳量等指标均高于全国平均水平，碳储量超过4亿吨，"十三五"期间每年林业碳汇增加超过5000万吨。随着碳达峰行动的进一步实施，福建省林业固碳能力将进一步提高，对实现"双碳"目标的作用将日益重要。

近年来，福建省充分发挥森林资源高覆盖高蓄积优势，推出了多项林业碳汇建设创新措施。福建省先后出台《福建省碳排放权抵消管理办法(试行)》和《福建省林业碳汇交易试点方案》，建立突显福建林业特色的碳市场。一是创新提出福建林业碳汇(FFCER)，可抵消控排企业10%的碳排放，而其他减排项目最多只能抵消5%。二是放宽项目业主资格，FFCER将项目业主要求放宽至具有独立法人资格即可申报，使得管理完善、面积较大的福建国有林场(事

---

① 资料来源：携手构建合作共赢、公平合理的气候变化治理机制[N]. 人民日报，2015-12-1(02).
② 资料来源：继往开来，开启全球应对气候变化新征程[N]. 人民日报，2020-12-13(02).

业法人）便有条件成为 FFCER 项目的主要开发者和受益方。三是简化项目申报流程，申报时间相比 CCER 项目缩短一半以上。四是完善交易制度，将森林固碳增量纳入林业碳汇范畴，开辟场外碳汇交易市场。例如三明市出台《三明市林业碳票管理办法》，将林业碳汇以碳票的形式发给林木所有权人；顺昌县组织开发"一元碳汇"微信小程序。五是扩大试点规模，对筛选出的林业碳汇项目投入扶持资金。六是拓展交易渠道，探索大型活动碳中和。例如，在 2021 年数字峰会、武夷资管峰会等全国性会议上，通过购买林业碳汇、营造碳中和林等方式实现会议碳中和。七是创新开展"碳汇+生态司法"，引导被告人自愿认购林业碳汇方式替代修复受损的生态环境，树立"谁保护谁受益、谁破坏谁赔偿"的社会导向。八是创新碳汇金融。例如，南平市创新林业碳汇质押贷款，签订全国首单"碳汇贷"银行贷款型林业碳汇保险；龙岩市创新林业碳汇指数保险产品；三明永安成立福建省首个碳汇基金"中国绿色碳汇基金会——永安碳汇专项基金"。2022 年，省级财政安排 1000 万元在 20 个县（市、区）、国有林场等地开展林业碳中和试点，采取新造林、抚育、改造等措施，提高森林覆盖率和蓄积量，提高森林质量，增强碳汇能力。

根据福建省林业局公开统计数据，2016 年以来，福建省累计成交林业碳汇量 378 万吨，成交额 5605 万元，成交量和成交额均居全国前列。建宁县艾阳碳汇林项目是由中国绿色碳汇基金会支持的全国首个"碳中和企业"碳汇林项目，由建宁县林业建设投资公司和福建泉州建峰包装用品公司共同出资 15 万元，建峰包装用品公司成为国内首个以林业碳汇的方式实施年度生产过程碳中和的企业。以点及面，2011—2021 年的十年里，建宁县林业建设投资公司申报并通过了福建省森林经营碳汇项目，陆续投入资金对项目资源进行集约化经营管理，进行了林分修复、森林抚育及护林防火、防盗等林业措施，同时运用符合林业碳汇方法学的开发方式，使碳汇林面积从原先的 10 公顷发展到 4266.67 公顷。尤溪县通过实施社会化碳汇造林项目，以村集体、个体等零散林权为主体进行减排量集中申报，让林农直接参与碳汇造林；将乐县积极探索建立"碳汇+生态司法"工作机制，通过认购碳汇量替代修复生态环境，司法助力绿水青山变成金山银山；建宁县深入挖掘林业碳汇潜力，实施的森林经营碳汇（FFCER）项目第一期签发减排量 5.50 万吨，在福建海峡股权交易中心挂网交易，林业碳汇在八闽大地遍地开花，深受广大林农和村集体的认可，人们从集体林地经营中发现了"新商机"，进一步调动农户参与林业生产的积极性，对于实现生态保护和百姓的生活改善都具有重大意义。在福建省南平市顺昌、邵武、建瓯等地，践行"绿水青山就是金山银山"理念，按照"政府主导、农户参与、市场运作、企业主体"的原则，探索"生态银行"建设。生态银行成为自然资源管理与运营的重要平台，通过将集体林权制度改革后零散小农户的森林生态资源整合起来，引入社会资本以及专业化生产团队，进行科学的经营与管理，不断提高森林资源质量、森林生态系统承载能力，从而增加资源资产的价值，达成资源变股本、变资产、变资本的目标，使生态产品的价值得到最大程度的开发。根据顺昌县有关部门的公开数据显示，顺昌"森林生态银行"已导入林地面积4240公顷，其中股份合作、林地租赁经营面积840公顷，赎买商品林面积3400公顷，盘活了大量分散的森林资源。林木蓄积量年均增加1.20立方米/亩以上，特别是杉木林的亩均蓄积量达到了16~19立方米，是全国平均水平的3倍。森林生态银行发展实现了森林生态"颜值"、林业发展"素质"、林农生活"品质"共同提升。

"十四五"是碳达峰的关键期、窗口期，福建省将持续开展植树造林，大规模提升森林质量，保护修复林草植被，发挥森林固碳作用，增强碳汇能力。

第4章

围绕"钱从哪里来"问题的突破创新

长期以来,林业一直发挥着生态效益、经济效益以及社会效益,林业的发展关系到国家生态问题以及民生问题。但是林业前期的投资成本高、生产周期长、回报见效慢一直是林业生产经营过程中面临的问题,因此解决林业"钱从哪里来"的问题显得尤为重要。新一轮集体林权制度改革确定了林农的承包权、经营权和林木的所有权,建立了责权利相统一的集体林业经营机制,使林业生产者获取林业生产资金成为可能。20年来,福建省围绕林业"钱从哪里来"问题进行了大量的探索,有效破解了"钱从哪里来"存在的困境,为全国林业"钱从哪里来"提供了先进经验。

第一节 "钱从哪里来"的历史背景及深刻内涵

集体林权制度改革后,林业赋予了农民更多财产权利,使得"绿水青山"变成"金山银山"成为可能,农民对林业生产的积极性有了很大程度的提高。但是集体林权制度改革后林业经营的水平、方式、集约化程度都发生了转变,高投入、高产出现象较为普遍,林农对资金需求也呈现出增加的趋势。在资金上,林业经营主体处于弱势,迫切需要解决林业产业发展中资金的不足难题,而按照原有的林业融资制度,单纯依靠林业经营主体根本无法实现(黄丽媛等,2009)。因此,解决林业"钱从哪里来"的问题在集体林权制度改革之后被赋予了新的历史使命和深刻内涵。

一、解决"钱从哪里来"问题是践行"两山"理念的重要方式

林业"钱从哪里来"是习近平总书记关于林改工作论述的重要组成部分，是解决"绿水青山"向"金山银山"转化的关键问题之一。林业"钱从哪里来"的问题是在坚持和践行"绿水青山就是金山银山"理念下，通过创新资金机制，将"绿水青山"自然生态财富转化为"金山银山"经济社会财富，再通过"金山银山"的反哺投入到"绿水青山"的林业生产建设中，也是促进自然资源资产财富的保值和增值，由此形成的"两山通道"为林业生产提供充分的资金保障（董战峰，2020）。解决林业"钱从哪里来"问题不仅是落实"两山"理念的内在需求，更是为实现森林资源变成可变现资产的重要手段。因此，要通过林业贷款创新，积极探索"政府引导金融、金融聚焦产业、产业反哺生态"的金融支持林业建设模式，持续创新优化绿色金融政策与产品开发应用，解决"绿水青山"向"金山银山"转化过程中资金来源这一关键难题。让林权成为随时可提现的"绿色银行"，广大林农不再以林木砍伐为主要变现形式，从而充分实践和诠释"绿水青山就是金山银山"的理念。

二、解决"钱从哪里来"问题是推进生态文明建设的关键措施

建设生态文明，林业是关键领域。作为生态环境重要组成部分，林业关乎人民福祉、民族未来；林业建设功在当代、利在千秋；林业发展使命光荣、责任重大。在建设生态文明的伟大进程中，林业肩负着重大而特殊的历史使命，它承担着建设森林生态系统、保护湿地生态系统、改善荒漠生态系统、维护生物多样性的重要职责，具有强大的生态功能、经济功能、社会文化功能，是生态建设的主体，肩负着维护和发展生物多样性的重要职责和保护自然生态系统的重大任务，也是实现生态效益、经济效益和社会效益多赢的重要措施。而林业发展的最大障碍是投资大与效益回报周期长的矛盾，通过提高林业建设资金以确保林业发展资金的充足，是贯彻"森林惠民、森林富民、森林育民"的生态文明理念的必然要求，也是实现碳达峰碳中和目标的战略选择。因此，解决林业"钱从哪里来"问题是保障生态文明建设顺利进行的必要条件，在有效推动绿色发展、提高林农爱林护林的积极性以及建设生态文明中发挥着重要作用。

三、解决"钱从哪里来"问题是保障林业资金的根本之策

解决林业"钱从哪里来"问题从内在要求政府要加大林业基础设施的资金

支持，做好林业基础工作，切实将林业苗木、防虫防害，以及防火工作纳入政府的整体规划体系，并在资金上给予支持，保证林业保护各项工作的顺利进行；要通过政策支持或是资金扶持等措施，促进生态公益林建设，利用政府的公信力，引导社会资金参与林业发展保护工作，为林业发展作出贡献。而建立多元化的投入体系，拓展林业资金投入渠道，探索政府扶持引导、社会力量参与、业主投资兴林的路子，逐步建立起国家、集体、农民及各种非公有制经济多渠道、多元化投入体系是解决林业"钱从哪里来"问题的重要措施。只有充分解决林业"钱从哪里来"问题，提高社会资本参与林业生产的积极性，才能有效缓解政府财政资金压力，有效分散金融风险，从而在保障各方利益的同时，为林业生产提供源源不断的资金。

第二节 "钱从哪里来"面临的现实困境

林业的社会效益和生态效益对社会产生正的外部性是导致林业生产的资本回报率低的根本原因，在林业生产资金的融资过程中，林业经营者所能承受的低利率水平与金融机构面临高风险需要高利率存在矛盾。因此，解决林业生产面临的"钱从哪里来"的问题存在较大的现实困境。

一、林业经营主体面临的现实困境

集体林权制度改革逐渐完成"确权发证"任务，农民拥有了林地的长期承包经营权和林地的自主经营权，生产积极性极大提升，但是资金却成为限制其生产经营行为的瓶颈。为此，林权抵押贷款作为集体林权制度改革的重要配套措施被推出，以期解决林业"钱从哪里来"的问题。但是，林业经营主体在解决林业"钱从哪里来"问题过程中仍然面临着一些现实问题。

1. 贷款成本高

在林业借款者向商业银行申请贷款时，成本高低是其考虑的首要因素。以林权抵押贷款为例，林业经营者需要面临贷款利息、评估费用、担保费用以及其他的隐性费用。

（1）贷款利息

对于林业贷款的利率设定，一些地区政府与林业主管部门颁布的《林权抵押贷款管理办法》（以下简称《管理办法》）规定利率不得超过信用贷款的利率，而信用贷款的利率上限为央行设定基准利率的1.30倍。但是现实发生的林业贷款业务，利率一般为基准利率的1.50～1.80倍，远高于这些《管理办法》规定。因为《管理办法》并不存在行政强制力,而且在现阶段全国性的法律法规中,未有对林业贷款利率设定的直接规定。商业银行作为市场行为主体,对于贷款利率的设定必然会根据风险因素、市场因素等进行,而林业生产经营和抵押物处置的风险都较高,借贷市场处于供不应求的"卖方市场"状态,导致利率水平较高无法避免。

(2)评估费用

抵押物价值不仅关系到贷款额度,还关系到一旦借款人发生违约商业银行能否收回贷款本息,所以商业银行对于抵押物价值非常关注。但是林权这种特殊抵押物的价值在现阶段只能通过评估得出,评估费用一般由林业借款者承担。虽然2013年中国银监会和国家林业局联合颁布的《关于林权抵押贷款的实施意见》(银监发〔2013〕32号)有相关规定:贷款金额在30万元以下的项目,评估应该由商业银行来完成,借款人不需要支付评估费用;贷款金额在30万元以上的项目,评估也应尽量由商业银行完成,若不具备评估能力,则评估也应尽量减轻借款者负担。但在林业贷款实际操作中,林业借款者依旧为林权评估支付了不菲成本。

(3)担保费用

虽然有林权作为贷款的抵押物,但成熟的林权交易市场还未建立,林业贷款仍存在一定的风险,因此商业银行依旧要求林业借款者提供第三方担保。林业借款者为了获得生产所需资金,不得不支付高额担保费用。发展改革委等部门对于担保公司的担保费率有相关规定,基准担保费率可以设定为银行贷款基准利率的50%,在此基础上,可以根据担保项目的风险状况选择费率上浮或下浮,区间为30%~50%。为银行贷款提供担保的属于融资性担保公司,政府鼓励的担保费率在2%~3%之间,但是因为融资性担保公司属于"高风险、低收益"企业,这样的担保费率无法覆盖相关风险。所以,如果贷款项目风险依旧,担保公司的引入,不过是把商业银行面临的风险和收取的风险补偿转移给了担保公司。很多地区为林业贷款提供担保,费率为1%~3%,比根据风险因素设定的担保费率要低,但依旧极大提高了贷款成本。

(4)隐性成本

林业借款者付出的贷款成本除了前文介绍以外,还包含隐性成本。商业银行可能在贷款合同中要求借款者将一部分贷款资金保留于账户中,成为"不能使用"的资金。一方面,保留资金能够降低商业银行面临的风险;另一方面,能够加强商业银行与借款者之间的业务联系。存在第三方担保的情况下,担保公司往往会要求被担保人将贷款资金的部分存放于特定账户作为保证金,以防止被担保人发生"道德风险"问题。实际可用资金小于贷款额，无形中增加了贷款成本，而且往往这样的隐性成本是较高的。一笔林业贷款不一定包含以上所有成本，但是各项成本相加确实使得林业借款者面临较高的贷款成本，即便不考虑林业"弱质性"、盈利周期长等特点，这样的贷款成本也是较难接受。

2. 贷款额度低

抵押贷款的额度由抵押物价值和抵押率决定。抵押率的设定一般跟贷款风险、借款者信誉、抵押物品种、贷款期限等因素相关，贷款风险越高，抵押率越低；借款者信誉越好，抵押率越高；抵押物处置风险越高，抵押率越低；贷款期限越长，抵押率越低。对于林业贷款来说，因林业生产经营面临的自然风险、市场风险、政策风险众多，而且风险较难分散或消除，所以商业银行会选择较低抵押率；因为林业借款者信用记录一般较少，商业银行难以区别借款者优劣，所以只能考虑平均水平，由此制定较低的抵押率；抵押物林权面临自然风险可能性大，且成熟的交易市场尚不存在，抵押物保全和处置都存在较大风险，林权并不是非常"合格"的抵押物，所以抵押率较低；林业生产周期较长，林业贷款应该设置与此对应的贷款期限，故而抵押率会降低。综合以上因素，林业贷款的抵押率必然较低。各地会为商业银行设定抵押率提供指导，设置抵押率上限，但是在林业贷款的现实操作中，抵押率往往较低，难以高于40%。因为林权价值是由评估得出，与现实林权交易价格存在较大差异，所以商业银行会认为林权价值被高估，进而通过降低抵押率来减少贷款额度。总之，虽然林业贷款为林业借款者提供了新的融资工具，但是凭借自有林业资源能够获取的贷款额度较低，可能难以满足生产经营需要。

3. 贷款期限短

林业贷款作为集体林权制度改革的配套措施，其目的是为林业生产经营提供必要的资金支持，所以贷款期限理应与生产经营周期相匹配。但是商业银行作为市场经营主体，其经营行为必然从自身利益最大化出发，即按照"安全性、流动性、收益性"原则进行分析，寻找"三性"的平衡点。林业贷款因其风险性较高、收益性较低，商业银行设定较短的贷款期限也无可厚非。《关于林权抵押贷款的实施意见》（银监发〔2013〕32号）就贷款期限规定，商业银行应该根据林业生产周期以及借款者信用水平设定贷款期限，但是期限应该尽量满足林业生产经营的需要。所以，在商业银行确定贷款利率时，不仅要考虑林业生产周期，借款者的信用、经营状况也是考虑因素。故而已发放的林业贷款一般期限为1~3年，3年以上的中长期贷款较少。贷款偿还期限与林业生产周期的不匹配，往往导致林业借款者还款困难。

4. 林权登记问题较多

由于集体林权利益主体多元化，地区社会经济发展水平、林情差异大，加上集体林权制度改革任务繁重、技术力量严重不足等原因，当前林权登记存在较多的问题。主要体现在以下几个方面：一是林权权利人的记载大多只登记户主，其他共有人没有登记，影响产权的连续登记；二是一宗林权宗地图包含了多宗林地或多个权利主体，因而图地不符，不能真实反映林权权利人的权利状况，更达不到不动产单元唯一的要求；三是权属界址描述不清，不能真实反映权利人的界址权属状况，无法达到界址清晰的要求，为林权纠纷的发生埋下了隐患；四是部分权利人、界址、面积等登记信息错误，难以准确、真实反映权利人的林权状况；五是由于林权的特殊性，部分宗地信息往往处在动态变化中，因森林类别划分、林种、树种以及林地征用占用等宗地信息常常发生变化，而原登记簿记载的信息仍然是原集体林权制度改革时期登记发证时的情况，林权权利人申请连续登记时宗地信息已发生了改变，完全依原林权登记簿登记就难以真实反映宗地信息，甚至出现错误登记；六是按照不动产登记的相关要求，林权登记由林业部门转移到不动产登记机构后，原本由林业部门对林地林木承包经营、林权流转交易行为、其他林业相关信息的登记，以及不动产登记等，机构的审核与登记也转移到不动产登记中心。由于林业的特殊性与复杂性，不动产登记中心的权籍勘验工作仍然存在较多问题，给林权登记工作带来较大困难，从而影响到林业经营主体获取林业贷款的可能。

二、金融机构面临的现实困境

将金融资本引入林业生产经营是林业贷款这种模式推出的主要目的。在集体林权制度改革之前，林业投资主要由国家资金投入完成，财政负担重且收益较小，随着林权分归各户，林业生产经营积极性极大提升，但是生产所需资金却成为重大制约因素。林业贷款作为集体林权制度改革的配套措施，其目的是通过政策扶持来解决林业生产资金问题。但是，在市场经济大环境下，作为参与主体的商业银行需要按照市场规律办事，行政指令对其只有引导却无强制作用。商业银行在考虑是否开展林业贷款时，首先考虑该项贷款是否能够获得应有收益，其次考虑抵押物的存在是否能够降低贷款风险程度，最后才会考虑政府及主管部门的行政目标。

1. 开展林业贷款的机会成本大

对于贷款本身，除了考察借款者是否有能力偿还贷款，还需要考察贷款项目是否有比较优势。因为借贷市场处于供不应求状态，借款者众多，商业银行可以从中选取最优者,所以进行林业贷款存在机会成本,并不是其收益为正即可发放。对于借款者优劣的比较,一般基于两个维度——风险与收益。商业银行作为市场行为主体会追求相同收益下的较小风险或相同风险下的较大收益(商业银行的"三性原则"——安全性、流动性、效益性,实质上也是风险与收益的综合考虑),所以,林业贷款需要具有较低的风险或者较高的收益。但是,现阶段银行与林业借款者之间存在严重信息不对称,即便不考虑林业生产经营领域所蕴含的风险,信息缺失对于银行来说也意味着风险,需要设计较高的利率才会使林业贷款有比较优势。贷款定价方法一般包括成本加成定价、基准利率加点定价、RAROC(基于风险调整的资本收益率)定价等,皆是从市场角度出发设定利率,若林业贷款也遵循这些定价原理与方法,则利率会远高于央行设定基准利率。而在多地颁发的林业贷款管理办法中规定利率应不高于信用贷款利率。显然,依照市场原则行事的银行放贷目标与政府行政目标存在差异。若银行选择与风险相匹配的利率发放林业贷款,则能够接受的林业借款者较少;若选择遵循政府的行政引导,则收益性和安全性都难以保证。所以,银行在发放林业贷款时都比较审慎。

2. 林权抵押物价值变现难

银行业金融机构合格抵押品需要具备的要素最重要的是产权关系明晰、资产价值稳定以及容易变现(张冬梅,2010),从这个角度来看,林权并不是传统意义上的合格的抵押品。首先,在产权方面由于历史遗留问题,之前发放的林权证登记的林权归属较为模糊(赵荣等,2019),部分林地使用权与林地上的林木所有权不对称,造成抵押标的物产权并不完全清晰,一旦债权人需要对相关抵押物进行处置时,涉及的相关利益人对债权和担保物的变现就会进行阻挠;其次,在价值方面,林业融资金额较低,亩均贷款额度仅为1329.46元(国家林业和草原局,2017),普通农户能贷款到的资金较为有限,同时林业资产价值易受到自然灾害和病虫害的影响,其在抵押期间易受不确定因素的影响;最后,在变现方面,由于缺乏成熟流畅的流转交易平台,对林权进行流转变现较为困难(黄凌云等,2010)。若要采伐林木变现,林业贷款相配套的林木采伐管理机制还不够完善,易受到政策风险的影响,无法自由处置,因此林权作为抵押品的风险仍然较大。

3. 开展林业贷款风险高

按照市场原则,高风险就有高收益,但对提供林业信贷的金融机构而言却是高风险低收益。金融机构为规避风险而从事短周期贷款,从而导致了贷款单位成本较高,林农还款压力增加。林业贷款供给的低收益性主要体现为贷款利率受到限制造成的贷款单位成本较高,这是因为金融机构的信息成本和合约成本较高。金融机构向单个农户进行贷款,贷款成本包括对贷款林农的筛选、贷款用途审查、贷款实施等成本,贷款成本很高。同时单个林农的贷款额度较低,但金融机构对每项贷款业务的程序和固定成本几乎是相同的,贷款额越低,单位收益的成本就越高。由于林权所代表的森林资源资产具有不同于一般资产的特殊性,林业贷款不仅具有一般抵押物的贷款风险,还具有其特有的风险。因此不仅林业生产有高风险,提供林业贷款同样有着高风险,信贷收益与风险不匹配。收益是市场收益,由市场竞争来决定,成本几乎为开展此类业务的固定成本,那么,可以变动的就剩下信贷风险了。因此当前的林业贷款是在政府部门主导和政策推动下开展的业务,缺乏形成市场化的内生动力。近年来,随着银行不良债务率的不断升高,抵押物处置难等问题,使得金融机构始终对林业贷款存在"畏贷"心理,这些机构往往是为配合相关政策而开展业务,缺乏主动放贷的积极性。各类金融机构往往只拥有同质的、最基本的金融产品和服务,银行内兼具林业专业知识和金融知识的人才配备也较为缺乏,而且因为林业贷款的手续繁杂,相关信贷员往往更偏向于投入产出比高的业务,缺少专业的森林经营情况动态跟踪和开展林业贷款的动力,严重制约了金融机构对林业贷款业务的开展。

4. 林业贷款配套政策措施滞后

林业贷款的可持续发展离不开相关配套政策措施的不断完善。但是目前林业贷款的相关配套政策措施存在较大的脱节。一是林权评估市场不发达。当前具备资质的、得到林业与金融部门共同认可的资产评估机构与业务人员少,林权价值评估没有明确的统一标准,使得银行开展林业贷款风险加大。二是林权服务业务发展不到位。当前影响林权价值实现的重要原因是缺乏成熟的林权交易机制,统一的森林资源流转平台尚未成熟,集体林权处置变现难度较大。三是担保机制不够完善。虽然大部分市、县以政府为主导成立的林权收储担保中心较大程度上解决了林业经营主体融资担保问题,一定程度上降低了银行的风险,但对于林权收储担保机构本身来说,同样存在抵押品处置较难的问题。在出现逾期不还贷现象时,收储中心也可能面临难以管理或收储后无法出售变现的现实问题,林权收储担保机构所发挥的效应也受到较大的限制。

第三节 解决"钱从哪里来"问题的内在逻辑规律

从实践来看,福建省解决林业资金困境问题是不断解决林业由于林业外部性和低回报率矛盾的过程,主要通过优化外部环境、提高交易频率与约束机会主义行为来有效解决林业"钱从哪里来"的问题。

一、优化外部环境

1. 增加贷款供给主体

优化林业融资的外部环境,首先需要增加林业贷款的供给主体。在试点初期,开展林业贷款的金融机构较少,主要以农村信用社为主,由于农村信用社对农村的相关信贷业务较为成熟,在农村信贷发展过程中积累了大量的经验,能够用最低的交易成本完成林业贷款业务,所以在各地发展林业贷款的发展过程中,农村信用社基本上都是主要的林业贷款参与者。随着集体林权制度改革相关配套措施的不断改革与发展,解决林业"钱从哪里来"问题供给也越来越受到重视,国家开发银行、农业发展银行等政策性银行逐渐加入林业贷款供给主体中,对林业贷款的进一步规范与发展具有巨大的推动作用。此后,林业贷款供给金融机构逐渐扩展到以农村信用社、农村商业银行、中国农业银行股份有限公司、中国邮政储蓄银行等与农业导向有关的银行为主,成为提供林业贷款供给的最主要参与者,大大提升了林业贷款发展的活力。同时,其他商业银行、网络金融公司等也逐渐加入林业贷款供给当中,如兴业银行福建省三明分行推出林权"支贷宝"等产品,提供了更多贷款主体参与贷款的可能,进一步优化了林业贷款开展的外部环境,对林业贷款业务具有积极推动作用。

2. 优化评估模式

专业的评估机构缺乏、评估手续复杂、评估费用高昂一直是影响获取林业资金的重要因素。为进一步完善开展林业贷款的配套措施,优化获取林业资金的外部环境,需要对林业贷款的评估模式进行不断完善。2016年福建省人民政府办公厅出台了加强森林资源资产评估机构建设和管理办法,提出简化放贷手续,鼓励对林农小额林权抵押贷款实行"免评估",并要求每年评选一批森林资源资产评估业务满意度高的评估机构向社会公布,有效提升了林业评估机构的效率。作为全国农村改革试验区的永春县,为创新林业贷款支持服务体系,进一步创新了林权评估模式,出现了林权免评估或者简易评估模式,即对于贷款金额在30万元以下的林业贷款项目,金融机构可以在一定参照范围内自行开展评估或者免评估来降低林农和林业经营者的融资成本。龙岩市在"统一评估、一户一卡、随用随贷"的林业贷款模式基础上推出了林农的信用卡——普惠金融·惠林卡,不仅随贷随还,在办理手续上还免评估、免担保,真正做到林业贷款的便利快捷,是林业评估模式的巨大创新(翁志鸿等,

2009）。可以看出，福建省林业贷款评估模式在保证符合林业评估标准的前提下不断创新与精简，这些评估模式的创新，简化了林业贷款程序，降低了林业贷款的交易费用，进一步增强了林业贷款的灵活性。

二、提高交易频率

解决林业"钱从哪里来"问题的另一个重要措施是提高交易频率、降低交易费用。试点地区主要通过增加林业贷款供给主体、突破传统贷款渠道的限制、扩大林业贷款范围以及简化林业贷款评估模式等措施来提高林业贷款交易频率。

1. 突破贷款渠道

贷款渠道单一，办理手续复杂是导致获取林业资金交易成本高，从而交易频率低下的重要因素。因此在实践中，为推进林业贷款的开展，办理林业贷款，除了传统的银行线下办外，贷款渠道逐渐增加了更为活跃的互联网线上办理渠道。兴业银行三明分行针对林权流转中受让方资金不足问题，结合传统林业贷款以林地作为抵押物，利用互联网金融 P2P 模式，推出具有第三方支付功能的林业贷款产品——"林权支贷宝"（张建龙，2018），是首款将林业贷款运用到线上渠道的林业贷款产品，突破了传统林业贷款的办理模式，成为解决林业"钱从哪里来"问题发展过程中的重要创新。武平县建设了全省首个林业金融区块链融资服务平台，依托区块链的去中心化、不可篡改、可追溯、开放性等技术优势，将林业局、不动产登记中心、评估机构、担保服务中心和征信机构等各单位涉及林农有关的经营、资产、信用等状况信息都链接到该平台，使得融资供求信息精准对接，全面破解了部门信息共享难、不安全等问题，为林农办理林权抵押登记和注销抵押等手续提供了方便。

2. 扩大抵押范围

在试点阶段，金融机构偏向于选择成熟的用材林等经济价值稳定的森林资产作为抵押物（廖文梅，2011），金融机构抵押物的偏好限制了非用材林地区林业贷款的发展，也降低了林业贷款的交易频率。为扩大林权抵押物范围，福建省永春县设立"花卉专项贷款"，建立了花卉贷款担保基金，创新用花卉苗圃提供担保的贷款模式。顺昌县创新性地将远期碳汇交易权作为担保方式，并设定林业碳汇远期约定回购，为顺昌县国有林场林业碳汇交易权完成了综合质押融资。三明地区在推出"林业碳票"的同时，在碳票标准化建设基础上推出"碳票+"金融模式，进一步扩大了林业金融的抵押范围。福建省德化县出台《德化县"益林贷"实施暂行办法》，以森林生态效益补偿及天然林停伐管护补助资金收益权为质押担保,再一次拓宽了林业可抵押范围。福建省政和县推出三茶贷,致力于为茶文化、茶产业、茶科技发展提供融资服务,破解了经济林木(果)因不属于林地上种植的资源而不能获取金融机构贷款的难题,顺利实现了山区资源向资本的转化。此后,各地区不断探索与创新林业贷款,中幼林、用材林、油茶林、毛竹林等新品种均可用于抵押贷款,抵押范围的不断扩大进一步加大了林业贷款的交易频率。

三、约束机会主义行为

为降低因机会主义产生的信息不对称问题,试点地区主要从优化抵押模式和创新担保方式来增加群体信用与组内监督等功能来约束机会主义行为,从而降低金融机构开展林业贷款的风险。

1. 优化抵押模式

早期的林业贷款最主要的模式是以林权证直接抵押贷款为主,这种模式在操作过程只涉及金融机构和森林资产评估机构,中间环节少,手续简单,具有融资成本低和操作灵活的优势。但是,林权直接抵押贷款缺少具有资质的中介担保,容易因机会主义行为引发信贷风险,缺乏风险分担机制。随着各地区对林业贷款的不断试点以及对抵押模式的优化,福建省相继衍生出联户联保林业贷款、林权反担保抵押贷款(专业担保机构保证贷款)、林权小额循环贷款等模式。从林业贷款的实践历程来看,林权证直接抵押贷款门槛较高,对借款人的资信以及资产的要求较为严苛,致使该模式的发展很难得以推广。采用增加担保人或者担保机构等较为复杂的抵押模式的地区则在一定程度上降低了机会主义行为与信息不对称引发的道德风险。

2. 创新担保方式

从林业贷款的实践来看,具体的担保方式的创新主要是成立林权收储担保机构和村集体担保等形式来约束机会主义行为。林权收储担保机构在福建省三明市率先成立,借款人以自有林权向林权收储担保机构进行抵押,担保机构为借款人向金融机构贷款提供反担保,当贷款出现违约时,由林权收储担保机构通过处置林权等方式进行偿还贷款本息,从而实现代违约者偿还债务的功能。此后,福建省委、省政府先后出台了一系列深化集体林权制度改革文件,加快推进林权收储机构建设,并明确了一系列扶持政策:对林权收储机构为林农生产贷款提供担保的,由省级财政按年度担保额的 1.60% 给予风险补偿;对林权收储担保机构收储的林权,符合采伐条件的,林业部门优先予以办理林木采伐许可证;不符合采伐条件的,由不动产登记部门依法给予办理不动产登记,强化森林资源管理,维护林权收储担保机构的权益。福建省三明市推出具有反担保功能的"福林贷"模式,由村委牵头设立林业担保基金为林农提供贷款担保,林农提供与贷款金额同等价值的林业或林业相关资产作为反担保。担保方式的创新有力地约束了机会主义行为,极大降低了金融机构对小额林农放贷的风险,加大了金融机构放贷的积极性,进一步盘活了零星分散的林业资源,成为解决林业"钱从哪里来"问题模范。

第四节 福建省解决"钱从哪里来"问题的典型模式

针对当前林业贷款存在的问题,福建省对解决林业"钱从哪里来"问题进行了大量的探索与创新。在农业银行、邮储银行、农信社等主要涉农金融机构以及国家开发银行的大力支持下,福建省深入践行"绿水青山就是金山银山"理念,着力创新林业金融,包括国家储备林开发性贷款、福建省三明市"福林贷"、福建省明溪县"益林贷"、福建省龙岩市惠林卡、福建省沙县林权收储担保、福建省武平县林业区块链贷款、将乐县和顺昌县的林业碳汇收益权质押贷款等,多形式打通"绿水青山"转化为"金山银山"的途径。

一、国储林开发性贷款拓宽林业融资渠道

国家储备林建设,项目为龙头,资金是关键。2012年,国家启动实施木材战略储备基地建设项目,福建成为首批项目建设示范省。项目实施10年来,福建将国家储备林建设作为深化集体林权制度改革、全面提升森林质量和效益的重要载体,突出精准实施,成为继集体林权制度改革后,又一个引领全国的示范项目。截至2022年3月,全省累计完成国储林基地建设20.07万公顷。其中,集约人工林栽培4.19万公顷、现有林改培5.72万公顷、森林抚育10.15万公顷。为了打通绿水青山向金山银山转换通道,2017年2月,福建率先在全国开展了重点生态区位商品林赎买改革试点。在国储林项目实施中,允许利用国家开发银行和农业发展银行贷款将重点生态区位商品林赎买纳入贷款范围,通过"流转折现"模式、"获利分成"模式和"折股分红"模式经营林地,既解决了赎买资金不足的问题,又解决了生态保护与林农利益冲突的问题,截至2022年4月全省利用金融贷款完成赎买面积6.15万公顷。在项目推进过程中,福建主要通过"银行贷、财政补、社会投"三条渠道,通过政府和社会资本合作(PPP)、林权抵押贷款等融资模式积极引入各种社会主体全面参与国储林建设。目前全省已投入PPP项目自有资本金10.36亿元,为项目顺利实施注

入了源源不断的资金流。同时，充分利用中央预算内投资项目资金，结合省级财政珍贵树种造林补贴、森林抚育、林分修复补贴等项目补助资金，合力推动国储林项目高标准投入和高质量建设。10年来，福建利用中央预算内投资2.77亿元，完成国储林建设3.85万公顷；利用中央财政资金1.68亿元，完成国储林建设10.05万公顷。2017年，福建省政府、国家林草局与国家开发银行签订贷款授信600亿元。截至2022年，福建省共签订国家储备林质量精准提升项目贷款协议233亿元，已利用贷款52.60亿元（国家林业和草原局，2022）。

二、三明市"福林贷"优化贷款担保模式

"福林贷"是由三明市政府主导推出的一款普惠制林业贷款产品，主要解决普遍小额分散林权无法在银行抵押贷款的难题（洪燕真，2018）。通过选择重点林区村，按照"一户一册"原则，精准建立林农经济信息档案，在村两委推荐基础上，逐户对林农进行信用等级评定；以村为单位，依托林业合作社等组织，设立村级林业担保基金，为本村林农提供贷款担保，林农以其自留山、责任山、林权股权等资产提供反担保；协助监管处置，依托村委会对反担保的林权进行监管，若出现不良，由村两委牵头对该林农的林权进行村内流转，同时，要求获得贷款的林农须购买人身意外保险。在信贷流程上，三明农商行开设"福林贷"绿色通道。专设林业贷款事业部门，单设指标、单独考核，优化"福林贷"流程，最快1小时办结。与林业局合作，简化林权反担保登记手续，可通过向当地林业站备案方式，实现林权抵押效力。同时，林业部门为银行提供林业资源评估专业培训，实现银行对小额林权的自主评估。村民最高可获得20万元贷款，一次授信、年限3年，贷款月利率由之前的8.60‰降至5.90‰，已推广至闽清县、永泰县、仙游县等多地开展。截至2022年3月，累计发放贷款15.90亿元，受益农户1.42万户。

三、明溪县"益林贷"拓宽林业抵押范围

福建省自2016年3月以来全面停止天然林商业性采伐，严控生态公益林采伐利用。银行对天然林、生态公益林拒绝提供贷款业务，许多林农手握林权证，拥有明晰产权的森林资源，却无法转化成为资产。为解决林农融资难、贷款难的问题，明溪县林业局和县农村信用合作联社研究制定了《明溪县农村信用合作联社生态公益林及天然商品林补偿收益权质押贷款管理办法》，推出林业普惠金融产品"益林贷"，拓宽农村集体经济组织与农户融资渠道，支持农

村金融改革与林业发展。合法持有《林权证》或《林地经营权证》和生态公益林或天然商品林资源的企业法人、村经济合作社或村股份经济合作社、农民专业合作社、家庭林场（农场）或其他经济组织、个体工商户或具有中华人民共和国国籍的具有完全民事行为能力的自然人，均可以申请"益林贷"。贷款额度原则上不超过年度生态公益林及天然商品林补偿金收入的30倍，最高不超过20万元。贷款期限最长可达3年，月利率3.99‰，一万元一天只需1.30元利息。"益林贷"采用保证或信用的担保方式，并附加借款人持有的生态公益林或天然商品林补偿收益权提供质押担保，按月（季）付息、到期还本或分期还款。截至2019年5月，明溪县发放"益林贷"贷款497.75万元，受益林农118户。

四、龙岩市"惠林卡"优化林业贷款程序

为完善林业投融资改革，健全林业贷款制度，继续做好林权直接抵押贷款、村级担保合作社的"农贷农保"、"普惠金融·惠林卡"等的全面推广工作，吸引更多的民间资本成立村级林权担保合作组织。龙岩市林业局、省农村信用合作联社龙岩办事处等多方的联合推动下，龙岩市率先在全国推出了林农的信用卡——普惠金融·惠林卡，为惠林卡业务推广提供制度保障，推动营销工作落到实处。同时推出了深化林业发展"三个百分百"计划，即对持有林权证且符合建档条件的林农实现100%建档，对符合贷款条件且已建档的林农实现100%授信，对有发展项目且有资金需求的林农实现100%用信。此外，加强与各部门的沟通联动，共同发力，构建"林业局—农信社—林农"三级联动机制，在林权服务中心设立金融服务窗口，实现一站式服务，让林农最多跑一次；获取最新林农资料，实施精准建档、精准营销；在惠林卡产品准入、利率定价、贷款贴息等方面达成共识，最大程度让利林农。同时明确收费标准，严格执行服务收费有关规定，坚决杜绝多收费、乱收费现象的产生，维护林农合法权益。该卡授信三年、循环使用，授信额度最高可达30万元。在利率方面，"普惠金融·惠林卡"授信5万元以下的月利率为6.30‰、授信5万元以上的月利率为7.50‰，林权直接抵押贷款的月利率为6.75‰，比一年期贷款基准利率3.63‰上浮幅度较大。由于林业生产周期长、投资大、见效慢，因此部分林农难以接受。为降低利率让利于民，从2019年11月14日起，"普惠金融·惠林卡"的用信利率从原来月利率7.50‰下调至5.25‰（年利率6.30%），惠林效果得到明显提高。截至2021年3月，惠林卡累计授信32.69亿元，受益农户3.41万户，为林农发展林业生产、助推乡村振兴提供了强有力的资金支持，

实现了林农得实惠、银行得效益、政府得民心、林业得发展的多赢局面。

五、沙县林权收储担保贷款提升抵押品有效性

2016年，沙县出台了林权收储抵押贷款实施方案，以"一评二押三兜底"的模式，建立起从评估到抵押物、到风险防范的机制，提升了林权作为抵押品的有效性，消除了银行的后顾之忧，成为破解融资难的核心。"一评"是评估林木价值和林农信用等级，从源头上把控风险；"二押"是林权抵押和村级融资担保基金，为林农贷款增信提额；"三兜底"就是先由基金、保险兜底，最后由国有收储公司收储兜底。林业经营主体通过与沙县森林资源收储管理有限公司、沙县农村商业银行签订《沙县森林资源抵押贷款收储协议》，用林地经营权证就能进行抵押贷款。这种森林资源抵押贷款利率与村级融资担保基金贷款利率相同，且还款期更长，林农的压力也更小。同时，沙县森林资源收储管理有限公司作担保人，不仅不向林农收取任何费用，也降低了银行开展林业贷款的风险。该贷款模式贷款期限原则为1~3年、贷款利率按照中国人民银行规定的相同期限的贷款执行，幅度原则上控制在银行基准利率上浮50%以内执行，贷款额度原则上控制在森林资源资产评估事务所评估价值的70%以内，由贷款银行按设定抵押的林木资产林龄、林种和立地类型的不同，实行差别抵押额度。收储公司为林农提供林权抵押贷款收储担保，不收取任何费用，降低了林权抵押贷款成本，破解了林农贷款难、担保难的瓶颈，满足了林农多元化的金融产品需求。截至2018年年底，沙县累计发放林业贷款7.80亿元，贷款余额3.45亿元。

六、武平县林业区块链贷款破解信息不对称问题

武平县由于林权等林农林企相关数据信息仍然分散在各个部门，信息不对称及电子化程度低，林农林企融资手续烦，办贷时间长。为进一步服务林农，破解林农申贷抵押难、程序多、信息不对称等问题，武平县探索运用区块链新技术，打造集申请、审贷、评估、担保、登记、放贷于一体的林业金融区块链服务平台，着力拓宽林业投融资渠道。主要通过整合不动产登记中心、评估机构、林权服务中心、征信机构及担保公司等部门所有涉及林农的信息，将不动产经营、资产、信用等供求信息精准对接。林农通过"i武平"账号登录，线上提交融资（信用、保证、林权抵押）需求申请，并上传身份证、结婚证等相关信息；平台获取用户身份识别和授权后将相关信用信息上链。入驻的金融机构可根据权限查看林农申请记录、信用信息和林权产权信息并进行报价，林农可

自主选择金融机构和信贷产品对接办理。成交后属信用、保证、惠林卡的直接放贷；属林权抵押的金融机构通过平台将申请信息、抵押贷款合同推送至不动产登记机构，登记机构进行线上审核办理，并将不动产登记电子证明推送至平台，金融机构凭电子证明放贷给林农林企。林业金融区块链融资服务平台运行后受到金融机构和广大林农的青睐。一方面，帮助金融机构实现批量精准获客，降低获客成本，金融机构可以通过该平台提供的在线智能风控功能，有效降低林农的风控成本和不良贷款率。另一方面，林农实现一键提交融资需求，快速匹配多家金融机构的小微金融产品，林农不出门就能享受到优惠的贷款政策、便捷的政务服务，拓宽了融资渠道（福建省发展和改革委员会，2022）。

七、林业碳汇收益权质押贷款助力生态产品价值实现

2021年以来，福建省林业部门与金融机构密切配合，积极探索，开展生态公益林收益权质押、森林碳汇收益权抵押和林业收储贷款试点，切合碳汇形成与交易规则，积极探索碳远期、碳基金、碳期权等碳金融产品和衍生工具，丰富绿色金融产品工具。

2021年，福建省三明市将乐县与中国邮政储蓄银行三明市分行推出了全国首笔林业碳汇收益权质押贷款。该笔林业碳汇收益权质押贷款，以金森森林4252公顷林业碳汇项目中剩余未售的林业碳汇收益权进行质押，向福建金森森林资源开发服务有限公司发放林业碳汇收益权质押贷款100万元，贷款主要用于森林抚育、林分改造、护林防火等，助力企业提高林业固碳能力。南平市顺昌县探索以林业碳汇为质押物、以远期碳汇产品为标的物的约定回购融资贷款，顺昌县国有林场与兴业银行南平分行签订林业碳汇质押贷款和远期约定回购协议，林场获得兴业银行2000万元贷款。推出林业碳汇收益权质押贷款业务，既能有效盘活沉睡的绿色资产，又能满足借款主体的资金需求，还能将未来的资产提前变现，让更多的生态资源转换为生态资产，具有良好的生态效益、经济效益和社会效益（雷英杰，2021）。兴业银行三明分行向沙县国有林场成功发放贷款200万元，用于林业碳汇开发与管理，该笔贷款利率低，期限长，将有力推进沙县的碳汇项目建设。

可以看出，福建省对林业"钱从哪里来"问题进行了大量的探索与创新，有效拓宽了林业融资渠道、完善了林权担保模式、拓宽了林业抵押范围、优化了林业贷款程序、提升了抵押品的有效性、破解了信息不对称问题和助力生态产品价值实现，多途径加强金融服务林业的能力。福建省政府部门也将在下一步工作中继续拓展金融科技合作，增强大数据应用合作，增强林草优势特色产

业扶持、普惠金融服务支持，促进"互联网+林草"、产业数字化合作，在自然保护地金融服务等方面继续探索创新金融工具，有效探索林业"钱从哪里来"的实现路径。

第5章

围绕"单家独户怎么办"问题的突破创新

新一轮集体林权制度改革的目标是实现森林资源质量和农民收入的"双增"。随着主体改革任务的完成,集体山林分到千家万户,林地分散、破碎化制约了集体林权制度改革目标的实现。针对"单家独户怎么办"问题,习近平总书记曾经提出的联合经营、规模经营、小农户与现代农业有机衔接等重要论述,为集体林区解决"单家独户怎么办"问题提供了思想基础。本章将系统阐述"单家独户怎么办"的背景和内在逻辑,全面梳理福建省解决"单家独户怎么办"问题的实践探索,并针对如何更好地解决"单家独户怎么办"问题提出展望。

第一节 "单家独户怎么办"的历史背景和内在原因

习近平总书记在改革之初就已经考虑了林业规模经营问题,并对小农户与现代农业有机衔接等做了重要论断,为服务农户经营和推进林业规模经营的实现路径探索提供指引。

一、"单家独户"现象的成因

随着"分山到户"不断推进,林业产权归属问题得到解决,林权证的发放使林农对林地的经营、处置享有法律保障,农户经营林业的积极性得到显著提升。但是,在平等思想指引下,村内每一位农民所拥有的土地面积要均等化,导致林地被分割成零星的若干小块,林地分散、破碎化经营问题凸显,如三明市主要林区每个农户的经营规模多在 2~3.40 公顷，人均分得林地面积不到 0.67 公顷，最终形成了"单家独户"局面。

"单家独户"局面难以得到扭转，主要原因包括：第一，林地破碎化后增加流转成本。林地划分细碎导致林地大面积流转需取得各分散地块承包经营者的一致同意，无疑增加集体林地流转的交易成本。部分地区可能因林权证未全部发放给林农，而林权证发放是林权流转的前提，进而限制林权流转。第二，固有的保障理念降低林农林地转出意愿。多数林农认为拍卖林地是吃子孙饭，是"败家子"的行为，一定程度上制约林地流转意愿。第三，林农对未来风险和不确定性的担忧。在非农就业岗位不足和就业收入不稳的情况下，广大农民仍把土地作为其安身立命的基本生活资料和外出就业的最后退路。目前，多数进城务工农民并未享受到城市社会保障，而农村养老和医疗保障水平低，农民对未来风险和不确定性存在担忧。多数林农具有兼业经营特征，当经济不景气时，林地是农民最后的物质和精神保障之一，因此其对土地仍然具有较强的依赖性。第四，林农对"成本—收益"的经济理性的考虑。当前林地转出的收益率不高，不转出土地可能是林农基于自身现状做出的利益最大化决策。当前林业机械化水平提高和社会化服务体系不断完善，林业生产环节可外包，降低了林业经营对经营者劳动能力的要求，提高了留守老人或妇女经营林业的信心。

二、"单家独户"对林业经营的影响

第一，"单家独户"经营山林时，因同一个林班、小班被零散经营，产生的造林、采伐等成本和交易费用甚至超过森林经营所得。同时，"单家独户"加剧了森林病虫害防治、森林火灾的预防难度，林业机械化、新技术、新经营模式等难以快速推广，需要集约经营的林业项目难以有效承接，制约了森林资源和林业的高质量发展。第二，单家独户经营收益低、见效慢，许多农村青壮年劳动力更愿意外出务工，导致从事林业生产的劳动力越发不足，林农手中的森林资源难以有效利用，甚至出现林地撂荒现象，严重制约了林业经济效益和生态效益的发挥。例如，我国小规模林农的用材林产出远低于林业发达国家，森林资源采伐强度大、可采成熟资源有限和采伐主要集中在中幼林的现象较为普遍。第三，"单家独户"制约集体林权制度配套改革措施的落地见效。例如，林权资产存在评估难、监管难、风险处置难等问题，在担保机制缺失的情况下，金融机构对抵押贷款的产品和服务供给本就不足。金融机构为"单家独户"发放贷款，需承担更高的贷款服务成本与违约处置成本，进一步弱化创新和供给林业金融产品与服务的积极性。

三、"单家独户怎么办"的顶层设计

如何提高林业经营的组织化程度，促进小规模林农与现代林业的有机衔接，是集体林权制度改革后林业生产面临的一项重要课题。时任福建省长的习近平早有预判和应对之策，掷地有声地指示："一定要走联合道路"。1988年，时任宁德地委书记习近平提出"完善林业责任制"，要坚持"谁造、谁有、谁受益"这一权利长期不变，要坚持可转让原则，在山权不变的前提下，允许和鼓励地区联合开发，并于1989年1月再度要求"稳妥扎实抓好完善林业责任制和健全林业经营机制"（中央党校采访实录编辑室，2020）。习近平同志对如何推进林业联合经营及其具体形式也进行了阐述和探索，为福建省及其各地级市、县(市、区)"推进林业联合经营、强化小规模林农与现代林业有机衔接"以深化集体林权制度改革提供有效指引。

此外，习近平同志关于农业规模化经营、联合经营的实现路径和实现条件等方面，形成一系列系统性的重要论断，如针对"三权分置"改革、小农户与现代农业发展有机衔接、新型经营主体培育及其社会化服务功能塑造等的重要论述，也为福建省集体林权制度改革提供科学指引。

第一，"三权分置"改革为林地流转创造新的实现条件。我国城镇化进程导致农村土地承包主体与经营主体日趋分离，为满足农户保留承包权、流转经营权的需要，2013年12月24日，中央农村工作会议提出"落实集体所有权、稳定农户承包权、放活土地经营权"，"三权分置"改革有了雏形①。此后，党中央加强农地"三权分置"改革的政策文件出台与立法工作，如2016年10月《关于完善农村土地所有权承包权经营权分置办法的意见》(中办发〔2016〕67号)发布，2020年5月28日通过的《民法典》对土地经营权流转与登记做出相应规定。"三权分置"改革通过"放活经营权"，促进土地流转和多种形式规模经营，很快被引入集体林权制度改革领域，成为一个重要的改革方向，为林地流转和规模经营创造新的实现条件。

第二，实现小农户和现代农业发展有机衔接的重要论述，为新型林业经营主体培育提供方向指引。2002年，习近平同志指出，关键的问题是能否建立起将分散经营的农民与大市场紧密连接起来的"桥梁"②。健全农业社会化服务

---

① 资料来源：要把握全面深化改革的重大关系[EB/OL].(2013-07-23)[2022-04-13].http://jjckb.xinhuanet.com/2013-07/23/content_457246.htm.

② 资料来源：农村市场化：加快农村经济发展的关键环节[N].人民日报，2002-4-28.

体系，能够有效实现小农户和现代农业发展有机衔接。合作制是在社会主义条件下，改造小农和支持小农发展的正确有效途径和办法，各种类型的专业协会和合作社等社会化服务组织是连接小农户和大市场的"桥梁"。2015年11月，习近平总书记在中央扶贫开发工作会议上强调指出，"通过改革创新，要让贫困地区的土地、劳动力、资产、自然风光等要素活起来，让资源变资产、资金变股金、农民变股东(简称"三变"改革)，让绿水青山变金山银山，带动贫困群众增收。"只培育新型经营主体无法改变我国小农经济的客观存在，还需要建立社会化服务体系，寻求提高中国小农经营效率的有效途径，更好推进小农户与现代农业的有机衔接。

第二节 福建解决"单家独户怎么办"问题的实践探索

福建坚决贯彻落实习近平总书记对"单家独户怎么办"问题的重要讲话与指示精神，推进集体林地"三权分置"改革，探索"三变"改革实现路径，健全林权登记与流转服务体系，着力培育规模经营主体，创新丰富小规模林农与现代林业的衔接方式。此外，从林业社会化服务、林业科技推广等服务体系建设入手，提升小规模林农的发展能力及与大市场衔接的能力。

一、培育规模经营主体，夯实林农与市场衔接的基础

1. 规模经营主体的发展现状

福建省积极引导林农在明晰林权、自主自愿和明确利益分配的基础上，以亲情、友情、技术、资金等为纽带，采取家庭联合经营、委托经营、合作制、股份制等形式，组建新的林业经营实体，促进规模经营、集约经营，提高防范灾害、抵御风险和市场竞争的能力。目前，重点培育和扶持10种规模经营主体：家庭林场、股份林场、林业专业合作社、林业企业、林业专业大户、省属国有林场、县属国有林场、联户经营、村集体经济组织、场村合作经营主体，以及其他类型的规模经营主体，共11094家。

一是家庭林场2193家，是以家庭劳动力为主要生产者、以经营林业作为收入来源、规模较大的森林经营主体，农民家庭通过租赁、承包或者经营自有林地的林业经营形式，是在集体林地家庭承包的基础上实现规模化的新型林业经营模式。二是股份林场280家，是根据自愿互利的原则，在不改变农民林地承包经营权的前提下，按照股份制和合作制的基本原则，林农把林地承包经营权转化为股权，委托林场统一经营，按照股份比例参与林地经营收益分配的经

营组织形式。三是林业专业合作社 4165 家，是在集体林地家庭承包经营基础上，同类林产品生产经营者或同类林业生产经营服务提供(接受)者，自愿联合组织起来的互助性经济组织。四是林业企业 662 家，是工商资本发展适合企业化经营的林业产业，主要通过"公司+基地+农户"等模式与农户构建利益联结机制而发挥带动作用。五是林业专业大户 1250 家，是承包林地经营面积较大，或者林业产业经营规模较大，达到一定标准且家庭收入主要来自林业的农民家庭，林业是其增收致富的主要依靠。六是省属、县属国有林场 129 家，其中省属国有林场 84 家，是国家培育和保护森林资源的林业生产性的事业单位，其林地、林木等全部生产资料和产品都是国家财产，由省级林业主管部门管理；县属国有林场 45 家，由县(市、区)林业主管部门管理。七是联户经营 1637 家，是林农以资金、土地、技术、管理等生产要素入股，自愿结合起来并以口头或书面协议形式规定成员间权利、义务等内容的一种经营模式。八是村集体经济组织 566 家，是指以集体所有的林地为基本生产资料，实行集体经营林业的经济组织，依法取得特别法人资格。九是场村合作经营 108 家，通过国有林场与村集体、林业经营组织或林业专业大户合作经营的方式，有效破解集体林权制度改革后因林地分散、投入不足、经营粗放、管理低下导致的乡村森林质量不高、林木经营收益低下和国有林场经营发展规模受限等问题，充分发挥国有林场专业技术、资金、经营管理、林业科技的优势，让"专业的人做专业的事"。十是其他类型的规模经营主体 104 家。

福建省规模经营主体经营总面积 202.82 万公顷。其中，省属、县属国有林场经营面积占比最大，高达 47.18%，林业企业和林业专业合作社经营面积位列第二、第三，两者经营面积占比分别为 14.97%、9.60%。场村合作经营面积占比最小，只有 0.84%。从平均经营面积看，省属、县属国有林场的经营因其性质所致规模较大，家庭林场、林业大户、林业专业合作社、联户经营的经营规模较小(表 5.1)。

表 5.1　福建省新型林业经营主体的基本情况

经营主体类型	数量（个）	总面积（万公顷）	（%）	平均面积（公顷）
家庭林场	2193	16.70	8.24	76.17
股份林场	280	10.58	5.22	377.98
林业专业合作社	4165	19.48	9.60	46.77
林业企业	662	30.37	14.97	458.69

(续)

经营主体类型	数量（个）	总面积（万公顷）	（%）	平均面积（公顷）
林业大户	1250	8.80	4.34	70.39
省属、县属国有林场	129	95.68	47.18	7417.11
联户经营	1637	6.39	3.15	39.06
村集体经济组织	566	9.00	4.44	158.93
场村合作经营	108	1.70	0.84	157.10
其他	104	4.12	2.03	396.44
合计	11094	202.82	100.00	182.82

从经营收入情况看，林业企业和家庭林场的经营收入较为可观。林业企业占比最大，达到69.63%，家庭林场总收入占比也达到了11.68%，股份林场与场村合作经营的经营收入占比最小，均为0.29%。从平均经营收入而言，林业企业占据榜首，其次是省属、县属国有林场（表5.2）。

表5.2 福建省新型林业经营主体收入基本情况

经营主体类型	总收入（亿元）	（%）	平均收入（万元）
家庭林场	27.80	11.68	126.80
股份林场	0.70	0.29	24.80
林业专业合作社	12.00	5.04	28.80
林业企业	165.70	69.63	2502.30
林业大户	11.00	4.61	87.70
省属、县属国有林场	11.60	4.88	935.50
联户经营	0.80	0.34	4.90
村集体经济组织	3.90	1.64	68.90
场村合作经营	0.70	0.29	64.80
其他	3.80	1.60	401.30
总计	237.90	100.00	214.50

2. 规模经营主体的发展模式

福建省鼓励引导龙头企业、国有林场与农户、家庭林场或林业合作社以股份式、合作式、托管式、订单式等运作模式建立紧密的利益联结机制，让农民分享产业链增值收益。经过20年的发展，福建省规模经营主体类型已基本稳定，但主体间的合作经营模式仍在不断创新与延展。不同地区根据集体林权属现状因地制宜培育一种或多种新型林业主体及其混合经营模式，不同林业经营主体以亲情、友情、技术、资金、市场等为纽带确定合适的混合经营模式。如"合作社（公司）+农户""合作社（公司）+基地+农户""公司+合作社+农户""公司+村集体经济组织+农户"等。不管何种混合经营模式，通过"农户、社员、经营者、股东""四位一体"的身份制度设计保障小规模林农的主体地位，并且通过林地资本化与适度规模经营提高林地产出效率和效益。

小规模林农与规模经营主体之间的利益联结机制由最初的村集体或农户以林地和土地承包经营权入股，"公司承包林地，负责投资经营，再把生产作业返包给林农"订单式农业等形式，逐渐演变出林地托管、林地代种等经营模式，即缺乏劳动力的农户将林地托管给合作社等规模经营主体，由其统一造林、抚育、管护、采伐和销售等，再根据整体收益和土地的份额进行分配，保障农户收益。根据规模经营主体提供的服务分量，林地托管又分为"半托"或"全托"。有实力的企业家、社会能人和林农成立山林托管机构，负责托管山林的管护和抚育，按立地、交通等因素与林农确定分红比例，构建山林托管体系，为无力、无心经营山林的林农提供"保姆"服务，成为解决农村出现的大面积林地撂荒现象的有效途径。

三明市"四共一体"的"X+国有林场"合作方式，是可供复制推广的合作模式。"四共一体"模式最早源于沙县的改革探索，即村集体同国有林场共享林地股权、共同经营村集体林场、共同开展资本化运作、共享林地收益。这项改革对村里已有林木进行评估定价，国有林场按估价占股51%、村占股49%，国有林场投入生产资金对所有山场进行全程管理。在推行"四共一体"经营模式的基础上，沙县创新林票发行制度。该模式中，国有林场发挥自身技术、资金、人才和管理优势，通过"专业的人做专业的事"，有效解决小规模林农、股份林场等主体缺技术、缺资金、缺管理的"三缺"问题，取得良好经济效益。托管前林农的林地每亩平均出材率6~7立方米，国有林场接管后每亩平均出材率可达12~13立方米，最好的林分甚至可达44立方米，呈现林业经济效益的巨大潜力（邓丽君等，2022）。为着力提高国有林场合作与带动的积极性，三明市深入探索国有林场绩效改革试点，出台了《三明市省属国有林场差异化绩效管理激励机制实施方案（试行）》，建立国有林场差异化绩效薪酬制度，打破之前"干多干少一个样"的格局，充分调动国有林场职工工作积极性，助力集体林权制度改革深入推进。

3. 扶持规模经营主体发展的政策实践

2003年4月，福建省人民政府印发了《关于推进集体林权制度改革的意见》(闽政〔2003〕8号)，提倡"联户经营、股份合作经营，创建股份制林场或企业原料林基地"。因此，推动联户经营、合作经营以及规模经营主体培育工作，基本同步于"明晰产权、承包到户"这一改革主体任务。此后，《福建省人民政府办公厅关于持续深化集体林权制度改革六条措施的通知》(闽政办〔2016〕94号)《中共福建省委 福建省人民政府关于持续深化林改建设海西现代林业的意见》《福建省林业厅关于加大集体林权制度改革力度加快县域经济发展的若干意见》(闽林〔2005〕3号)《中共福建省委 福建省人民政府关于深化集体林权制度改革加快国家生态文明试验区建设的意见》等有关深化集体林权制度改革的政策文件，均将培育多元化经营主体，促进林业规模经营作为重要任务，表明福建省对新型经营主体培育的探索步伐从未停歇。此外，地方政府也出台相应的扶持政策，如《沙县鼓励扶持新型林业合作经济组织发展的意见》提出：每年分别评选10个县级示范家庭林场和林业专业合作社，分别补助奖励3万元和5万元。

被誉为"林改第一县"的福建武平县、被誉为"林改小岗村"的福建永安市洪田村，也积极探索联合经营和规模经营的可行模式。例如，武平县针对当年集体林权制度改革后出现的单家独户经营难和林农"有山无钱造""有山无力造""有钱无山造"等问题，号召有条件的林农创办林场，即把各家各户分散的林地集中起来，成立林场。林场的出现验证"林农单家独户经营难，联合起来就不难"。林场通过示范、推广，辐射带动周边林业的发展。集体林权制度改革后，洪田村将全村总人口平均划分成16个经营组，每组30~70人，经营组内的成员自愿组合，每组分别和村委会签订经营承包合同，经营组内的所有户代表都在合同上签字。同时在利益分配上，原有山林材积的七成归承包户，三成上缴村集体，新增材积八成归承包户，两成上缴村集体。在长期稳定林地家庭承包政策不动摇的基础上，通过联户经营实现规模效益且与村集体实行分红制的做法，对于解决好集体林权制度改革之后"单家独户怎么办"非常有意义。

集体林权制度改革主体改革基本完成后，如何发展农村林业经济合作组织，使农民"小群体"对接"大龙头"和"大市场"，是林业产业化经营向更高层次迈进的根本途径。福建省从财政补贴、贷款贴息、税收优惠、技术扶持、标准化建设等方面制定相应扶持政策体系。第一，积极指导规模经营主体编制并实施森林经营方案，其培育的短轮伐期用材林，主伐年龄自主确定，在确保及时更新的前提下，采伐指标优先安排，并且鼓励农户流转承包林地，促进林业适度规模经营。第二，支持规模经营主体参与森林资源开发利用、基础设施建设等，优先享受造林和森林抚育补贴、贷款贴息、森林保险保费补贴、林下经济发展补助等扶持政策。第三，农民林业专业合作社享有的税费优惠政策，符合相关条件的家庭林场给予同等享受。增加省级农民专业合作社示范社中的林业专业合作社数量，将家庭林场纳入家庭农场补助范围。第四，制定规模经营主体标准化建设方案，每年评选一批具有一定规模、管理规范、依法经营的规模经营主体，省级财政给予一定的资金补助。第五，对依法设立的林业合作经济组织，实行"三免三补三优先"扶持政策，即免收登记注册费、免收增值税、免收印花税，实行林木种苗补助、贷款贴息补助、森林保险补助，采伐指标优先安排、科技推广项目优先安排、国家各项扶持政策优先享受，助推规模经营主体发展壮大。

二、推进"三权分置"改革，助推林业联合经营

中共中央已明确提出，要坚持农村土地集体所有，实现所有权、承包权、经营权"三权分置"，引导土地经营权有序流转，为解放和发展农村土地生产力创造条件。福建省委、省政府积极贯彻落实习近平总书记提出的改革要求，深化新时代林业改革，全力推进在集体林地"三权分置"上实现新的突破，进一步放活林地经营权，稳步推进林权类登记发证工作。这是根据福建省农村经营主体变化、农村土地流转等生产力发展要求作出的适应性调整，也是深化集体林权制度改革的重要内容。

习近平总书记于2013年12月首次提出"三权分置"改革的重要论断后，2014年福建省在规范林权流转的基础上，指导沙县开展集体林地经营权证发放工作试点，探索集体林地所有权、承包权和经营权"三权分置"，把林地经营权从承包经营权中分离出来，依法保障林权权利人合法权益。集体林地"三权分置"在依法、自愿、有偿的前提下，通过流转林地经营权，将承包经营权分置为承包权和经营权，承包权仍归原承包农户，经营权归新经营主体。福建省沙县区林业局与自然资源局联合出台《关于林权三权分置办证的通知》，林权类不动产登记管理操作规范，简化登记办证程序，完善林权登记、抵押、担保、查询等信息共享机制，加快林地经营权凭证发放，加快推进林地经营权流转。集体林地"三权分置"改革受到法律保护和群众欢迎，有力维护村集体、承包户和经营者的合法权益。沙县区探索集体林地"三权分置"的做法得到自然资源部的充分肯定。2015年，福建省第一本林地经营权证在沙县办理并发放，由于国家实行不动产统一登记，林权登记发证工作统一划归自然资源部门

负责。2021 年新增林权流转 153 笔，经营权累计流转 1.52 万公顷，有效盘活林农万重山（武平县融媒体中心，2022）。林地"三权分置"改革后，承包权依然属于农民，分离出来的经营权可以流转，既保障农户承包权长期稳定、长久不变，又实现林地多种经营方式共同发展，搞活林地经营，让开展"合作经营"成为可能，让林业规模化经营之路更顺畅，实现"多赢"。

总结沙县改革试点的经验后，福建省委、省政府认真贯彻落实习近平总书记来闽考察重要讲话精神，紧紧围绕更好实现"生态美、百姓富"有机统一目标，相继出台推进集体林地"三权分置"改革的政策文件，如《中共福建省委 福建省人民政府关于深化集体林权制度改革加快国家生态文明试验区建设的意见》《中共福建省委全面深化改革委员会印发〈关于深化集体林权制度改革推进林业高质量发展的意见〉的通知》以及《三明市全国林业改革发展综合试点实施方案》《南平市全国林业改革发展综合试点实施方案》《龙岩市全国林业改革发展综合试点实施方案》等，充分发挥全省 66 个县级林业服务中心的作用，逐步扩大改革试点地区，自然资源部门在三明市、南平市和龙岩市等地开展发放集体林地经营权证试点工作，林业部门做好集体林地经营权证发放的协调工作。2021 年福建省集体林地经营权流转面积达 7.08 万公顷（福建省林业局，2021）。同时，福建省积极探索扩大经营权证权能。通过对流转取得的林地经营权进行确权登记颁证，发放林权流转证，并赋予流转证按照流转合同约定实现林权抵押、评优示范、享受财政补助、林木采伐和其他行政审批等事项的权益证明功能，使承包者、经营者的权利都得到有效保护。

三、完善林权流转服务体系，为林业规模经营创造条件

快速、便捷的林权登记与流转服务，是林地流转、林业规模经营的基本保障，始终是集体林权制度配套改革、深化改革的重点领域，涉及集体林权制度改革的相关政策文件与法律法规，均提及林权登记与流转服务体系建设。福建省出台《福建省森林资源流转条例》，主要内容包括：一是不断推进林权管理信息化建设；二是继续以海峡股权交易中心等机构为依托，建立规范有序的林权流转交易平台和信息发布机制。积极引导各类经营主体对需要流转的林地经营权、林木所有权，以及需要交易的涉林产品等在海峡股权交易中心挂牌和交易，鼓励林权依法公开、公平、公正流转，促进林业适度规模经营。不断完善全省 66 个县（市、区）级、157 个乡镇级林权流转服务平台的功能，拓展服务功能，为林权变更、林权抵押融资、林权流转交易等提供多元化的服务平台。例如，三明市、南平市、龙岩市等地区，整合流转、评估、担保、收储、贷款

等服务职能,在实践中逐步构建"评估、担保、收储、流转、贷款"五位一体的林业服务体系,部分县(市)进一步整合林木资源收储、流转交易、资产评估、抵押担保、信息沟通交流等服务职能,为林业经营者提供林权评估收储、抵押贷款、林权转让变更等手续的"一站式服务、一窗口办理",有效解决林木资源评估难、收储难、管护难、贷款难、处置难、经营难等问题,促进林业资源整合,实现经营规模化。三是探索开展进城落户农民集体林地承包权依法自愿有偿退出试点。

但是,在新一轮国家机构改革后,林权类不动产登记与流转面临新的挑战,对林权登记与流转服务提出新的要求。福建省2014年试点推进集体林地"三权分置"改革后,林地经营权证登记与流转服务也被赋予新的责任与要求。此外,福建省各地认真贯彻落实习近平总书记关于"尊重群众首创精神"的要求,从健全林地(经营权)流转服务的视角,努力探索适合本地实际的"三变"实现路径,摸索出诸多可供借鉴、可复制推广的经验做法,促进林业分散资源规模化、长期收益短期化。

第一,三明市林票制是践行"三变"改革的有益实践。2017—2019年,中央一号文件连续三年提到"资源变资产、资金变股金、农民变股东"。林票制在沙县率先开展试点。三明市创新开展以"合作经营、量化权益、自由交易、保底分红"为主要内容的林票制改革试点,实现国有林场、村集体和村民多方共赢。具体为:乡镇、村集体、村民小组将山场51%的股权转让给国有林场,由其根据森林经营方案实施科学管理,提高单位蓄积量,如三畲村提供20.67公顷采伐迹地与永安国有林场合作造林,由村里出林地,国有林场承担整地、苗木、造林、抚育、施肥等经营措施所有费用。一张张林票,让过去难流通的林权实现证券化,打破森林资源流通性差的壁垒,吸纳更多的社会资本进山入林,力争实现资源变资产、股权变股金、林农变股农。完善林票资本权能,对接商业银行,让林票可以作为向金融机构申请质押贷款的凭证,享受低息贷款,并作为优质资产扩大信贷额度。此外,三明市还推进林票信息化建设,开发数据库及交易平台,探索"区块链+林票",实现林票登记等手续信息化办理。林票制试行"林权量化"机制。在集体产权制度改革的基础上,沙县通过成员界定、清产核资、股份量化等,将村集体的林地林木股权量化到户,明晰村集体产权归属,依法股权量化到户,股权证发放到户,保护和发展村民作为本村集体经济组织成员的合法权益,实现村集体经营的林地林木"集体真正所有、村民按股占有"的资本"股权化"。

第二,南平市"森林生态银行"是"三变"改革实现路径的探索。顺昌县率先创新推进"森林生态银行"建设试点,推动建立林业资源管理、开发、运营新模式。受此启发,南平市提出了探索建设"生态银行"的构想,它不是真正意义上的银行,而是借鉴商业银行分散化输入和集中式输出的模式,建立自然资源管理、开发、运营平台,对碎片化的生态资源进行集中收储和规模化的整合优化,转换成连片优质高效的资源包,并委托运营商进行经营,实现生态保护前提下的资源、资产、资本三级转换,推动绿水青山转化为金山银山。在全面总结顺昌"森林生态银行"做法的基础上,南平市已在顺昌县、建阳区、邵武市、建瓯市进行推广,合作林地由顺昌县的 3 个村、175.73 公顷,拓展到 4 个县(市、区)的 44 个村、0.2 万余公顷(南平市人民政府,2022)。"森林生态银行"主要采取"分散式输入、规模化整合、专业化经营、持续性变现"的模式,搭建资源开发运营管理平台,打通资源变资产变资本的通道,实现森林增绿、林农增收、集体增财的多方共赢。主要做法就是以"三个一"实现"三个变":一是"一村一平台",实现分散变集中;二是"一户一股权",实现林农变股民;三是"一年一分红",实现资源变资金。"森林生态银行"工作开展以来,积极稳妥推动了第二轮集体林权制度改革创新,进一步解放了林地生产力,初步实现"林业得发展、生态得保护、百姓得实惠"的目标,实现了生态效益、经济效益和社会效益的有机统一,做到了五利——利民(村民)、利村(村集体)、利场(国有林场)、利政(行政管理)、利社(社会稳定),进一步完善了林业治理体系,促进了"两山"有效转化,是集体林权制度改革的继续和深化。

第三,建立林权类不动产登记的数据与平台基础。作为集体林权制度改革的重要策源地,三明市林权登记基础相对较好,数据资料较为齐全。但矢量数据、档案、业务数据三者是分离的,而且档案基本都是纸质的。这些矢量数据、档案、业务数据要接入自然资源部门的不动产登记系统,得打通"最先一公里"——整合数据。2019 年,福建省自然资源厅选择在三明市沙县、南平市建阳区开展林权类不动产登记规范化制度建设试点。以沙县试点为契机,三明市开展数字化林权地籍调查的探索。当年,沙县就开发出集"数据采集""图形绘制""底图叠加""3D 模型""成果导出""安全锁"等功能于一体、以平板电脑为载体的林权地籍调查信息化产品——移动端林权信息采集软件 App。利用影像图生成 3D 影像模型,直观展示地形地貌,叠加林权宗地图、生态红线图、"三调"成果等基础数据,可现场采集界址点、林权属性因子及指界照片、视频等重要资料,便于林农、林企核实权属界线。同时实现现场测量成果无缝对接不动产登记系统,大大提高林地类不动产登记效率,也解决基层调查人员不足、业务不熟的问题。最终,在林业部门和自然资源部门的共同努力下,三明市花费一年的时间基本完成 34 万宗林权登记存量数据的整合，初步实现林权类不动产登记"一个平台、一套数据、一张图"。

四、建立林业社会服务体系，提升林农与市场衔接能力

"大国小农"是我国基本国情农情，习近平总书记明确指出要通过健全农业社会化服务体系，实现小农户和现代农业发展有机衔接。福建省各级政府和林业主管部门针对集体林权制度改革后林权结构小型化、林地状态分散化、林业管理复杂化等新情况新问题，不断出台相应的政策文件推进林业服务体系建设，如《福建省人民政府办公厅关于持续深化集体林权制度改革六条措施的通知》（闽政办〔2016〕94 号）《中共福建省委 福建省人民政府关于深化集体林权制度改革，加快国家生态文明试验区建设的意见》《中共福建省委 福建省人民政府关于持续深化林改建设海西现代林业的意见》《福建省林业厅关于实施集体林权制度改革提升工程的通知》（闽林综〔2009〕35 号）等，积极引导培育新型社会化服务组织，扶持农民组建各类行业协会、中介服务机构，建立起涵盖林业全产业链、公益性服务与经营性服务相协调、专项服务和综合服务相协调的社会化服务体系，形成产前、产中、产后各环节的价值链整合体系，解决农民一家一户办不了、办不好、办了不划算的事，构筑实现小规模林农与现代农业有机衔接的支撑性保障。

福建省坚持依法管理和自愿相结合的原则，根据各地实际情况和林农实际需要，因地制宜设立服务项目，不断提高林业社会化服务质量和服务效益，从生产、加工、销售和服务等各方面提供相应的支持。一是在林木资源开发和培育中发挥作用。比如在林农生产过程中提供造林支持和咨询服务，包括种苗信息、提供优质种苗和林地规划设计等；积极配合上级主管部门做好森林、林木及种苗的病虫害防治、检疫工作；协助当地人民政府制定森林防火措施和责任制，建立健全森林防火组织机构和扑火队伍、完善森林消防设施；加强对野生动植物资源的保护管理工作，严格执行森林采伐限额制度，监督林木采伐的实施，做好伐区设计、检查、验收和木材检尺等工作。二是在市场预测和销售环节中，积极引导林农发展科技含量高、投资少、见效快、收入高的项目。要先做好规划、查明资源种类、分布、数量、用途、加工、贮藏等情况，并根据市场需求、产品质量和销售情况，对其进行评价和预测，从而确定应重点发展的名、特、优产品项目。三是规避市场风险和扶持林农发展的一些文件解读和指导的工作，大力扶持村级和林农自办的林业服务组织的发展，增强服务功能，完善服务手段，提高服务效益。四是推进林业发展过程中的科技推广工作。普

及推广先进技术和优良品种，开展技术咨询、技术培训和技术承包，创办科技示范点，提高林业生产的科技含量，走科教兴林之路，真正帮助林农了解市场信息、为林业经营者在林业产前、产中和产后提供政策咨询、技术指导、金融服务以及销售信息等方面服务需求，以有效解决集体林权制度改革后林业生产的小规模与大产业、大市场之间的矛盾，降低林产品生产经营成本、增强抵御林业市场风险和自然灾害风险的能力、增强林产品市场竞争力。

林业社会化服务需要一批社会化组织为载体。目前，福建省林业社会化服务组织主要有以下几种类型：一是基层林业站建设。福建不断健全工作机构，配齐配强工作人员，做好改革指导和服务工作。提升全省66个县级林业服务中心功能或林业服务平台建设，搭建覆盖全省的政策咨询、林业审批、林权交易、资源评估、林权抵押贷款、价格指导、交易引导等方面的服务平台，让林农办事更便捷。二是健全林业服务中介机构。加快发展经营性农业服务体系，大力鼓励和培育涉农投入品供给、生产作业、储运加工、金融保险等领域经营性服务主体。引入市场竞争机制，培育发展森林资源评估、森林经营方案编制、伐区调查设计、木竹检验、林权宗地勘测、林业物证鉴定等中介服务组织200多家，林业社会化服务体系日益健全，深入田间为农业提供专业化或综合性生产服务。三是完善网络便民服务。结合简政放权，提升办事效率，推行电子政务，建设林业网上行政审批系统，简化审批手续，方便群众办事。实施"互联网+"行动，依托海峡股权交易中心等，创建"闽山碧""林品汇"等林产品电商展销平台、林业产权交易平台，增强互联网在林产品销售等方面的综合服务功能。四是增强纠纷化解服务。鼓励引导各县(市、区)设立乡镇民情处理站，推进县、乡、村集体林地承包经营纠纷调解仲裁体系建设，将集体林地承包经营纠纷调处工作纳入政府年度平安建设考评内容，加大依法调处力度。

五、健全林业科技推广体系，提升林业经营质量

林业科技推广是福建省林业部门服务新一轮集体林权制度改革的重要工作。福建省紧紧围绕新一轮集体林权制度改革后林业建设对科技的新需求，抢抓机遇，转变观念，创新机制，在全国率先开展林业科技推广功能性改革，立足提高林业科技推广能力，全面实施"科技服务林改"行动，努力构建一个多层次、全方位、系统化、优质、便捷、高效的林业科技服务体系，切实担负起为广大林农提供全方位服务和为建设绿色海峡西岸提供强大科技支撑的历史性任务。2008年国家林业局专门印发《科技服务林改行动方案》，在全国范围内推广福建省林业科技服务新一轮集体林权制度改革的成功经验与做法。

一是抓好基层林业科技推广体系建设，提高林业科技推广持续发展能力，实现多元化林业科技推广服务体系建设的突破。依法稳定基层林业科技推广机构，加强县域林业科技推广能力建设，适应"科技服务林改"行动所要求的林业科技推广功能性改革，发展成为适应需求、服务林业、手段先进、灵活高效的林业科技推广社会化服务体系以及逐步健全政府统筹、科技推广部门牵头、相关部门协作配合、社会广泛参与的新型林业科技推广运行机制。建立县级以上林业科技推广机构79个，成立乡镇林业技术推广站970个，培训村级林业技术人员17000多人，基本形成省、市、县三级林业科技推广体系。2019年福建省林业局印发《关于开展"林农点单专家送餐"林业科技服务活动的通知》（闽林文〔2019〕49号），统筹全省林业科研力量，实行"林农企业开单+政府派单+科技人员接单"的精准服务模式，提高林业科技服务的针对性和实效性。

二是抓好林业科技入户工程建设，提高科技服务三农能力，实现林业科技推广模式的突破。积极采取技术培训、科技下乡、村会协作、企业+农户、科技示范（示范企业、示范林场、示范点、示范项目、示范户）等方式，实现林业良种、技术和信息"三到户"，实现"送一批实用技术，培训一批技术人员，带动一批科技示范户，致富一方百姓"的目标。持续开展林业科技下乡活动，完善"96355"林业科技服务热线，在52个县开通该热线，编印《林业热线服务1000问》，采用电话问答、函件咨询、网络查询、现场指导等方式，直接面向"三农"，无偿为林农、林业生产经营者开展林业科技、信息、政策、法规咨询服务。加强对农民技术员的科技培训和林业职业技术资格认定工作，完善农村林业劳动力培训制度，引导和支持各类合法的社会培训机构，到农村定向培训林业劳动力，提高林农林业科技水平。选派100名全国林业科技特派员进村入户推广实用技术，深受林农欢迎。开展远程视频培训，变传统林业科技服务的"一对一"指导为"一对多"培训，全面提升科技服务覆盖面和成效。新冠肺炎疫情期间，充分利用网站、微信、QQ、电话等信息化手段，连起"电话线"，办起"视频班"，操起"遥控键"，开展线上远程"云服务"。企业或林农把需求和问题"传上来"，科技人员把技术和服务"送下去"，为各地复产复工提供"远距离、无接触"技术指导。抗疫防控期间，全省共举办1280期林业科技远程培训，培训人员达11288人次。

三是抓好林业科技示范体系建设，提高林业科技成果转化能力，实现在林业科技推广示范基地建设方面的突破。实施2个"百千万"工程，即全面实施"百企千村万户"工程，建设100个科技示范企业、1000个科技示范村、10000个科技示范户；全面实施"百千万"林业科技人才工程，培养造就100名林业科技优秀拔尖人才、1000 名林业科技行家能手、10000 名林业实用人才。其中，适应深化集体林权制度改革新形势，整合各类科技资源，大力服务贫困地区辐射面广带动力强的林业专业合作社、家庭（股份）林场等规模经营主体，开展林木良种繁育与高效利用、特色经济林栽培与加工利用和林下种养等技术研究与推广，提高科学经营效益，发挥科技示范带动的重要作用。此外，建设"1230"科技服务平台，即完善和新建 10 个林业科技示范县、20 个科技示范园区和 30 个研究开发和服务平台。

四是抓好科技推广机制创新，提高林业科技工作保障能力，实现林业科技实力和自主创新能力的突破。支持各类林业院校、科研院所与县（市）之间的林业科技合作，加大对适合县域自然条件的速生优良树种的研究、选育和推广。例如，省林科院成立党员志愿者服务队，组织用材树种、经济树种、特色资源、森林保护、森林生态等五个科技创新团队分别撰写技术材料，发放给林农和企业；国家杉木工程技术研究中心积极对接林业基层单位需求，组织专家编写了《疫情防控期间杉木造林技术手册》，帮助处于疫情防控和复工造林一线的基层林业工作者和广大林农掌握杉木造林技术应对措施，提高杉木成活率和造林质量，为加快林业春季生产问诊把脉。此外，重视发挥桉树专业协会、麻竹产业协会等群众自发的互助合作经济组织在技术推广中的重要作用。

第三节　更好解决"单家独户怎么办"问题的展望

福建省针对"单家独户怎么办"进行了卓有成效的探索实践，持续贯彻落实习近平总书记的相关重要讲话与指示精神，从完善法律与制度规范、继续健全林权流转服务体系等方面，进一步提升小规模林农经营效益，促进林业规模经营和联合经营，强化小规模林农与现代林业衔接。

一、继续健全林权流转服务体系

一是加快建设林权类不动产登记平台。结合不动产登记职责整合要求，进一步完善全省林权管理信息系统，强化林权登记和林业管理工作衔接，建立信息共享机制，实现林权审批、交易和登记信息实时互通共享。推动尚未建立林权流转服务平台的县（市、区）抓紧建设相应服务平台。二是完善林权类不动产登记程序。建议不动产登记主管部门实行权籍勘验调查双轨服务，即采取政府购买服务和委托中介机构收费服务双轨并行。其中，对于首次申请登记林权类不动产的权籍勘验调查，实行政府购买服务；对于农村集体经济组织成员及家庭林场、股份林场、林业专业合作社等新型林业经营组织申请登记林权类不动产的权籍勘验调查，实行政府购买服务；对于农村集体经济组织以外人员及企业申请登记林权类不动产的权籍勘验调查，委托中介机构实行收费服务，也可自行组织权籍勘验调查。三是加强部门间协调配合。进一步完善林权管理部门与不动产登记部门的联系机制，建立档案资料查询互用机制，打通林权登记的数据通道，合并开展权籍调查工作，合力化解政策矛盾，提高林权类不动产登记业务水平。家庭承包农户持有林权证，在流转中不撤销、不更换；转入林地的经营者持有经营权证，享有自主经营的权益。不断简化林权登记程序，采取承诺制替代村委会签章方式，简化登记办证程序，完善不动产登记信息管理系统，建立不动产登记信息与森林资源数据共享机制，真正放活林地经营权。

二、探索林业新型农村集体经济发展

一是创新村集体与村民合作造林模式。创新村集体以林地入股、村民以资金入股的合作造林模式，解决村集体造林资金短缺、无法规模经营、村民投资不起、无法管理等问题。二是探索村集体经济"返租倒包"经营模式。结合本村实际，用好土地"三权分置"、推进"三变"改革等政策红利，通过村集体经济合作社返租倒包林农承包地等方式探索发展林业集体经济的新路子，盘活资源、资产，实现资源向资产、资产向股权、农民向股民的转变，实现村集体经济及农户"双增收"。三是探索由村集体牵头建立规模经营主体职业经理人制度。探索职业经理人制度，采取委托经营、股份合作经营等方式，通过建立绩效考核制度，提高规模经营主体主要管理人员待遇，调动其工作积极性，增强规模经营主体带动致富的能力，增强规模经营主体对单家独户林农的吸引力。

三、继续推动林业融合发展

一是探索丰富一二三产融合发展模式。以林(竹)板一体化、林(竹)浆纸一体化、林油一体化、林药一体化、"加工企业+林业专业合作社+农户"等形式推进"以二促一"融合。引导扶持木(竹)加工企业、木(竹)浆造纸企业等原料消耗大户开展竹资源培育技术与采伐设备研发，为林业经营主体提供适用技术与机械设备，提升林业经营主体收益水平，保障木(竹)原料供应安全。以林业碳汇项目、森林旅游(康养)+林下产品、森林旅游(康养)+森林食品、森林旅游文化节等形式推进"以三带一"融合，推进用材林、竹林以及花卉苗木、林下经济生产基地"景区化"建设。二是持续推进订单生产模式。引导龙头企业与林农、专业大户、家庭林(农)场、林(农)业专业合作社等签订订单化林产品购销合同，实现订单生产。鼓励龙头企业等经营主体通过股份合作制、股份制等形式，与农户结成利益共同体。引导龙头企业强化产业链建设和供应链管理，制定林业种养、加工和服务标准，示范引导、带动小农户、专业大户、家庭林场等开展标准化、集约化生产。

第三部分

集体林权制度改革理论分析

第6章

集体林权制度改革的经济学分析

集体林权制度改革的核心是林地、林木各种权利的重新配置,那么重新配置的理论是什么?怎样配置才是效率改进的方向?只有从相关理论进行深入分析,才能准确地把握集体林权制度改革的方向。第一节根据政治经济学的主要原理分析开展集体林权制度改革的必要性,第二、三、四节根据产权理论进行分析,为集体林权制度改革提供理论基础。

第一节 集体林权制度改革是生产力与生产关系变革的结果

一、集体林权制度改革是生产力发展的必然要求

1. 生产力与生产关系

生产力是人类征服与改造自然的客观物质力量。生产力就是物质生产过程中人类与自然界的关系,是一个由多种要素构成的复杂系统。

马克思主义者认为,决定生产力高低的因素有三个:劳动者、劳动资料和劳动对象。劳动者就是具有一定的生产能力、劳动技能与生产经验、参与社会生产过程的人,既包括体力劳动者,也包括以各种方式参与物质生产过程的脑力劳动者。

劳动资料就是劳动者用以作用于劳动对象的物或者物的综合体,其中以生产工具为主,也包括人们在生产过程中所需要的其他物质条件,如土地、交通

运输等。

劳动对象就是指生产过程中被加工的东西,包括直接从自然界中获得的资料与经过劳动加工而创造出来的原材料。

劳动资料与劳动对象统称生产资料,在生产力系统中,劳动者就是人的要素,生产资料就是物的要素,两者均不可缺少,但起着不同的作用。在人与物的关系中,人就是能动的要素,人创造物、使用物,不断改进与提高物的性能。生产资料只有同劳动者相结合才能发挥作用,正是人的劳动引起、调整与控制人与自然之间的物质交换过程。物的要素也十分重要,其中,生产工具直接反映了人类改造自然的深度与广度,标志着生产力的性质与发展水平,它不仅是衡量人类劳动力发展的客观尺度,而且是社会经济发展阶段的指示器。

生产关系是指人们在社会生产过程中结成的相互关系,包括生产资料所有制形式、人们在生产中的地位及其相互关系和产品分配方式三项内容。生产关系有两种基本类型:一是以公有制为基础的生产关系,二是以私有制为基础的生产关系。生产力决定生产关系,生产关系对生产力具有反作用,生产力与生产关系的相互作用构成了生产方式及其矛盾运动。生产力的决定作用和生产关系的反作用是不同性质、不同层次的作用,生产力的决定作用是第一性的,生产关系的反作用是第二性的。生产力和生产关系的相互作用,生产力的决定作用和生产关系的反作用,构成生产关系一定要适应生产力的社会发展基本规律。

2. 林业生产力与生产关系

十一届三中全会以来,家庭联产承包责任制给农村带来广泛、深刻的变化。到2005年,福建省农村经济主要在以下几个方面取得进展:

第一,农户积累了丰富的劳动经验,劳动生产力有了显著的提高。20多年的经济发展进程中,农户经历了农业、副业生产及乡镇企业务工等,时间长、工种丰富,农户认识自然、改造自然,生产和产出迅速提高,他们对林业的地位、林业生产的认识都已经不再是80年代的水平,群众要求进一步理顺林地、林业中集体与个人权益的关系,集体林权制度的改革是顺应劳动生产力提高的要求。

第二,生产资料的积累初具规模效应。福建农村文化中,消费与积累是并重的。1985—2005年,福建省农村户均纯收入从2275.62元增长到18023.96元,增长了6.92倍。除了生活消费支出外,特别注重积累和扩大再生产,同期农村个人固定资产投资从6.80亿元增长到103亿元,增长了14.06倍(表6.1)。后者增长速度大于前者,生产资料积累的绝对额已经具备规模效应,生产需要的专业化设备已经不是农户林业生产的约束条件,并且林业投资的长周期与生活水平也不产生冲突。农户家庭林业生产在资金和设备上已经具备了充分必要条件。

解放和发展的农村生产力,已经为家庭经营林业提供了现实条件,以"明晰产权、放活经营权、落实处置权、确保收益权"为核心的集体林权制度改革,契合了生产力的变化,可以有效提供家庭林业经营需要的激励。

表 6.1 福建省主要年份户均纯收入、农村个人固定资产投资

年份	户均纯收入(元)	农村个人固定资产投资(万元)
1985 年	2275.62	68421
1990 年	4204.26	248963
1995 年	10058.58	867248
2000 年	13697.28	870930
2005 年	18023.96	1030289

数据来源:《福建省统计年鉴》(2006 年)

二、上层建筑的变化是集体林权制度改革的外部激励

1. 上层建筑中的三农问题

上层建筑是指建立在一定经济基础上的社会意识形态以及与之相适应的政治法律制度和设施等的总和。它包括阶级关系(基础关系)、维护这种关系的国家机器、社会意识形态以及相应政治法律制度、组织和设施等。

国家三农政策是上层建筑的核心内容之一,直接体现农业、农村和农民的社会地位。1982—1986 年中共中央连续 5 年发布以农业、农村和农民为主题的中央一号文件,2004—2022 年又连续 19 年发布以"三农"为主题的中央一号文件,强调了"三农"问题在中国社会主义现代化时期"重中之重"的地位。同期,农民主体地位的认定随经济基础的变化逐渐显现:家庭联产承包责任制初期,农业生产需要上缴征粮及购粮;2004 年开始实施良种补贴、种田直补和农资综补;2006 年国家直接取消农业税费。农民社会基础的变动直接体现了意识形态的方向,以人民为中心是国家的根本。

2. 集体林权制度改革对生产关系变革的支持

国家从顶层上重视三农意识形态的建设,最基础的农村社会、最基础的森林管理存在一致性变革,集体林权制度改革是实现国家目标的手段之一。集体林权制度改革表达的是人与林地、林木的关系,但是真正体现的是人与人之间

的关系，赋予农户个人的经营权、处置权，则形成对集体或者其他个人的排他性，本质上是生产关系的调整，是上层建筑、国家意识形态引致的变革。林地、林木产权制度的明晰可以促进其他生产要素与之匹配，形成新的生产力，增加农户的财产性收入，实现乡村振兴目的。

三、乡村自治结构的变化是集体林权制度改革的内生动力

1. 委托代理理论

委托代理理论开始于20世纪30年代，美国经济学家伯利和米恩斯因为洞悉企业所有者兼具经营者的做法存在着极大的弊端，于是提出"委托代理理论"，倡导所有权和经营权分离，所有者保留剩余索取权，而将经营权利让渡。

委托代理理论是制度经济学契约理论的主要内容之一，主要研究的委托代理关系是指一个或多个行为主体根据一种明示或隐含的契约，指定、雇佣另一些行为主体为其服务，同时授予后者一定的决策权利。集体林权制度改革前，林业集体经营是一种委托代理制度，授权者就是委托人，为村庄所有农户的集合；被授权者就是代理人，即通常意义上的村两委。

2. 集体经营林业是非完全意义的委托代理关系

第一，村委会是村民自治选举的结果，并没有根据他们服务数量和质量支付相应的报酬，缺乏薪资报酬的代理就无法从制度进行设计，无法对代理人的行为进行约束，村委会的森林管理行为也就没有激励、约束的内涵。

第二，村委会的森林管理与"专业化"的关系不紧密。委托代理关系起源于"专业化"的存在，当存在"专业化"时就可能出现一种关系，在这种关系中，代理人由于相对优势而代表委托人行动。村委会被选举成立后，自然地实施集体林地的管理行为，与森林经营能力没有关系，没有专业化的基础，森林管理也就不具备效率的改进。

第三，委托代理的关系当中，由于委托人与代理人的效用函数不一样，在缺乏有效的制度安排下代理人的行为很可能最终损害委托人的利益。村委会成员既是村民自然人，按照经济人、理性人进行决策，同时又是村集体的代理人，受村民信任对村集体事务进行决策。集体行为与个人行为具有一致性和冲突性，林业集体管理就是在这种一致性与冲突性的辩证关系中进行，森林产出和效率就存在一定程度的损失。

第四，林业集体经营是一种非完全委托代理制度，林业产出直接用于集体支出，初次分配过程缺失，林地所有者的收益权没有得到保证，农户的财产性收入没有体现出来。

3. 林业家庭经营与专业化

林业集体经营的非完全委托代理形式与缺乏制度安排和法律约束的实质对集体林权制度改革提出了要求，通过明晰产权，由农户自己经营林地、林业，劳动力、资金和技术要素可以通过市场形式进行组合，农户可以通过专业化队伍完成林业生产行为，分工与效率就能够实现。

第二节 产权理论与集体林权制度

产权，被誉为"市场经济的基础、社会文明的基石、社会向前发展的动力"。产权关系，特别是生产资料的产权关系构成客观社会经济生活的根本。只有充分考虑集体林业特点，按照"资源特点—产权配置—经营行为—建设成效"的思路，指导集体林权制度的安排，才能更好地发挥集体林权制度改革的作用。

一、产权理论概述

1. 产权是财产权利

当前，有关产权的定义很多。从认识逻辑来看，一些著名典籍、专家学者对产权内涵的定义经历了从"人与物的关系"到"在物的基础上所规定的人与人的关系"的转变过程。被专家学者反复引用比较权威的定义主要体现在如下方面：产权体现出来的是"人对物"的绝对财产权。《牛津法律大词典》的定义是，"产权亦称财产所有权，是指存在于任何客体之中或之上的完全权利"。《新大不列颠百科全书》认为产权是"政府所认可的或规定的个人与客体之间的关系"。《新帕尔格雷夫经济学大辞典》把产权定义为："是一种通过社会强制而实施的对某种经济物品的各种用途进行选择的权利。"总体来看，这些定义是在"人与物"的关系认知基础上，强调"人"对"物"可行使的"权利"。

2. 产权的本质是"人与人"的财产关系

诺贝尔经济学奖获得者、芝加哥经济学派代表人物之一科斯（Coase，1960）把产权定义为财产权利，认为产权是由于财产的存在和使用所引起的相互认可的行为规范以及相应的权利、义务和责任，是由财产而发生的人们之间的社会关系的权利束。产权规定了"人与人"之间对"物"的行为准则，即每个人对于某个"经济物品"可以做什么和不可以做什么。美国经济学家、产权经济学代表人物菲吕博腾和配杰威齐（Furubotn，Pejovich，1972）进一步提出"产权不是指人与物之间的关系，而是指由物的存在及关于它们的使用所引起的人们之间相互认可的行为关系"。这些说法对产权的认识更为深刻，也比较符合马克思主义认识观，即产权最终体现出来的是人与人之间有关财产的社会关系，并且这种社会关系体现为"权、责、利"关系。

因此，产权是以一定的经济资源为对象，以一定的经济行为为内容，以一定的经济利益为目的，并且得到社会公认的经济权利。产权界定了人与人之间的经济利益关系。例如，2001年12月30日，福建省武平县万安乡捷文村村民承包经营了集体林地，这就是村民基于所承包经营的"集体林地"形成的与其他社会经济主体之间的权、责、利关系，主要体现在如下几个方面：

第一，权利方面。由于村民是捷文村集体经济组织成员，他就有权要求按照"人人有份"的基本原则，通过家庭承包方式平等地获得集体林地的承包经营权。在这种情况下，每个集体经济组织成员的林地承包权是平等的，而且任何人或组织不能剥夺村民的承包经营权。对于本村那些不宜实行家庭承包经营的林地，集体经济组织可以通过招标、拍卖、公开协商等方式承包。虽然该村村民有优先承包的资格，但是并不能做到"人人有份"，只能按照竞争机制，从资信情况、经营能力、出价高低等方面择优选择谁获得承包权。因此，在集体林地承包经营权的具体体现方式中，家庭承包体现出来的是每个村民和本村其他经济组织成员之间的平等关系，其他承包方式体现出来的是村民和本村其他经济组织成员、非本村集体经济组织成员之间的竞争关系。

第二，责任方面。村民获得了集体林地承包经营权，同时也要承担促进森林资源可持续经营的责任。这些责任具体体现为造林育林、保护管理、森林防火、病虫害防治等，而且还需要通过林地承包合同来约定。作为集体林地发包方，捷文村要监督村民依照合同约定的用途，合理利用和保护林地。如果村民在承包林地内建房、挖沙、采石、采矿、取土，给承包林地造成永久性损害的，捷文村集体经济组织有权制止，并有权要求村民赔偿由此造成的损失。因此，村民承包经营集体林地所形成的责任义务，主要是通过承包方和发包方的关系设定体现出来。

第三，利益方面。村民承包经营集体林地的收益，归其本人所有，禁止其他组织机构通过乱收费、乱摊派等方式侵占村民的利益。如果征收村民承包经营的集体林地，要给予被征收人相应的补偿。如果村民承包经营的林地是生态公益林，森林生态效益补偿要归其所有。如果国家出于生态保护需要，把村民承包经营的林地划入国家公园、自然保护区的，需要采取市场化方式对村民给予合理补偿。这些通过承包经营权派生出来的收益权又约定了村民和政府之间的经济利益关系。

二、产权特性

美国法律经济学界的重要代表人物 R. A. 波斯纳(Richard Allen Posner),从美国联邦上诉法角度,概括出产权的明晰性、排他性和可转让性三个属性,并把这三个属性作为衡量产权是否有效的三个标准。其他学者提出除了这三个属性外,还包括可分解性。

1. 明晰性

产权明晰性是指要明确权利所有者,并进一步明确不同主体的具体权利边界。产权要有效发挥作用,必须使资产有其所有者,而且该所有者对于该项资产能行使哪些权利、不能行使哪些权利,以及因拥有该项权利所应享有的具体收益和应承担的具体责任必须清楚。这就是在集体林地承包到户时,有些地区提出的要实现"山有其主,主有其权,权有其责,责有其利"。另一方面,产权的明晰性还要求对于某项具体资产,不同权利主体之间的各项权利界限也必须清楚。集体林地承包到户之后,农村集体经济组织的集体林地所有权和农户的集体林地承包经营权之间的界限必须清楚。例如,集体经济组织不得非法变更、解除林地承包合同,不得干涉承包方依法进行正常的林业生产经营活动;反过来,集体林地的承包经营农户也不得把林地用于非林建设,不得给林地造成永久性损害,等等。在集体林地"三权分置"改革中,农村集体经济组织的集体林地的所有权、农户的承包权和其他主体所享有的经营权的界限也必须清楚。

产权的明晰性有利于降低交易费用。按照科斯定理,在市场交换中,没有交易费用,那么产权对资源配置的效率就没有影响;反之,若存在交易费用,那么产权的界定、转让及安排都将影响产出与资源配置的效率。从实际情况来看,交易成本一直都是存在的,那么产权是否明晰就会对资源的使用效率产生重大影响。因此,《中共中央 国务院关于全面推进集体林权制度改革的意见》(中发〔2008〕10号)把"明晰产权"作为集体林权制度改革的主要任务之一。《国务院办公厅关于完善集体林权制度的意见》(国办发〔2016〕83号)要求,进一步明晰产权,继续做好集体林地承包确权登记颁证工作。

需要强调的是,产权的明晰又是有条件的。一是产权的明晰需要成本。这需要依据产权界定成本的高低对产权采取不同的明晰方式。例如,明晰集体林地承包权的方式是"在坚持集体林地所有权不变的前提下,依法将林地承包经营权和林木所有权,通过家庭承包方式落实到本集体经济组织的农户"。但是,在农村有些地方,山高路远,逼仄难行,很难开展家庭承包经营,因此"对不宜实行家庭承包经营的林地，依法经本集体经济组织成员同意，可以通过均股、均利等其他方式落实产权"。二是产权的明晰需要一定的社会制度条件。产权明晰是市场经济的基本要求，也是市场机制有效运作的基本前提，因此产权的"明晰程度"也需要根据市场经济的发育程度有所变化。

2. 排他性

排他性又称独占性。对同财产的同一项权能，主体也只能是一个，如果某个主体对特定财产已拥有某种权能，就排斥他人也对该财产拥有该项权能。产权的排他性不仅意味着不让他人从该项资产中受益，而且意味着资产所有者要排他性地对该项资产使用中的各项成本负责，即承担排他性的成本。产权一旦确立，产权主体就可以在规则允许的范围内和不损害他人权益的条件下自由支配、处分产权，并独立承担产权行使的后果。因此，如果产权不具有排他性，那么就面临"偷懒"或"搭便车"行为对产权的损害；如果产权拥有主体不能独立承担产权的行使后果，那么就必然导致产权的滥用或资产的流失。

实现产权的排他性就是要区分人们之间的权利，就是要对特定财产确定哪些"权利"是"你"的，哪些"权利"是"我"的。产权界定越清晰，产权的排他性越强。有关产权排他性比较典型的谚语就是在西方流传已久的"风能进，雨能进，国王不能进"。私有产权具有排他性很容易理解，其实集体产权和国有产权也具有排他性。集体产权的排他性是特定组织对个人和其他组织的排斥性，国有产权是国家对个人、集体和其他国家的排斥性。

3. 可分解性

可分解性又称可分割性，对特定财产的各项权利可以分属于不同主体。例如，某个财产的产权可以分解出所有权、支配权、使用权等，而且所有权、支配权、使用权和收益权还可以进行更为具体的分解，这些权利可以分属于不同的主体。可分解性不仅使产权在量上是可以度量（通过市场价格反映出来，如股票价格），而且可使人们在拥有和行使这些已经被分解的具体权利时能实行专业化分工，获取由分工带来的增量收益。一般来说，往往只有在产权能被分解的情况下，才能有效地利用大规模集中的财产。产权的可分解性使同一资源能够满足不同的人在不同时间的不同需要，从而增加了资源配置的灵活性和效率。可分割性是产权转让的前提条件，产权既可以由所有者集中行使，也可以由所有者授权他人分别行使。

当然，产权也不是分得越细越好。产权分解需要一定的社会条件，根本上取决于生产力与生产关系的矛盾运动规律，具体取决于财产所有者拥有的财产数量和质量、产权行使能力要求及所有者自身能力。所有者自身对直接行使多重权能或者让渡部分权能的利弊判断和得失权衡是产权分解的主观条件，社会技术条件也制约着产权的分解。比较能说明产权分解利弊的例子就是林业"三定"时期，落实林业生产责任制，把集体林地划分为自留山、责任山和统管山，在集体经济组织保留林地所有权的前提下，将 4000 多万公顷山林承包到户，让农户获得了林地承包经营权。由于当时简单照搬农业的做法，忽视了林业的特点和规律，缺乏相应的市场规则、管理手段等配套措施，划分责任山后没有签订责任合同，没有明确农民对森林资源的经营责任，造成木材市场放开后，一些地方出现了乱砍滥伐的现象，森林资源损失严重，致使林业"三定"工作没有取得预期的效果。

4. 可转让性

产权的可转让性是指权利主体可以在法律规定的范围内将自己支配的权利有偿让渡给他人，以获取价值。产权主体按照收益最大化原则自由处置归其所有的资产。既可以是权利的整体转让，也可以是权利的部分转让，既可以是永久转让，也可以是有期限转让。产权可转让有助于产权主体自主拆分、组合各种财产权利关系，灵活选择各种有效的组织形式，促使资源根据市场需求在全社会自由流动，提高资源的配置效率。因此，张五常说："产权的可转让性确保了使用是最有价值的"。

值得说明的是，产权可转让也可以让产权主体能从产权关系中自由退出，一旦产权主体的利益受到伤害，或者产权主体没有意愿继续保留产权时，他就可以通过转让资产来从产权中退出。例如，当分散化的股东发现公司经理损害公司利益时，他就可以通过出售股票来避免自己的利益被进一步侵害。随着集体林权制改革深入推进，一些地方开始探索"有序开展进城落户农民集体林地承包权依法自愿有偿退出试点"，动员那些"有稳定非农就业收入、长期在城镇居住生活"的农户自愿退出林地承包经营权，然后把退出来的林地交给有经营能力、经营意愿的主体经营，盘活集体林权，提高林地利用效率，提高林地综合生产力，提高森林质量。

从总体来看，在产权的诸多属性中，排他性是产权可转让性的前提条件，可转让性则是排他性的结果，产权的可分解性拓宽了产权转让的范围。现代产权制度的基本特征就是：归属清晰、权责明确、保护严格、流转顺畅。

三、产权的核心功能

产权是一种社会工具。产权的核心功能是使人的权利和责任对称，使权利严格受到相应责任的约束，将外部性制度内在化，从而为个人行为提供合理预期。因此，产权作为一种社会强制性的制度安排，具有界定、规范和保护人们的经济关系，形成经济生活和社会生活的秩序，调节社会经济运行的作用。具体表现为四大功能：

1. 激励约束

产权明确了权利主体的权责界区。产权具有激励约束功能主要是由于产权建立了权、责、利统一机制，使产权主体活动的外在性内在化。把外在的利益内在化，产生的就是激励功能；把外在责任内在化，则产生的就是约束功能。激励与约束总是对等的、不可分的，在建立激励机制的同时，必须建立相应的约束机制，它明确了产权主体可以干什么，不可以干什么，以及运用产权差错应承担什么样的责任。如果产权不明晰，没有建立起有效的"权、责、利统一机制"，就会导致大家倾向于"趋利避责"，所有的人选择分配性努力，放弃生产性努力，就会导致大家所熟悉的"外部性"或"搭便车"问题。

林业是重要的公益事业。森林资源具有固碳释氧、涵养水源、保育土壤、净化空气、调节气候、防风固沙、保护物种、降低噪音等功能，产生的生态产品是最公平、最普惠的公共产品，但是公共产品具有"正外部性"，不能直接通过市场交换来转变为经济利益，承包经营林地的产权主体为社会做了好事，但是没有或者只有很少的经济收入，结果是"林在山上长，人在家里穷"，私人收益低于社会收益，那么他造林育林护林的积极性就不高，这将导致对社会福利和民生福祉非常有益的生态产品供给不足。解决该问题的办法就是发挥产权的激励功能，把"正外部性内部化"。

第一，实施财政补贴。财政补贴是较为普遍的解决"正外部性"的一个办法，其基本原理是：既然某项行为能让社会所有的主体受益，而且一个人受益的多少不影响其他人受益，那么就应该让所有从中受益的人平等地支付相应的费用，具体的办法就是政府通过"税收"形式向所有的社会成员"收费"，然后再通过财政补贴的方式支付给产权主体。例如，当前正在实施的公益林生态效益补偿政策就是政府代表所有的社会成员对公益林建设和保护主体给予的一种付费行为，激励公益林产权主体继续造林育林护林，向社会继续提供生态产品。当然，由于目前的公益林生态效益补偿标准还很低，只是将较少部分的"正外部性"进行了内部化，所以农民的实际经济利益损失补偿还不到位，经营公益林的积极性不是很高。

第二，进行市场交易。利用市场机制来解决外部性问题是目前世界很多国家和地区都在探讨的一个话题。其基本原理是，某种公共产品具有"正外部性"，虽然不能确定具体的受益对象，但是可用作抵减其他行为产生的"负外部性"，这就形成了一种特殊的供需关系，而且这种供需关系可以依据市场经济原则进行定量化、货币化。其中比较典型的例子就是"碳交易"，森林是通过光合作用吸收二氧化碳，释放氧气，人们测算森林每增加一立方米的蓄积，平均能够吸收 1.83 吨的二氧化碳，释放 1.62 吨的氧气。研究表明：一座 20 万千瓦机组的煤炭发电厂，每年所排放的二氧化碳约 87.78 吨，可被 3.20 万公顷人工林全部吸收。每年森林生态系统吸收的二氧化碳相当于全球每年化石燃料排放二氧化碳总量的 1/3。根据联合国粮农组织测算，热带森林碳抵消成本为每吨 2~10 美元，而通过燃料转化缓解二氧化碳排放的成本平均为 137 美元/吨。因此，生态公益林建设被认为是缓解二氧化碳排放最迅速、成本最低的方式。依据碳汇平衡碳源的原则，一些需要履行碳减排任务的国家或机构会采取购买森林碳汇的方式，来部分抵减其碳减排任务，这就是大家常说的"种碳汇林，卖空气"。2003 年，广西以省级林业部门的身份，首次单独向世界银行申请 1 亿美元贷款，之后共同开发森林碳汇先导试验项目——中国广西珠江流域治理再造林项目，作为全球首例联合国清洁发展机制项目实施，世界银行生物碳基金承诺出资 200 万美元，购买此项目 8 年产生的 46 万吨碳汇。

　　森林是国家、民族重要的生存资本，保护好森林资源对维护国土生态安全非常重要。因此，《中共中央　国务院关于全面推进集体林权制度改革的意见》（中发〔2008〕10号）要求，承包经营林地的产权主体要担负起促进森林资源可持续经营的责任，这是对集体林地承包使用权的责任约束。《森林法实施条例》规定，勘查、开采矿藏和修建道路、水利、电力、通信等工程，需要占用或者征收、征用林地的，必须"按照国家规定的标准预交森林植被恢复费"，这是对占用或者征收、征用林地权利的责任约束。龙岩、三明等地建立了"以煤（矿）补林"的机制，提出"采一吨煤，栽一棵树"的方案，采取"一矿一企绿化一山一沟"的办法，收取矿山生态恢复保证金，对煤矿企业划定绿化区域，限期绿化。

2. 稳定预期

　　产权自古以来就是稳定人心、推动社会发展的"定盘星"。

　　第一，产权是一种法权，能对财产起到保护作用。《孟子·滕文公上》提出："有恒产者有恒心，无恒产者无恒心"。现代产权理论认为："对未来产权的确信度决定人们对财富种类和数量的积累"。由于产权首先是一种受法律保护的法权，要求尊重个人对财富的进取心，在个人财产得到保障的情况下，个人会进一步强化创造财富的动力。如果法律对这种发展自己、改善自己物质生活条件的欲望进行正确的引导，就会把每个人追求财富、爱惜财富、保护财富的自觉性，转变为促进社会发展的源源不断的动力，这就为"恒产"与"恒心"建立了联系的纽带，所以英国法学家布莱克·斯通指出，没有任何东西像财产所有权那样如此普遍地焕发起人类的想象力，并煽动起人类的激情。美国经济学家、历史学家道格拉斯·诺斯（Douglass C. North）和罗伯特·托马斯（Robert Paul Thomas）在对西方经济发展进行总结之后认为，正是所有权制度的有效性，才使得社会经济力量有了源源不断的发展。因此，《国务院办公厅关于完善集体林权制度的意见》（国办发〔2016〕83号）要求，加强林权权益保护，依法保障林权权利人合法权益，任何单位和个人不得禁止或限制林权权利人依法开展经营活动。确因国家公园、自然保护区等生态保护需要的，可探索采取市场化方式对林权权利人给予合理补偿。全面停止天然林商业性采伐后，对集体和个人所有的天然商品林，安排停伐管护补助。在承包期内，农村集体经济组织不得强行收回农业转移人口的承包林地。由于集体林地承包经营权受到保护，所以农户对持续经营自家的林子有信心、有恒心、有决心，所以集体林承包到户之后，没有出现林业"三定"时的乱砍滥伐，而且农民还积极造林育林护林，持续加大林业投资力度。

第二，产权能"定分止争"。《慎子·内篇》中记载着这样一个故事："今一兔走，百人逐之，非一兔足为百人分也，由未定。由未定，尧且屈力，而况众人乎！积兔满市，行者不顾。非不欲兔也，分已定矣。分已定，人虽鄙，不争。故治天下及国，在乎定分而已矣。"这段话的大意是：有一只兔子在田野里奔跑，有成百的人在后面追赶，并不是说，一只兔子可以分给一百人，而是因为这只兔子的所有权没有固定下来。所有权没有固定下来，就是唐尧这样的圣王也没有办法解决，何况是一般群众呢！成群的兔子堆积在市场上，行路的人都不去看它们一眼，这并不是人们不想得到兔子，而是因为这些兔子已经有主了。所有权已经确定下来了，即便是品性粗野的人也不会再去争执了。因此统治天下和国家，就在于定名分罢了。这个故事讲的是无主资源的归属问题。在某项资源还未确定归属的时候，任何人都想争取它，现代的法律含义就是"无主动产，先占所有"。由于资源的稀缺性和人们需求的无限性，任何社会都要面临人们为争夺资源的竞争所引起的利益冲突。为减少产权模糊所导致的资源浪费甚至耗竭，促使人们有效地利用稀缺的资源，以最大限度地生产出社会所需要的产品和服务，就必须明确界定资源的产权，因此约束人们在经济活动中不合理利用资源的行为，防止"公地悲剧"重演。

明晰产权就是"定分"的过程。目前，国内很多产权理论研究经常以林地产权界定对森林资源的影响作为典型案例。南方集体林区从20世纪80年代开始推行家庭承包制，在农业种植方面极大地调动了农民的生产积极性，大大缓解了长期未能解决的群众温饱问题。但在林地方面则诱发了农民破坏森林、乱砍滥伐的现象发生。造成这一问题的原因很多，从产权角度分析，当时在坚持山地集体所有制的前提下，将所有权与使用权分离，使用权则均分到每个农户。在山地使用权的分配中，大体估算，指山为界，没有表明"四至"界限。具体山头地块的产权主体不明确，农户的集体林地使用权范围也没界定。任何一种产权安排，如果不能帮助人们形成他们经济行为的稳定预期，就不能有效克服机会主义行为，进而会导致经济秩序和社会生活的混乱。以此类推，由于当时产权不够明晰，导致了诸多的不确定性，不能给农民以稳定预期，因此导致了严重的短期行为。快砍快卖、多砍多卖，一时成了多数农民的"合理"选择。

3. 资源配置

资源配置是指通过比较对稀缺资源在各种不同用途上如何分配作出的选择。在社会经济发展的一定阶段，相对于人们的需求而言，资源总是不够，从而要求人们对有限的、相对稀缺的资源进行合理配置，以便用最少的资源耗费，生产出最适用的商品和劳务，获取最佳的效益。资源配置合理与否，对一个国家经济发展的成败有着极其重要的影响。一般来说，资源如果能够得到相对合理的配置，经济效益就显著提高，经济就能充满活力；否则，经济效益就明显低下，经济发展就会受到阻碍。产权设置具有调节或影响资源配置状况的作用，现代产权经济学创始人阿尔钦(Armen Albert Alchian)曾指出，一个社会对稀缺资源的配置就是对使用资源权利的安排。

产权的资源配置功能主要表现在三个方面：

第一，相对于无产权或产权不明晰状况而言，设置产权就是对资源的一种配置。这种方式比较典型的是，1950年6月30日，中央人民政府颁布的《中华人民共和国土地改革法》(以下简称《土地改革法》)规定，将大森林、大荒地、大荒山等收为国有，并将这些自然资源交给国有机构进行经营管理，这就是一种资源配置结果。

第二，任何一种稳定的产权格局或结构，都基本上形成一种资源配置的客观状态。例如，《森林法》第三条规定，森林资源属于国家所有，即全民所有，由法律规定属于集体所有的森林资源除外。根据《宪法》《民法典》的相关规定，森林环境资源归国家所有，森林其他经济性资源的主体包括国家和集体。

第三，产权的变动也同时改变资源配置状况，包括改变资源在不同主体间的配置，改变资源的流向和流量，改变资源使用的分布状况。1950年6月30

日,中央人民政府颁布的《土地改革法》规定,将没收和征收的山林、鱼塘、茶山、桐山、桑田、竹林、果园、芦苇地、荒地及其他可分土地,应按适当比例,折合成普通土地对农民统一分配,实行农民的土地所有制。在市场经济状况下,产权的变动就是产权主体在法律规定的范围内将自己支配的产权有偿让渡给他人,实质上也是把与产权对应的资源发配权交付给了他人,这对资源的有效配置和利用极为重要。

产权的资源配置功能对林业发展非常重要。集体林权制度改革通过集体林地家庭承包经营制度,把产权关系明晰的集体林地平等地承包给了农户,改善了林业生产关系,基本上解决了"公平"问题。但是,集体林地承包到户之后,一些农户对林地"只承包,不经营",导致部分荒山没有及时造林绿化,形成了林地资源的相对闲置;由于部分农民自身经营能力所限,对知识、科技、管理、营销等方面驾驭能力较弱,林地有资源没产出,有产出没效益,林地潜力没有得到充分发挥。这就需要通过集体林地"三权分置",把集体作为土地所有者的地位巩固下来,把农民作为土地承包人的地位确立起来,并通过林权流转,把集体林地经营权交给"有知识、懂技术、会经营"的新型林业经营主体去经营,以此解决"效率"问题。

4. 收入分配

产权以财产为物质基础。产权与财产只不过是同一事物在物体和权利关系上的两种表述。在社会主义市场经济条件下,所有者把物质生产要素投入到生产中,并且凭物质生产要素的贡献获得自己相应的收入,也是所有者凭借物质生产要素的权利参与收入分配的过程。产权的分配功能主要体现在三个方面:

第一,产权是收入或获取收入的手段。一方面,产权本身包含着利益内容,本身就是收入的一种体现形式。集体林权制度改革让农民有了新资产、新收入。2003年,福建省林分蓄积4.44亿立方米,分山到户后,相当于每个农户拥有了近10万元的森林资源资产。另一方面,资产溢价或资产增值能让产权获得价值增值。集体林权制度改革授予林农处置权、收益权,进而盘活了森林资产。林地年租金由改革前的每公顷50~60元,提高到现在的约150~450元,南方有的地方甚至达1000多元。最后,产权所包含的资源是一种非常重要的生产资料。福建省武平县万安乡捷文村的李桂林家分到13多公顷山林,他靠卖竹材、竹笋,每年可增收2万多元。除此之外,他在林下散养了土鸡,每年还能赚1万多元。

第二,产权是收入分配的基本依据。产权内含了资产,因此可以折资入股,产权主体可以按股分红。我国从20世纪80年代开始探索林业股份合作制改革，实施"折股联营、联产承包、分股不分山、分利不分林"，将集体所有的林地林木作价折股，按本集体经济组织成员人数均分股份，组成股份公司或是股份合作社，实行联合经营，林业收益按股分红。因此，《国务院办公厅关于完善集体林权制度的意见》(国办发〔2016〕83号)提出，对采取联户承包的集体林地，要将林权份额量化到户，鼓励建立股份合作经营机制。对仍由农村集体经济组织统一经营管理的林地，要依法将股权量化到户、股权证发放到户，发展多种形式的股份合作。

第三，产权的界定和明晰有助于收入分配规范化。收入分配规范化的前提是建立公平合理的分配标准和规则，让收入分配有章可循，依规而行。收益权是产权的一项重要权能，明晰产权的过程也是明确收益权的过程。集体林地承包到户之前，产权不明晰，收益权不明确，林业收入到底应该分给谁，分多少，往往是村委会的几个头头脑脑说了算。集体林地承包到户之后，农户通过承包经营的林地获得四种收入：①通过直接经营林地而获得林业经营收入；②把林地流转给他人经营获得财产性收入；③凭借森林资源所发挥的生态功能获得政府财政补贴，获得专业性收入；④采取"公司+农户"和"基地+农户"方式，通过在自家林地打工，获得工资性收入。无论哪种林业收入形式，收入分配规则非常清楚，不受他人或其他组织干涉。因此，产权规范了收入分配秩序，构建了科学合理、公平公正的社会收入分配体系。

第三节　林业产权的变迁与特征

一、林权制度的历史变迁

我国林权制度的变迁大致经历了三个阶段，每一次的变动都与社会经济环境密不可分。林业产权的变迁是适应变动的外部条件做出的最优选择，只是当外部条件再次变动时，最优选择将再次发生改变。

1. 土改阶段

这是新中国土地制度变迁的第一阶段，是以新政权的力量，将土地的地主所有变为农民所有，是一次强制性的制度变迁，它结束了中国两千多年的封建地主土地所有制，形成了个体所有个体经营的新的土地制度，这次制度变迁的绩效十分显著。

2. 人民公社阶段

1958年建立并于1962年完全确立的"三级所有、队为基础"制度框架上的人民公社，将个人土地所有权以公社化运动这种变迁形式转为集体所有共同经营制度。

在这一阶段，林地从私有向集体转变，所有权、经营权、收益权在集体化改革中完全统一，是一种没有交易，没有市场的状况。集体林权制度主要服务于国家工业化、服务于国家原始积累的需要，微观的主体地位让位于宏观经济发展。林地的集体经营与1956年的土地运动是两种截然不同的方向，过犹不及都不是一种科学的态度，都与实事求是的基本原理相脱离。

3. 家庭承包制阶段

1979年农村土地家庭承包经营的全面推行是新中国土地制度变迁的又一阶段。在土地所有权与使用权分离的前提下，农民以保证对国家和集体组织的上交以及承担经营责任换得土地的使用权。这种"交足国家、留够集体、剩下是自己"的收益分配方式大大增强了生产者边际努力与边际报酬的相关性，形成了生产者努力供给的激励，取得了非常显著的制度绩效。

家庭承包制土地制度改革是以耕地为突破口的，原因在于耕地是农民满足温饱的主要依赖，能最有效地满足农民的温饱需求。20世纪80年代初期的林业"三定"（稳定山权林权、划定自留山、落实林业生产责任制）实际上是耕地制度改革政策的延伸。从理论上讲，应该同样取得显著的制度绩效，但由于当时特定历史条件、经济发展水平以及各地所采取的不同产权实现形式，其效果差异很大。

建立在20世纪80年代的林业家庭经营，不可避免地存在以下困境：①林业生产的长周期使分山到户后的收益不可能迅速实现；②林地生产还携带了资金利润低、预期收益风险大、早期投入大而无收益等特点，须通过适度规模经营来降低成本以及减少不稳定预期；③改革之初还停留在为温饱而劳作的个体农民，无论心理素质还是经济实力均无法独立担当上述风险，虽有致富欲望但又将其视作险途；④当时林业"三定"政策的稳定性缺乏说服力，故"多得不如少得，少得不如现得"；⑤生态意识、社会法制环境尚未形成，因而当时一些地区的乱砍滥伐的出现，影响了制度变革的应有效果。但是，林业"三定"后林业产权改革探索中所涌现出来的多样化的产权实现形式，为推动产权制度进步与变革提供了有益的尝试和借鉴。

二、林业产权基本特征

森林经营及林业产权具有以下一些特征：

1. 外部性

具有很强的外部性，是林业产权区别于其他行业产权最重要的经济特征。所谓外部性，是指经济主体因第三者进行的活动而获得的无须支付报酬的收益（如绿水青山提供给人类生存的生态效益或鸟语花香给人的舒畅感受），或遭受无法索取补偿的损害（如因森林群落被他人破坏而遭受山洪暴发、泥石流等自然灾害）。

2. 排他的有限性

排他性是产权最重要的经济特征，但林业产权的排他性是有限的。一方面体现在要求产权主体不能完全按照市场供求和自身财力状况自由进入或退出市场，而必须在严格遵守采伐限额制度和林地不准随意抛荒以及改作他用的前提下，最大限度地保持森林资源存量的稳定以持续发挥其生态效益和社会效益，从而保证森林附近居民和经济实体（如水电站）得益。另一方面则是在创造了巨大的外部效益的情况下，由于客观现实的原因无法得到补偿。

3. 界定的困难性

林权证、林业生产作业需要清晰的四至，但是森林管理使用的四至为坑、沟、涧、山脊等。随着时间的推移，这些四至标识物变动较大，无论是法律的初始界定，还是动态转让，都存在较大困难，需要大量的界定成本。

4. 交易的复杂性

林权结构具有多样性，有林地、林木的所有权、经营权、处置权等权利束。在交易中，除有终极性产权所有权的交易外，更多的是中介性产权，如使用权、处置权以及相应的部分交易权的交易，如使用权的折价入股、产权的借贷抵押等等。不同的权属需要不同的交易规则、制度来指导，产权明晰只是交易的基础。

5. 产权的流量性

林木生产过程是社会生产过程和自然生产过程相结合的产物，林木能在自然力的作用下实现资产增值。同时，林木存在于大自然之中，生产场所露天，许多自然和人为的因素，均可造成资产的流失。

6. 收益预期的不确定性

林木生产周期长，资金占用量大，森林火灾、乱砍滥伐、森林有害生物危害等因素的存在，导致不确定性和风险很大。森林经营需要有一定的风险预期，缺乏预期的农户可以通过市场实现产权的转移，产权明晰和林业生产要素市场是产权制度改革需要考虑的重要方向。

7. 计量困难

活立木蓄积测算要求的精度问题，林价的确定问题，资产评估涉及的土地级差、运距远近、立地类型、气候、树种、林龄等诸多因素都存在精确计量的需要。正确理解林业产权的诸多特征，对集体林权制度改革的制度设计非常重要。

三、林业产权制度的不足

1. 产权边界不清

实行分山到户的地方，由于林业"三定"时间较短，工作量过大，林权证明基础材料存在四至不清、内容表述不全、面积计算不准、填写粗糙、没有附图、边界非常模糊等问题。

2. 产权主体虚置

集体林权制度改革前由村、组经营的山林，林农作为集体中的一员，主体地位被虚置。根据所有权的权属特征，集体所有资源应该能以某种形式分解到每一位成员，并享有一定的自由度，即以有偿或无偿转让的形式进入或退出该集体，承担有限的责任，拥有合作经济特征。然而，上述村组所有的产权实现形式，却是一种共有产权的特征，而且是一种无差异的共有产权。因此，集体所有权被抽象化，产权主体被虚置。

3. 经营自主权被弱化

产权交易必须通过市场机制的约束来实现，然而，集体林权交易却更多地受到行政规则的约束，产权运营非市场化：①采伐限额约束。尽管限额采伐在保护资源、改善生态方面有着积极作用，但作为一项行政措施，又极易导致行政权力对财产权的侵害。采伐限额的确定是以资源量为基础的，然而限额计划的下达和使用却往往取决于政府官员的意志偏好，甚至导致权力寻租的出现，这势必影响此项制度的有效性，也与国家确立这项制度的初衷相悖。②集体林业产权不能进入市场自由交易，不仅林农的销售数量受到约束，销售对象、销售价格也受到行政约束，随着市场化改革步伐加快，统购统销、独家垄断经营的局面被逐步打破，林农可以逐渐进入市场同买主直接进行价格谈判。但是，指定销售厂家、某些材种不得跨地区销售等行政指令在一些地方还不同程度地存在。

4. 交易成本高

以福建省三明市所属六县市平均木材售价为例，1995年的木材收入的分配结构如下：国家税收部分占平均售价的22%，林业部门的经费占26%，县、乡政府收入占 8%，村组集体收入占 12%，生产成本占 26%，而林农实得利益仅占平均售价的 6%。根据国家林业局林权监测跟踪调查数据，1999 年 3 月 22 日江西省崇义县大径级杉原木路边销价为每立方米 420 元，应缴 3 种税 17 种费共收金额为 317.70 元，占销售价的 75.60%，留给林木所有者的只有 24%，待付清采运工资、修路投资等成本以及支付各种费用之后，真正能获得的收益很低，有时甚至亏本。林农负担重，交易成本高直接影响了林农发展生产的积极性，阻碍了林业生产力的发展。

第四节 基于产权理论的集体林权制度改革方向选择

要推动林业这种外部经济性很强而内部经济收益又较低的产业向前发展，主要是从产权制度变革入手。2002 年起源于福建的集体林权制度改革，初步揭示出产权制度改革的理论方向。

一、建立与资源特性相适应的产权关系

20 世纪 80 年代我国农村实行土地制度改革，在耕地和林地上实行家庭联产承包责任制。从改革结果来看，耕地家庭联产承包责任制非常成功，甚至成为整个中国经济体制改革的范本，但是集体林地家庭联产承包责任制却没有达到改革的预期目标，一些地方出现了严重的乱砍滥伐现象。同一制度安排，在农业领域主要引发了生产性努力，而在林业领域则诱导了分配性努力，产权绩效相差如此之大，其原因在于该产权制度对农业和林业资源特性的适应程度不同。

由此，集体林权制度改革应从森林资源特性出发，在产权关系设计上关注几个重点问题：

第一，林权关系安排与林权客体特性的相容是获得制度绩效的前提和基础。同一制度安排运用于不同发展阶段、不同条件的产权客体，绩效将有明显差异。

第二，林权绩效的高低依赖于林权安排的结果，即林权将驱动林权主体付出更多的生产性努力还是更多的分配性努力。不同产权制度安排会对林权主体产生不同的行为预期，要么加大森林经营力度，努力把"蛋糕"做大，要么最大限度地利用现成的资源，争取把"蛋糕"分好。

第三，任何一种林权安排，如果不能帮助承包经营者及其他经营主体形成稳定预期，就不能有效地克服机会主义行为，各项产权制度设计目标将无法实

现。20世纪80年代初,将家庭联产承包责任制付诸林业实践,之所以没有取得像耕地承包一样的制度绩效,关键在于林权制度安排与林业资源特性不符,没有让农民形成稳定的收益预期。

二、改革的主线是形成"各尽所能,各得其所"的产权关系

罗纳德·哈里·科斯(Ronald Harry Coase)于2010年提出,"能够使各种经济资源包括人力资源得到有效利用的产权系统,就是好的产权系统"。将产权理论运用于集体林权制度改革实践中,在党的十八大、十八届历次全会以及十九大和十九届历次全会精神指导下,围绕"五位一体"总体布局的要求,构建具有中国特色的林业产权体系,需要按照"财产特性决定权能配置,权能配置影响主体行为,主体行为决定经济绩效"的理论研究框架,深化集体林权制度改革。

1. 改革是为了促进集体林业更好发展

集体林业在我国林业建设中具有重要地位,国家赋予林业的重大使命和重要任务都需要集体林业做出应有的贡献。《中共中央 国务院关于加快林业发展的决定》(中发〔2003〕9号)提出,林业发展的基本任务是增加森林资源、增强森林生态系统的整体功能、增加林产品供给、增加林业职工和农民收入。《中共中央 国务院关于全面推进集体林权制度改革的意见》(中发〔2008〕10号)要求实现生态受保护、农民得实惠,以及资源增长、农民增收、林区发展、社会和谐的目标。这些要求都是我们在集体林权制度改革中期望达到的经济绩效,也是产权制度创新最终追求的目标。特别需要指出的是,增加农民收入,是加快林业发展的一大目标,更是加快林业发展的重要手段。要把增加包括农民在内的所有务林人的收入,提高林业投资者的投资回报率作为体制创新和政策设计的出发点。

2. 始终将明晰和稳定产权关系作为集体林权制度改革的核心

我国社会主义市场经济体制要求市场机制在配置林业资源中发挥决定性作用。这就要求参与林业经营的各类经营主体,必须有森林和林木林地处置的选择权和决定权,否则就不能吸引社会力量参与林业建设。从这个意义上来讲,林业的问题,最根本的基础是林业产权。林业产权是产权的表现形式之一,是经济权利在林业领域的体现,主要包括森林、林木和林地的所有权,以及对它们的收益、使用和处置的权利。开展集体林权制度改革,调整林业生产关系,核心问题是明晰产权,理顺并且落实各项产权权能。明确产权主体,建立明晰的林业产权制度,体现各方利益,除了继续做好集体林地承包确权登记颁证工

作以外，还要发展多种形式的股份合作，逐步建立集体林地所有权、承包权、经营权分置运行机制，不断健全归属清晰、权能完整、流转顺畅、保护严格的集体林权制度，形成集体林地集体所有、家庭承包、多元经营的格局。

3. 将放活经营权作为释放改革红利的必要手段

集体林地产权的界定就是国家、集体、农户之间的权利和义务关系的界定。国家拥有对集体林地的管理权，集体经济组织行使林地所有权，农户或其他经营者对林地享有承包经营权或者使用权。产权的基本内容是产权主体对资源的占有、使用、收益和处分权利。林农作为产权主体，必须拥有充分的经营决策权、生产自主权和剩余索取权，否则，林业的绩效就无法实现。因此，必须将林地使用权物权化，强化林地的使用、收益及转让的权利，还要促进林地使用权流转，以利于形成适度规模经营，实现生产要素的最佳配置。

4. 将完善林权流转制度作为推动林业产业发展的有效措施

产权界定并不是终点，而是产权流转的根本前提。通过产权交易和流转，可以促进集体林权由低效率配置向高效率配置转变。林农获得林地使用权和林木所有权后，通过经营或流转，获得经营性收入或财产性收入，实现利益最大化。要遵循林地所有权和使用权相分离的原则，在集体林地所有权性质、林地用途不变的前提下，按照"依法、自愿、有偿、规范"的原则，鼓励林木所有权、林地使用权有序流转，引导林业生产要素的合理流动和森林资源的优化配置，促进林业经营规模化、集约化，就必须建立和完善林权流转机制，规范流转行为，加强流转管理，完善相关制度。

因此，完善集体林权制度，必须大力发展绿色富民产业，就是要兼顾"国家得生态"与"农民得实惠"这个目标。一是把促进产业发展作为集体林权制度改革的重要内容。集体林业既要培育森林资源发挥生态效益，更要把提高经济效益作为主攻方向，把增加林产品供给和农民增收致富作为主要任务。二是大力发展森林旅游业、特色林果业、林下经济等绿色富民产业。近年来，社会对非木质林产品和生态服务的需求快速上升，林下经济发展潜力巨大。要看到这一重大需求变化，大力发展林药、林菌、养生休闲、景观利用等绿色产业，实现生态和经济双赢。三是完善财政激励机制。林业产业是生态节能产业，是绿色扶贫产业，是可持续发展产业，是一二三产业融合发展的产业，发展潜力巨大。要争取财政支持，把林业产业纳入促进农民就业增收、山区扶贫开发、节能环保等扶持政策领域，这也是间接的森林生态效益补偿方式。

三、集体林权制度改革重在落实"四权"

集体林权制度改革的主要内容是明晰产权、放活经营权、落实处置权、保障收益权。

1. 通过明晰产权，让农民真正成为林地承包经营权人

明晰产权是集体林权制度改革的核心，即在坚持集体林地所有权不变的前提下，依法将林地承包经营权和林木所有权，通过家庭承包经营方式落实到本集体经济组织的农户，确立农民作为林地承包经营权人的主体地位。这是此次集体林权制度改革与历次改革的根本不同和突破所在。

明晰产权必须维护林地承包经营权的物权性和长期性。根据物权法规定，林地承包经营权为用益物权，有三层含义：林地承包经营权是由林地所有权派生的用益物权，林地所有权是权利人对林地依法享有占有、使用、收益和处分的权利；林地承包经营权相对于林地所有权是不全面的、受一定限制的物权，主要表现为在承包期届满时应将林地返还给所有人；林地承包经营权一经设立，便具有独立于林地所有权而存在的特性，所有权人不得随意收回或调整林地，不得妨碍林地承包经营权人依法行使权利，林地承包经营权人具有对林地的直接支配性和排他性，可以对抗所有权人的干涉和第三人的侵害。

明晰产权关键是要做到"三个坚持"：

第一，坚持以分为主。除村集体经济组织保留少量林地以外，凡是适宜实行家庭承包经营的林地，都要通过家庭承包方式落实到本集体经济组织的农户。对不宜实行家庭承包经营的林地，经本集体经济组织成员同意，也要通过均股、均利等方式明晰产权。

第二，坚持"四权"同落实。要把明晰产权、放活经营权、落实处置权、保障收益权这"四权"作为一个有机整体统筹考虑。理顺各方面的利益关系，建立完善的政策体系，确保农民在获得林地承包经营权和林木所有权后，能依法实现自主经营、自由处置、自得其利。

第三，坚持林权发证经得起历史的检验。勘界发证是明晰产权的基本要求，也是保证改革质量的关键环节。依法进行实地勘界、登记，核发全国统一式样的林权证，做到图、表、册一致，人、地、证相符，"四至"清楚、权属明确。

2. 放活经营权，依法实行商品林、公益林分类经营管理

对商品林，农民可依法自主决定经营方向和经营模式，生产的木材自主销售。第一，只要不违背法律的禁止性规定，对其林地要种什么树、什么时间种、培育目标是什么等可以自主决定；第二，只要不违背法律的禁止性规定，可以选择单独经营、合作经营、委托经营、租赁经营等多种经营模式，享有生产经营自主权；第三，农民生产的木材，要不要卖、怎么卖、卖给谁，农户可以自主决定。对公益林，在不破坏生态功能的前提下，可依法合理利用林地资源，开发林下种养业，利用森林景观发展森林旅游业等。这项政策相对放活了公益林经营，将进一步提高公益林经营者的收益。

3. 落实处置权，林地承包经营权人可依法对森林、林木和林地使用权流转

在不改变林地用途的前提下，林地承包经营权人可以依法对拥有的林地承包经营权和林木所有权进行转包、出租、转让、入股、抵押或作为出资、合作条件，对其承包的林地、林木可依法开发利用，赋予林地承包经营权人依法对森林、林木和林地使用权的流转权利。

流转期限不得超过承包期的剩余期限，流转后不得改变林地用途。第一，允许林地承包经营权人流转林地经营权和林木所有权，放活了林权流转市场，有力推进森林资源经营向资产、资本经营转变，增加农民资产性收入，但不包括森林内的野生动物、矿藏物和埋藏物；第二，以"依法、自愿、有偿"为必要前提，有利于维护农民利益，为依法公平交易提供了政策保障；第三，只要法律没有禁止，林地承包经营权人可以自主选择流转方式；第四，明确流转期限不得超过承包期的剩余期限，流转后不得改变林地用途。鉴于土地是农民赖以生存和安身立命的生产资料，应当引导农民充分考虑耕山致富、生活保障的需要，流转期限不宜过长，不要轻易改变林地原始承包关系，防止农民失山失地。

另外，在采伐处置权上，按照《民法典》《森林法》，以增加森林资源总量、提高森林质量、优化森林结构为原则，探索建立以森林经营方案为基础的采伐限额管理新体制；改革采伐管理方式，探索建立森林采伐分类管理新机制；改革采伐管理服务方式，探索建立高效便捷管理新模式，一切以人民群众利益为方向，保障林权制度改革方向的正确性。

4. 保障收益权，征收林地必须补偿，森林生态效益补偿要落实到农户

第一，农户承包经营林地的收益归农户所有，严禁对林地承包经营权人乱收费、乱摊派，依法维护其合法权利。

第二，征收林地必须补偿。依法征收的林地，应当依法足额支付林地补偿费、安置补助费、地上附着物和林木的补偿费等费用，安排被征地农民的社会保障费用，保障被征地农民的原有生活水平不降低，维护被征地农民的合法权益。家庭承包经营的林地被依法征收的，承包经营权人有权依法获得相应的补偿。林地补偿费是给予林地所有人和林地承包经营权人的投入及造成损失的补偿，应当归林地所有人和林地承包经营权人所有。安置补助费用于被征林地的承包经营权人的生活安置，对林地承包经营权人自谋职业或自行安置的，应当归林地承包经营权人所有。地上附着物和林木的补偿费归地上附着物和林木的所有人所有。

第三，经政府划定为公益林的要落实森林生态效益补偿政策。各级政府要建立和完善森林生态效益补偿基金制度，逐步提高中央和地方财政对森林生态效益的补偿标准。经政府划定的公益林，已承包到农户的，森林生态效益补偿要落实到户；未承包到农户的，要确定管护主体，明确管护责任，森林生态效益补偿要落实到本集体经济组织的农户。对集体林地被划入公益林范围的，不管采取哪种承包方式，都要求补偿资金落实到农户，进一步从政策上维护农民的利益。

四、持续推进完善市场功能的配套改革

有效流转是林业资源高效配置的前提，也是提高经营水平和林业产出的基础。林业产权流转必须解决交易费用、信息不对称、市场环境和交易平台等问题，这是集体林权制度改革主体工作完成后，要用一段较长的时间来完成的主要任务。

第一，降低交易费用。科斯第一定理认为只要交易费用为零，市场机制就能实现帕累托最优。只有减轻市场主体（林农）进入市场交易过程中由于制度因素造成的费用，才能使产权给予的生产资料的社会经济总量做大，才能吸纳各类生产要素进入林业产业，实现林业的可持续发展。

第二，解决信息不对称。林业产权交易市场是个信息不对称的市场，为此，要加快推进林业信息化和电子政务工作，实现省、县、乡、村森林资源信息共享，使交易公开透明，并形成有效的市场竞争。

第三，规范市场环境。对森林限额采伐、木材检验、运输、加工尤其是销售等本着放活、规范、高效的原则，加大改革力度，消除市场壁垒、打破行业垄断和地区封锁，保障林农的经营权和处置权。组建中介机构、专业服务队伍，分流政府部分服务职能，营造一个规范的市场环境。

第四，建立林业要素市场。当交易费用不为零时，设计有效的制度，并且

将制度运行成本降至最低,资源最优配置仍然能够达到。要实现林农对其资产的处置权和收益权,降低林木生长的长周期所带来的风险,应组建资源评估中心和资源交易中心,建立一个规范高效的市场。形成良好的制度环境是集体林权制度改革的后续努力方向,也是林业工作的长期任务。

第7章

集体林权制度改革的法学分析

在社会主义初级阶段基本经济制度下，我国出台了一系列法律法规来规范物的归属与效用，保护权利以维护社会主义市场经济秩序。本章基于社会主义初级阶段基本经济制度下物权制度的法学分析构建集体林权制度改革的法律支撑体系，分析集体林权制度改革中的森林资源物权制度的基本内容、特性和存在的问题与具体变动，为集体林权制度改革提供法律依据与法学分析，为前文的实践探索与模式创新提供法学理论解释。

第一节 物权制度理论综述

在法学研究中，林权可以定义为林业物权，是指权利人依法对森林、林木和林地享有直接支配和排他的权利。本节从不同法律体系的历史视角分析物权制度的演变，并进一步对物权的内涵与内容、物权权利体系结构以及物权变动理论进行综述，为本章后续章节的分析奠定基础。

一、物权的内涵

1. 物权制度的历史演变

物权起源于对周围无主物的占有关系。原始社会，社会成员共同拥有社会财富，共有关系的维系取决于原始部落习惯及部落首领权威。随着最早的国家体制——奴隶制国家的产生，奴隶主阶级对土地、生产工具等生产资料和奴隶的占有关系出现了，国家利用暴力机制对该占有关系提供保护，就产生了最初法律意义上的物权关系(杨桂红,2012)。

古代物权制度典型代表是古罗马物权制度和日耳曼物权制度。罗马法是大陆法系的基础,古罗马物权制度建立在奴隶制商品经济基础上,强调以完整所有权占绝对支配的中心地位为主要特征,受到最为全面的法律保护,即使出现所有权权能与所有权分离的情况,最终也将复归于所有权,所有权仍然是所有权,奉行一物一权原则(彼德罗·彭梵得,2017)。因此,罗马法的物权体系由自物权(即所有权)、他物权(役权、永佃权、地上权)与占有构成。古日耳曼物权制度建立在自给自足的封建农业经济基础上,主张所有权是具体且相对的,可以分为不动产所有权和动产所有权,强调对物的实际利用方式与状态,而非抽象的支配。所以,古日耳曼物权体系由所有权、地上负担以及占有构成。

近现代物权制度典型代表是大陆法系的法国物权制度与德国物权制度,以及英美法系的物权制度(戴红兵,2004)。大陆法系延续了古罗马物权法系,以1804年《法国民法典》与1900年《德国民法典》为代表。"所有权是对于物有绝对无限制地使用、收益及处分的权利,但法令所禁止的使用不在此限"(《法国民法典》第544条)。"物之所有权,不问其为动产或不动产,得扩张至该物由于天然或人工而产生或附加之物,此种权利称为添附权"(《法国民法典》第546条)。可见,其与古罗马法系在所有权方面界定的相似性,反映了完整所有权绝对支配的中心地位,对他物权有了重新的划分。1900年《德国民法典》也是以罗马法系为基础,参考了法国物权制度,法规体系更严密,覆盖范围更全面。"物之所有人于不抵触法律,或第三人权利之限度内,得自由处理其物,并排除他人一切之干涉"(《德国民法典》第903条)。"土地所有人之权利及于地表上之空间及地表下之地壳。所有人对于排除而无利益之高处或深处之干涉,不得排除之"(《德国民法典》第905条)。尽管能看出其延续了古罗马法与法国物权制度对所有权中心地位的强调,但也对所有权的行使有了一定的限制。

英美法系不同于大陆法系,英美法系没有对应的"物权",而是使用"财产"或"财产权"。英国法对财产权利并没有作出抽象的规定,简要来说,财产不过就是一组"权利束"(吴柏海等,2018)。美国法进一步发展"财产"的概念——"财产不再是对物或客体的描述,它仅仅是一束法律关系——权利、权力、特权、豁免",并逐渐成为美国正统观念。因此,从物权制度的历史演变来看,大陆法系的物权类型与英美法系的主要财产权类型相对一致,相似性较高(黄泷一,2017)。

因此，从物权制度的历史演变，可以发现物权制度随着国家体制、经济制度与社会传统变化而变化，但整体上有较为成熟和完善的法律体系支撑。两种法律体系尽管存在较大差异，但出于对规范的社会秩序的需要，无论是运用何种法律体系的国家都十分重视"物权"或"财产权"。

2. 物权的定义

"物权"不仅有法学上的定义，也有法律上的定义。

一方面，学界对"物权"定义的认识也经历了一段发展历程，从对"物"、对"人"的关系扩充到对"物与人"的关系。王泽鉴(2001)认为："物权，顾名思义，系指对物的权利，即将某物归于某特定主体，由其直接支配，享受其利益。"梁慧星(2013)认为依照中世纪注释法学派所提出的对物关系说，债权是人与人的关系，而物权是人与物的关系，因此物权应定义为"人们直接就物享受其利益的财产权"，即人对物的直接支配权；若是依照对人关系说，物权的定义应为"物权为具有禁止任何人侵害的消极作用的财产权"；若是依照物权是对物、对人的关系，物权应定义为"对物的直接支配，且得对抗一般人之财产权"。综上所述，"物权"具体是对"物"还是对"人"的关系是存在争论的，但"物权"定义应该包含对"物"与对"人"的关系得到更多学者的认可，较为全面地揭示了物权的本质属性。因此，梁慧星等(2007)认为："物权为物权人直接支配特定的物并排他性地享受其利益的权利。"崔文星(2017)对物权的定义也较为一致，认为："物权是指权利人直接支配特定的物并排除他人干涉的权利。"从法律关系与物权关系的本质来看，对物关系表现为对人关系，因此，"物权关系是绝对关系，物权人是特定人，义务人是不特定的，双方因物或物之部分价值之归属而发生权利义务关系"(李锡鹤，2016)。

另一方面，我国物权现行相关法律法规包括《宪法》《民法典》《土地管理法》《森林法》等。《民法典》整合了总则、物权编、合同编、人格编、婚姻家庭编、继承编、侵权责任编、附则等八项内容。"物权是权利人依法对特定的物享有直接支配和排他的权利，包括所有权、用益物权和担保物权"(《民法典》第114条)，物权编是为了调整物的归属和利用关系产生的民事关系。从立法法规层面可见，"物权"的定义与学界的定义类似。

综上所述，物权是权利人直接支配特定物，享有该特定物的收益且排除他人干涉的选择权利。由此可见，物权包含对物、对人以及人与物之间的关系，这也是物权的要素组成。

3. 物权的要素

从法律关系的角度可将物权分为物权主体、物权客体和物权内容等三要素

(表7.1)。

(1) 物权主体

主体表现为享有权利和承担义务,物权的主体包括权利主体和义务主体。权利主体具有特定性,是指享有或拥有某一类型物权的所有权或他物权人。《民法典》依据民事权利将主体划分为自然人、法人与非法人组织三大类别;依据权利主体性质可以分为国家、集体、私人及其他权利人四种。义务主体具有不特定性,是非物权人,不得妨碍权利人行使物权,需要通过行为履行义务。

(2) 物权客体

物权客体是指物权权能所指向的标的,是物权主体可以控制和支配或享有的具有文化、科学和经济价值的各种特定物(侯宁,2011)。"物"的划分在学界的认识也较为广泛,根据自然属性、经济特性、使用目的、流转受限程度等划分依据不同有不同的分类。其中,最重要的依据为是否因移动改变用途和降低价值,将有体物划分为动产与不动产分类。动产指的是能够移动且不因移动而损害其价值的物,不动产是指性质上不能移动或虽然可移动但移动会损害其价值的物。另外,还存在无体物,如权利。"物包括不动产和动产。法律规定权利作为物权客体的,依照其规定"(《民法典》第115条)。因此,从正式立法法规层面而言,物权客体分为动产物权、不动产物权与权利物权。

(3) 物权内容

物权内容指物权主体依法对物权客体行使的具体权利和义务的组合。正如《民法典》规定的,物权包含了所有权、用益物权与担保物权。"所有权人对自己的不动产或者动产,依法享有占有、使用、收益和处分的权利"(《民法典》第240条)。用益物权与担保物权是所有权的派生权利,完整的物权内容应该是占有权、使用权、收益权与处分权的组合。

表7.1 物权的要素

物权要素	类别
物权主体	国家、集体、私人及其他权利人;自然人、法人与非法人组织
物权客体	动产物权、不动产物权与权利物权
物权内容	占有权、使用权、收益权与处分权的组合

二、物权权利体系结构

1. 物权权利体系

因国家体制和社会经济制度的差异，各国民法根据不同的划分依据对物权种类的划分不尽相同。我国财产权利体系与德国法的物债二分理论较为相似，属于大陆法系。传统物权制度将物权根据权利人是对自有物享有物权还是对他人所有之物享有物权为标准进行划分，可以分为自物权与他物权。自物权是权利人依法对自有物享有的物权，就是所有权。他物权是权利人根据法律的规定或合同的约定，对他人所有之物享有的物权。他物权是依托于他人所有之物，受限于所有权。"所有权人有权在自己的不动产或者动产上设立用益物权和担保物权。用益物权人、担保物权人行使权利，不得损害所有权人的权益"（《民法典》第241条）。依据我国法律法规规定，物权权利体系如图7.1。

图 7.1　物权权利体系

2. 所有权

所有权是最完全的权利，是他物权的源泉。正如《民法典》第240条规定的，所有权人对自己的不动产或者动产享有在法律规定范围内的独占与支配权利，可以占有、使用、收益和处分，并且所有权人权益受到保护。享有所有权的主体可以分为三类：国家、集体与私人。第一，国家所有即为全民所有，国有财产由国务院代表国家行使所有权。矿藏、水流、海域、无居民海岛、城市土地、无线电频谱资源及国防资产等属于国家所有，法律规定属于国家所有的农村与城郊土地，森林、山岭、草原、荒地、滩涂等自然资源，野生动植物资源，文物等，属于国家所有。第二，集体所有可以细分属于村农民集体所有、村内两个以上农民集体所有，以及乡镇农民集体所有等类型。法律规定属于集体所有的土地、森林、山岭、草原、荒地、滩涂、建筑物、生产设施、农田水利设施，科教文卫体育等设施属于集体所有。第三，私人所有。"私人对其合法的收入、房屋、生活用品、生产工具、原材料等不动产和动产享有所有权"（《民法典》第266条）。

3. 用益物权

用益物权属于他物权，支配标的物使用价值的他物权称为用益物权，是在商品经济发展与社会实践中为解决物质资料的所有与需求之间的矛盾而发展起来的，是所有权与其权能相分离的必然结果（陈辉，2011）。"用益物权人对他人所有的不动产或者动产，依法享有占有、使用和收益的权利"（《民法典》第

323条)。"所有权人不得干涉用益物权人行使权利"(《民法典》第 326 条)。《民法典》不但为用益物权设置了定义性规定,也揭示了用益物权的客体范围不仅包含不动产,还包含动产。依据立法法规的相关内容,土地承包经营权、建设用地使用权、宅基地使用权、居住权、地役权等不动产物权属于用益物权范畴,受到法律保护。

4. 担保物权

担保物权也属于他物权范畴,支配标的物交换价值的他物权称为担保物权,属于古老的民事制度。担保物权制度历来是交易实践中异常活跃、新态频出的领域。以为优化营商环境提供法治保障和制度供给为宗旨,借鉴功能主义的实质性担保物权立法模式,《民法典》对担保物权制度有较为翔实的规定(刘保玉,2020;章诗迪,2022)。"担保物权人在债权人不履行到期债务或者发生当事人约定的实现担保物权的情形,依法享有就担保财产优先受偿的权利,但是法律另有规定的除外","债权人在借贷、买卖等民事活动中,为保障实现其债权,需要担保的,可以依照本法和其他法律的规定设立担保物权"(《民法典》第 386、387 条)。担保物权包括抵押权、质权、留置权等权能。

三、物权变动理论

1. 物权变动的内涵

物权变动是指物权的设立、变更、转让及消灭。现代民法在物权变动上形成了以德国为代表的形式主义物权变动模式和以法国为代表的意思主义物权变动模式(韩新磊,2021)。2007 年《物权法》首次确立区分原则,将物权与债权采用德国法的物债二分的编纂体例。《民法典》基本延续《物权法》的基本原则和相关规定,物债二分的制度体系十分明显,涉及物权公示原则、不动产物权变动登记生效规则、动产物权变动交付生效规则、区分原则等(陈雯倩,2021)。在标的物特定的前提下,动产物权更强调以对标的物的实际支配作为物权变动的生效标志,而因不动产具有不可移动的物理特性,法律并不关注物权发生变动时点下标的物的实际占有状态,而仅强调权利须经登记实现法律意义上的公开化和客观化,方能进入市场自由流转(陶密,2021)。

2. 物权的取得、变更与灭失

物权的取得是指物权人取得物权,严格来说,其范畴比物权的设立更为广泛,物权取得包括原始取得与继受取得,继受取得包括物权设立与转让(崔文星,2017)。物权的变更是物权内容与客体发生部分改变,内容变更是指不影响物权整体内容的物权范围、方式的变化,客体变更是指物权标的物的变化。

而物权的灭失则是物权的消灭或终止(侯宁,2011)。"不动产物权的设立、变更、转让和消灭,应当依照法律规定登记。动产物权的设立和转让,应当依照法律规定交付";"不动产物权的设立、变更、转让和消灭,经依法登记,发生效力;未经登记,不发生效力,但是法律另有规定的除外。依法属于国家所有的自然资源,所有权可以不登记"(《民法典》第208、209条)。"动产物权的设立和转让,自交付时发生效力,但是法律另有规定的除外"(《民法典》第224条)。此外,《民法典》对于所有权取得有特别规定,对用益物权的变更、转让或者消灭情况也有具体规定。

第二节 森林资源物权制度的基本内容

本节将基于第一节的内容具体分析森林资源物权制度的基本内容。从森林资源所有权、用益物权以及抵押权三方面展开分析,阐述集体林权制度改革中森林资源物权制度的法学内容。作为自然资源的森林资源具有其不动产特性,因其资源特性,整体性与相对独立性并存,并具有多功能性。森林资源物权,属于不动产物权,受行政法理和民事物权法理双重约束(兼受公法和私法制约),与一般物权相比,森林资源物权制度公法色彩较为浓厚,其物权制度设计和整个不动产物权制度的衔接更是物权制度立法的难点(侯宁,2011)。

一、森林资源物权的基本理论

1. 森林资源的内涵

"森林资源,包括森林、林木、林地以及依托森林、林木、林地生存的野生动物、植物和微生物。森林,包括乔木林和竹林。林木包括树木和竹子。林地,包括郁闭度0.20以上的乔木林地以及竹林地、灌木林地、疏林地、采伐迹地、火烧迹地、未成林造林地、苗圃地和县级以上人民政府规划的宜林地"(《森林法实施条例》第2条)。因此,森林资源不仅仅是森林,更代表着以木竹为主体的林地、林木、森林与区域范围内野生动植物资源、微生物等构成的系统。

2. 森林资源物权的内涵

森林资源物权是一个国家民事权利体系中的一项基础性的权利,其权利配置影响着森林资源可持续发展、林业经济绩效以及生态环境建设。我国多数学者都同意从物权的角度定义森林资源物权,又称为森林资源产权。森林资源物权为森林资源产权即林业产权,根据法律规定,包括森林、林木和林地所有权、森林、林木和林地使用权和林地承包经营权三种财产性权利(沈文星等,2001)。森林资源物权在性质上包含所有权和使用权,以森林资源为客体,包括林地、林木、林下非木质资源以及森林整体景观开放利用资源(魏华,2011)。若不细分,林权就是林业物权,是有关森林资源以及森林、林木和林地的所有权和使用权(谭世明等,1997;陈根长,2002;李雨,2009)。但森林资源不仅涉及森林、林木和林地等诸要素,还包括诸要素共同作用形成的森林生态环境,在交易观念上被作为物对待从而成为广义森林资源物权的客体(吕祥熙,2008)。雷加富(2006)指出"林权是指国家、集体、自然人、法人或者其他组织对森林、林木和林地依法享有的占有、使用、收益或者处分的权利",即林业产权为林业范畴内的财产权属关系,其核心是森林、林木和林地的占有权、使用权、收益权和处分权,并进一步明确了权利主体。

依据我国相关法律规定,国家和集体享有森林、林木和林地的所有权,个人拥有林地的承包经营权(使用权)和林木所有权。"森林资源属于国家所有,由法律规定属于集体所有的除外。国家所有的森林资源的所有权由国务院代表国家行使。国务院可以授权国务院自然资源主管部门统一履行国有森林资源所有者职责"(《森林法》第14条)。"国家所有的林地和林地上的森林、林木可以依法确定给林业经营者使用。林业经营者依法取得的国有林地和林地上的森林、林木的使用权,经批准可以转让、出租、作价出资等。具体办法由国务院制定。林业经营者应当履行保护、培育森林资源的义务,保证国有森林资源稳定增长,提高森林生态功能";"集体所有和国家所有依法由农民集体使用的林地(以下简称集体林地)实行承包经营的,承包方享有林地承包经营权和承包林地上的林木所有权,合同另有约定的从其约定。承包方可以依法采取出租(转包)、入股、转让等方式流转林地经营权、林木所有权和使用权"(《森林法》第16、17条)。此外,根据《国家森林资源连续清查技术规定(2014)》的界定,林木权属分为国有,集体即农村集体经济组织所有,个体则包括农户自营、农户联营、合资、合作、合股等。

总之,依照学界与法律规定,森林资源物权是国家立法赋予权利人依法在规定范围内直接支配森林、林地、林木以及依托森林、林地、林木生存的野生动物、植物与微生物,并享有前述资源收益且排除他人干涉的权利。从立法情况来看,林地所有权权利主体仅为国家与集体,林木所有权权利主体为国家、集体或个人,法律规定属于国有的野生动植物资源所有权主体为国家。由于依托森林、林地、林木生存的野生动植物的所有权主体为国家,且性质上与森林、林地与林木存在较大差异,因此下文所述森林资源物权以森林、林地与林木物权为主。森林资源的用益物权与担保物权则另有规定。

3. 森林资源物权的特性

森林资源物权客体为森林资源,森林资源的特性对其物权结构有着重要的影响。森林资源蕴含丰富的物种与多样化的功能,不仅是生态环境稳定的重要影响因素,更是人类赖以生存的重要资源。因此,森林资源物权的特性有四个方面:

(1) 不动产权利性质

《民法典》物权编中,土地划属不动产,林地属于不动产的结论就毋庸置疑。法律规定属于集体所有的土地和森林、山岭、荒地属于集体所有的不动产,因此林木也具有不动产性质(《民法典》第 260 条)。我国依法对部分不动产物权进行规范管理,尤其是土地、海域以及房屋、林木等定着物。对不动产权利要求依规进行登记办理,主要包括:"(一)集体土地所有权;(二)房屋等建筑物、构筑物所有权;(三)森林、林木所有权;(四)耕地、林地、草地等土地承包经营权;(五)建设用地使用权;(六)宅基地使用权;(七)海域使用权;(八)地役权;(九)抵押权;(十)法律规定需要登记的其他不动产权利"(《不动产登记暂行条例》第 5 条)。综上所述,森林资源具有不动产性质,并且森林资源物权也属于不动产权利。

(2) 整体性与相对独立性并存

森林资源的内涵已经体现了森林资源物权的整体性与相对独立性并存的特性。首先,森林资源包含丰富的物种,涉及森林、林木、林地以及依托森林、林木、林地生存的野生动植物和微生物。森林资源是一个生态系统整体,系统中各个物体之间紧密联系,互相作用。如林地是林木、林中动植物以及微生物的载体。可见,森林资源物权具有整体性。其次,森林资源涉及的各个物体具有相对独立性,如林地、林木都属于独立的不动产,野生动物属于独立的动产。再者,森林资源物权的整体性与相对独立性并存可以从《民法典》对森林资源设立的物权结构得以验证。我国实行林地国有与集体所有,但集体所有的林地可以通过承包的形式赋予村集体内部成员林地用益物权,林木则可以归属国家、集体或者个人所有。因此,森林资源物权整体性与相对独立性并存。

(3) 权利层次性

"国家加强森林资源保护,发挥森林蓄水保土、调节气候、改善环境、维护生物多样性和提供林产品等多种功能"(《森林法》第 28 条)。森林资源不仅是人类赖以生存的重要自然资源,对大自然生态环境的作用也毋庸置疑,它集经济效益、生态效益和社会效益于一体。

森林资源的经济效益。森林资源能为人类提供木质林产品与非木质林产品，不仅能够提供满足人们日常生活所需的家用燃料、建筑材料以及名贵中药材、菌类等林产品，还可以通过交换或交易这些林产品为权利人创造经济收入。因此，森林资源具有一般财产的属性，能满足人们经济所需。森林资源物权也强调了权利人对森林资源的收益权不受侵犯。"森林、林木、林地的所有者和使用者的合法权益受法律保护，任何组织和个人不得侵犯"(《森林法》第15条)。

森林资源的生态效益。随着国家的重视与知识的普及，人们对于森林资源生态效益的认知越来越充分。森林资源是碳储库，是实现"双碳"目标下基于自然解决方案的重要途径；森林资源是基因库，是保护生物多样性与维护人与自然和谐共生的重要储备；森林资源是供应者，是提供涵养水源、保持水土、防风固沙与净化空气等生态服务的重要主体。按照生态系统的完整性，森林是陆地上最大的生态系统，与生态系统平衡及环境保护和改善关系密切(闫瑞华，2021)。为此，《森林法》在保护权利人权益的同时，也对森林资源保护作出规定。"森林、林木、林地的所有者和使用者应当依法保护和合理利用森林、林木、林地，不得非法改变林地用途和毁坏森林、林木、林地"(《森林法》第15条)。所以，森林资源具有生态效益，森林资源物权的行使遵守自然资源发展规律。

森林资源的社会效益。森林资源与人类的交集不仅在于其为人类提供直接的经济效益，还为人类提供游憩康养的服务，其为人类增加的社会福利的价值难以估计。森林资源具有明显的外部性，是典型的公共产品，其作为公共物品所带来的社会福利往往比其创造的经济效益带来的社会影响更大，是整个社会可持续发展的重要影响因素。制定《森林法》的目的在于"践行绿水青山就是金山银山理念，保护、培育和合理利用森林资源，加快国土绿化，保障森林生态安全，建设生态文明，实现人与自然和谐共生"(《森林法》第1条)。

因此，为了确保森林资源的经济、生态与社会效益都得以充分发挥，森林资源物权的设立有多重原则，需要保障权利人权益，也需要符合公益原则，考虑生态效益的发挥与社会福利的保障。森林资源物权虽然作为一项民事权利，但比起一般物权，更强调社会公共利益。

(4) 有期限物权

森林资源物权按照我国法律法规规定，是属于有期限物权。从存续有无期限的角度，物权可以分为有期限物权与无期限物权(李锡鹤，2016)。森林资源物权可以分为所有权、用益物权与担保物权。其中，作为用益物权的土地承包经营权由法律针对不同物作出物权不同存续期限的规定。《森林法》第 332 条规定："耕地的承包期为三十年。草地的承包期为三十年至五十年。林地的承包期为三十年至七十年。前款规定的承包期限届满，由土地承包经营权人依照农村土地承包的法律规定继续承包。"

二、森林资源所有权制度

1. 森林资源所有权的法律关系

森林资源所有权制度坚持社会主义公有制。我国社会主义经济制度的基础是生产资料的社会主义公有制，即全民所有制与劳动群众集体所有制。因此，依《宪法》《农村土地承包法》与《森林法》等法律法规，明确林地作为重要的生产资料，所有权制度必须坚持社会主义公有制。森林资源所有权按照主体不同进行分类，具体见表 7.2。

表 7.2 按主体分类的森林资源所有权

权利主体	物
国家	林地、林木、区域中野生动植物与微生物
集体	林地、林木
私人	林木

森林资源所有权不是单一属性，呈现物种权利的层次性。基于自然资源承载公共物品性质与物种多样性，以及其间蕴含着国家、集体及私人等多种利益关系，为应对日益严峻的自然资源危机，自然资源权利配置也呈现权利层次化（单平基，2021）。根据前文对森林资源内涵的研究，可以知道森林资源涉及丰富的物种，森林资源物权呈现权利层次性。但不仅仅森林资源物权呈现层次性，森林资源所有权也存在层次性。尽管林木是土地上的定着物，但属于独立的、区别于土地的不动产，登记后可以作为所有权的客体单独存在，属于权利的财产（周珂，2008）。由此可知，林地是基本载体，所有权情况明晰。按照物权要素的权利主体与权利客体对森林资源所有权进行划分，具体情况见表 7.3。

表 7.3 按物权要素分类的森林资源所有权

权利客体	权利主体
林地所有权	国家、集体
林木所有权	国家、集体、私人

2. 集体森林资源所有权的行使、变动与保护

依据所有权的定义，集体森林资源所有权即为集体对森林资源占有、使用、收益和处分的权利。集体所有的森林资源包含了林地、林木、区域内野生动植物资源与微生物。

集体森林资源所有权的行使需要区分具体的权利主体。所谓"集体"可以分成三类：村农民集体，其所有权由村集体经济组织或村民委员会依法代表行使；村内两个以上农民集体，如村民小组，其所有权由村内各该集体经济组织或者村民小组依法代表行使；乡镇农民集体，其所有权由乡镇集体经济组织代表集体行使(《民法典》第262条)。

集体森林资源所有权的变动方式多样。首先是发包。农村土地是指农民集体所有和国家所有依法由农民集体使用的耕地、林地、草地以及其他农业用地(《农村土地承包法》第2条)。集体所有的土地由具体权利主体进行发包，发包对象主要为本集体经济组织成员(《农村土地承包法》第13条)。集体森林资源可以由集体森林资源所有权权利主体发包给集体组织成员。其次是转移。农村集体可能会因为互换、土地调整等原因导致集体土地所有权转移(《不动产实施细则》第31条)。如"插花山"，其集体森林资源所有权权利主体往往不是离林地最近的"集体"，就可能发生互换，将带来所有权转移。再者是灭失。"为了公共利益的需要，依照法律规定的权限和程序可以征收集体所有的土地和组织、个人的房屋以及其他不动产"(《民法典》第243条)。可见出于公共利益考虑，集体森林资源所有权存在灭失的可能性。

集体森林资源所有权的变动需要本集体成员决定。"未实行承包经营的集体林地以及林地上的林木，由农村集体经济组织统一经营。经本集体经济组织成员的村民会议三分之二以上成员或者三分之二以上村民代表同意并公示，可以通过招标、拍卖、公开协商等方式依法流转林地经营权、林木所有权和使用权"(《森林法》第18条)。《民法典》也规定，若是土地承包方案以及将土地发包给本集体以外的组织或者个人承包，或个别土地承包经营权人之间承包地的调整，或土地补偿费等费用的使用、分配办法等都需要依照法定程序由本集体成员决定。可见，国家将集体所有真正落实到实际经营者所有，由集体经济组织成员决定集体森林资源所有权的行使与变动。

集体森林资源所有权受到相关法律法规的保护，主要表现在两方面：①确保集体森林资源所有权权利主体的利益。如"集体所有的财产受法律保护，禁止任何组织或者个人侵占、哄抢、私分、破坏。农村集体经济组织、村民委员会或者其负责人作出的决定侵害集体成员合法权益的，受侵害的集体成员可以请求人民法院予以撤销"(《民法典》第 265 条)。②集体森林资源所有权权利主体具有发包方的权利。发包方享有本集体所有或者国家所有依法由本集体使用的农村土地的发包权、监督权以及止损权等法律、行政法规规定的其他权利(《农村土地承包法》第 14 条)。

3. 私有森林资源所有权的取得、灭失与保护

从定义上看，私有森林资源所有权即为私人对森林资源占有、使用、收益和处分的权利。所谓的"私人"可能是农村集体中的农户家庭，城乡个体以及其他合作组织。"私人对其合法的收入、房屋、生活用品、生产工具、原材料等不动产和动产享有所有权"(《民法典》第 266 条)。

私有森林资源所有权的取得主要有四种形式：①承包集体所有和国家所有依法由农民集体使用的林地上的林木，承包方享有承包林地上的林木所有权(《森林法》第 17 条)；②农村居民在房前屋后、自留地、自留山种植的林木；③城镇居民在自有房屋的庭院内种植的林木；④个人承包国家和集体所有的宜林荒山荒地荒滩营造的林木。

从所有权取得方式以及有期限物权性质来看，私有森林资源所有权的灭失可能是私人劳动营造林木被采伐、偷盗、火烧或其他自然灾害导致的。

私有森林资源所有权如集体森林资源所有权一般，受到法律的保护。"私人的合法财产受法律保护，禁止任何组织或者个人侵占、哄抢、破坏"(《民法典》第 267 条)。从法律层面保障私有合法财产，充分调动了私人发展林业的积极性。

三、森林资源用益物权制度

1. 森林资源用益物权的法律关系

从用益物权的定义来看，森林资源用益物权是指森林资源用益物权人对他人所有的森林资源，依法享有占有、使用和收益的权利。森林资源是自然资源，"国家所有或者国家所有由集体使用以及法律规定属于集体所有的自然资源，组织、个人依法可以占有、使用和收益"，"国家实行自然资源有偿使用制度，但是法律另有规定的除外"(《民法典》第 324、325 条)。

《民法典》第十一章对土地承包经营权作出详细规定。"农村集体经济组织实行家庭承包经营为基础、统分结合的双层经营体制。农民集体所有和国家所有由农民集体使用的耕地、林地、草地以及其他用于农业的土地，依法实行土地承包经营制度"；"土地承包经营权人依法对其承包经营的耕地、林地、草地等享有占有、使用和收益的权利，有权从事种植业、林业、畜牧业等农业生

产";"土地承包经营权人可以自主决定依法采取出租、入股或者其他方式向他人流转土地经营权"(《民法典》第 330、331、339 条)。

森林资源用益物权属于准物权,与森林资源所有权、担保物权相对应,构成民法上完整的森林资源物权体系。森林资源用益物权是林业经济发展的必然要求,是推进林地使用权物权化进程中的一个重要制度突破,权利构成上具有复合性和多层次性(刘先辉,2015)。目前,森林资源用益物权按类型可以划分为林地承包权与林地经营权(周训芳,2015)。这是对之前林权制度改革中,所有权与使用权分离采取的进一步改革,将使用权定性为承包经营权,且承包权与经营权可以再次分离,从而发挥市场在生产要素配置中的基础性作用,实现森林生产要素的合理配置与森林资源可持续发展。

2. 林地经营体制的内容

农村经济组织实行家庭承包经营为基础、统分结合的双层经营体制。林地也实行土地承包经营制度,但也存在不一样的经营体制。

林地承包经营制度依照《森林法》规定存在两种情况,这两种情况下森林资源用益物权的行使存在一定差异。第一,依法确定给林业经营者使用的国家所有的林地和林地上的森林、林木。这些林业经营者依法使用林地、森林与林木,可以将取得的用益物权在批准后转让、出租、作价出资等。此外,因森林资源物权公益原则,林业经营者要承担保护、培育森林资源的义务,保证森林资源增长与森林生态功能提高。第二,实行承包经营的集体所有和国家所有依法由农民集体使用的林地、林木。这些承包方往往为本集体内部成员,享有林地承包经营权与林地上的林木所有权。承包方可以依法以出租(转包)、入股、转让等方式流转林地经营权、林木所有权和使用权。承包方或受让方需要依法保护和合理利用森林、林木、林地,不得非法改变林地用途和毁坏森林、林木、林地。

此外,存在一部分未实行承包经营、由农村集体经济组织统一经营的集体林地以及林地上的林木。农村经济经营组织在变动森林资源用益物权时,具体流转方案需要本集体经济组织成员的村民会议 2/3 以上成员或者 2/3 以上村民代表同意并公示。若是同意且通过公示后,农村集体经济组织可以通过招标、拍卖、公开协商等方式依法流转林地经营权、林木所有权和使用权。福建省颁布实施了《福建省森林资源流转条例》,制定省级地方标准《集体林权流转交易规范》,建立县级林权流转交易平台,落实森林资源的用益物权,推动市场化手段实现林地资源优化整合,发挥集体林权制度改革的优势。

3. 集体林权制度改革的"三权分置"

随着城镇化与农村剩余劳动力转移的推进,为适应林业现代化建设的要求,实现林业规模化经营,政策关注点是在保障农户生存权的基础上强调发展权,灵活森林资源物权处置方式,顺应时代要求,实现资源优化配置。新一轮集体林权制度改革全面深化与探索集体林权制度"三权分置"运作机制,构建林地承包经营权、林地承包权与林地经营权的制度。当农户亲自行使林地承包经营权、不流转林地经营权时,仅考虑林地承包经营制度即可;当农户流转林地经营权,林地承包经营权自然被分为林地承包权与林地经营权,集体林地所有权权利主体不变,农户享有林地承包权并能获得土地经营权权利主体支付的对价,土地经营权主体即受让方为占有、使用和收益转入林地的权利主体,享有土地经营权(崔建远,2020)。

集体林地"三权分置"制度有法理可循。基于改革目标的实现与重大制度创新定位的考虑,我国创设集体林地"三权分置"制度,法理依据与德国次地上权理论与实践类似,但"三权分置"是充分考虑社会主义公有制下创设的具有中国特色的法权结构(宋志红,2018;王志鹏,2019)。集体林权制度改革中的"三权分置"的法权结构应表达为"土地所有权——土地承包经营权——土地承包权/土地经营权"。林地"三权分置"是在落实集体所有权、稳定林农承包权的前提下放活林地经营权,改革实践中林地产权制度设计的差异主要在于经营权的归属主体不同,进而产生不同的林地经营模式,即形成不同的"三权分置"实现方式(韩文龙等,2021)。

集体林权制度改革的"三权分置"有其重大意义。早在 2003 年新一轮集体林权制度改革启动,确立了农户家庭为林业经营主体地位,但也带来了林地破碎化等问题(郑风田等,2009;刘小进等,2022)。2016 年《国务院办公厅关于完善集体林权制度的意见》(国办发〔2016〕83 号)和 2018 年《中共中央 国务院关于实施乡村振兴战略的意见》都指出,应采取集体林地"三权分置",推进集体林权规范有序流转,培育新型林业经营主体,促进集体林业适度规模经营。因此,深化集体林权制度改革,探索集体林地"三权分置"有效运行机制,对解决林地细碎化等问题,促进集体林经营集约水平提高,增加木材产量与实现共同富裕等方面有着重要意义(贺超等,2022)。

集体林地"三权分置"是灵活的权利实现形式。根据前述林地经营体制的三种方式,与集体所有林地相关的为后两种:如果是通过家庭承包经营获得林地承包经营权的经营者,可以自主决定依法采取出租、入股或者其他方式向他人流转土地经营权;如果是通过招标、拍卖、公开协商等方式承包农村土地的经营者，在取得权属证书后，可以依法采取出租、入股、抵押或者其他方式流转土地经营权。当林地承包合同生效时，林地所有权权利主体归集体所有，林地用益物权权利主体获得林地承包经营权；当林地流转合同生效时，林地所有权权利主体仍归集体所有，林地承包经营权权利主体保有承包权，林地经营权归受让方。可见，集体林地"三权分置"实现了灵活的权利结构，通过流转实现规模化经营与提高经营效率，盘活集体森林资源。

四、森林资源抵押权制度

森林资源担保物权涉及森林资源抵押权、质权以及留置权。其中，抵押权为当前林权制度改革中的重要内容。

1. 森林资源抵押权的定义

森林资源抵押权属于森林资源担保物权。"为担保债务的履行，债务人或者第三人不转移财产的占有，将该财产抵押给债权人的，债务人不履行到期债务或者发生当事人约定的实现抵押权的情形，债权人有权就该财产优先受偿。前款规定的债务人或者第三人为抵押人，债权人为抵押权人，提供担保的财产为抵押财产"（《民法典》第394条）。

从实行形式来看，森林资源抵押权是指林地使用权权利主体、林木所有权权利主体为担保债务将林地使用权、林木所有权抵押给债权人，当债务人不履行到期债务时，债权人有权将林地使用权、林木所有权的交易金额优先受偿。目前，债权人往往为银行，林权抵押贷款是政府为解决林业经营融资难设立的。

2. 森林资源抵押权的法律依据

首先，《民法典》明确了森林资源抵押权的范围，不仅集体所有林地使用权可以依法抵押，林地经营权也可以抵押。"土地经营权、建设用地使用权等抵押的，在实现抵押权时，地役权一并转让"（《民法典》第381条）。"以集体所有土地的使用权依法抵押的，实现抵押权后，未经法定程序，不得改变土地所有权的性质和土地用途"（《民法典》第418条）。

其次，《不动产实施细则》规定林地附着物即林木、依法取得"四荒"的承包经营权也可以抵押，并且能够办理抵押登记。土地附着物与以招标、拍卖、公开协商等方式取得的荒地等土地承包经营权进行抵押时，可以申办不动产抵押登记。

再者，《森林法》揭示了国家鼓励森林资源抵押权的多样化实现形式。"国家通过贴息、林权收储担保补助等措施，鼓励和引导金融机构开展涉林抵押贷款、林农信用贷款等符合林业特点的信贷业务，扶持林权收储机构进行市场化收储担保"(《森林法》第 62 条)。

还有，相关主管部门对森林资源抵押权有关工作的具体规定。2017 年，《中国银监会国家林业局国土资源部关于推进林权抵押贷款有关工作的通知》(银监发〔2017〕57 号)(以下简称《通知》)，提出加大金融支持力度，推广绿色信贷，创新金融产品，积极推进林权抵押贷款工作，更好实现生态美，百姓富的有机统一。

3. 新一轮集体林权制度改革中抵押权的实践

随着新一轮集体林权制度改革的不断深化，林业经营主体发展林业的积极性得以提高，推动规模化经营以及一二三产业融合发展等经营形式现代化，但涉林资金需求成了制约发展的重要因素之一。因此，《通知》指出林权抵押贷款要重点支持林业经营主体的林业生产经营、国家储备林建设、森林资源培育和开发、林下经济发展、林产品加工、森林康养、旅游等涉林资金需求，要向贫困地区重点倾斜，支持林业贫困地区脱贫攻坚。

各地在实践中也形成了一些较为突出有效的做法。如福建省龙岩市"惠林卡"、三明市创新村级小额担保基金"福林贷"等林业金融产品，最快 1 小时办结林权抵押贷款业务。当前，福建省三明地区还探索了公益林补偿收益权质押贷款等适应生态优先、绿色发展战略要求的新做法。

第三节 森林资源物权变动情况与制度问题

物权制度分析框架下，前一节具体阐述了集体林权制度改革中森林物权制度的基本内容，本节将对森林资源物权变动情况与制度问题展开论述。集体林权制度改革是稳定和完善农村基本经营制度的必然要求，因此森林资源物权变动需要具有公信力的制度对此进行保障，如确权发证需要登记机关登记并发放具有法律效力的林权证等。尽管我国不断健全与完善森林资源物权制度，但其仍存在一些问题。因此，本节将进一步分析森林资源物权变动模式与登记机关的情况，并对当前森林资源物权制度存在的问题进行总结。

一、森林资源物权变动模式与登记机关

1. 森林资源物权变动模式

森林资源物权变动是指森林资源所有权、用益物权与担保物权的取得、变更和灭失。

森林资源物权变动模式即对森林资源物权变动时的审查类型、物权变动效力和公信力、权证模式三方面的设计(侯宁，2011)。第一，从审查类型来看，森林资源物权登记程序需要由权利主体提交申请、初步查验、实质审查、公告、批准和颁发林权类不动产产权证书。第二，物权变动效力与公信力可以用登记效力表征，我国采取对抗要件主义。"林地和林地上的森林、林木的所有权、使用权，由不动产登记机构统一登记造册，核发证书。国务院确定的国家重点林区(以下简称重点林区)的森林、林木和林地，由国务院自然资源主管部门负责登记。森林、林木、林地的所有者和使用者的合法权益受法律保护，任何组织和个人不得侵犯"(《森林法》第15条)。由此可见，森林资源物权具有对抗效力，可以排除他人干涉的权利。第三，我国采取林权类不动产产权登记制度。森林资源物权变动的权证模式以权利人的登记先后编制不动产登记簿，不动产登记中心对权利主体的申请采取实质性审查，确定森林资源物权结构，并发予林权类不动产产权证书。

2. 森林资源物权变动登记机关

森林资源物权属于不动产权利，因此森林资源物权登记机关为自然资源部不动产登记中心。不动产登记机构依法将森林资源权利归属和其他法定事项记载于不动产登记簿，并给权利主体发放林权类不动产权证书。林权类不动产权证书替代了以往的林权证，成为林地确权的新凭证。林权类不动产权证书需要显示：权利人、共有情况、坐落、不动产单元号、权利类型、权利性质、用途、面积、使用期限以及权力其他情况等权属内容，并附有地图。

从不动产相关法规条例来看森林资源物权登记及变动登记的要求。当政府组织的集体土地所有权登记、土地承包经营权等不动产权利的首次登记，不动产登记机构需要在登记事项记载于登记簿前在不动产登记机构门户网站以及不动产所在地等指定场所进行，公告期不少于15个工作日(《不动产登记暂行条例实施细则》第17条)。"承包农民集体所有的耕地、林地、草地、水域、滩涂以及荒山、荒沟、荒丘、荒滩等农用地，或者国家所有依法由农民集体使用的农用地从事种植业、林业、畜牧业、渔业等农业生产的，可以申请土地承包经营权登记；地上有森林、林木的，应当在申请土地承包经营权登记时一并申请登记"(《不动产登记暂行条例实施细则》第47条)。"已经登记的土地承包经营权有下列情形之一的，承包方应当持原不动产权属证书以及其他证实发生变更事实的材料，申请土地承包经营权变更登记：(一)权利人的姓名或者名称等事项发生变化的；(二)承包土地的坐落、名称、面积发生变化的；(三)承包期限依法变更的；(四)承包期限届满，土地承包经营权人按照国家有关规定继续承包的；(五)退耕还林、退耕还湖、退耕还草导致土地用途改变的；(六)森林、林木的种类等发生变化的；(七)法律、行政法规规定的其他情形"(《不动产登记暂行条例实施细则》第 49 条)。如若已经登记的土地承包经营权发生互换、转让、分割或合并以及其他导致土地承包经营权转移。当事双方需要持相关协议、合同等材料，申请土地承包经营权的转移登记。此外，已经登记的土地承包经营权出现承包经营的土地灭失、依法转为建设用地，或承包经营权人丧失资格或放弃承包经营权的，承包方需要持不动产权属证书、证明材料申请注销登记。

另外，自然资源部于 2021 年根据《民法典》的具体内容对《不动产登记操作规范(试行)》进行修改，进一步对土地承包经营权的不动产权利登记与作用范围作出规范。其中，将 1.1.5 条修改为"土地承包经营权登记、国有农用地的使用权登记和森林、林木所有权登记，按照《条例》《实施细则》的有关规定办理"；将原来 14.1.2 抵押财产范围第四项的"以招标、拍卖、公开协商等方式取得荒地等的土地承包经营权"修改为"土地经营权"；将 14.1.3 不得办理抵押登记的财产范围的第二项从"耕地、宅基地等集体所有的土地使用权，但法律规定可以抵押的除外"修改为"宅基地、自留地、自留山等集体所有的土地使用权，但是法律规定可以抵押的除外"。

但在新一轮集体林权制度改革初期，"国家依法实行森林、林木和林地登记发证制度。依法登记的森林、林木和林地的所有权、使用权受法律保护，任何单位和个人不得侵犯。森林、林木和林地的权属证书式样由国务院林业主管部门规定"(《森林法实施条例》第 3 条)。林权证由国务院林业主管部门负责，证内分别登记林地所有权权利人、林地使用权权利人、森林或林木所有权权利人、森林或林木使用权权利人、林地及其地上林木坐落、小地名、所在林班和小班、林地面积、主要树种、林木株树、林种、林地使用期、林地使用终止日期、林地四至等，还设有林权变更登记与四至地图。2009 年，福建省十一届人大常委会第十二次会议通过了《福建省林权登记条例》，作为全国首部规范林权登记发证的地方性法规，对福建省乃至全国森林资源物权凭证产生深刻影响。

由此可见，林权类不动产权证书与林权证的区别。早先的林权证是在证书内依据《宪法》《农村土地承包法》以及《森林法》等相关法律法规对森林资源物权的规定，按照物权要求将物权主体、物权客体与物权内容事无巨细地进行登记，并预留物权变动登记簿。林权证是对国家所有和集体所有的森林、林木和林地，个人使用的林地和所有的林木，确认所有权或者使用权归属，针对森林资源专门设立的产权凭证。而林权类不动产权证书，首先是不动产权证书，其适用范围较广，设立的登记事项具有一般性。森林资源物权变动事项则通过《不动产登记暂行条例》《不动产登记暂行条例实施细则》《不动产登记操作规范（试行）》等不动产相关法律法规进行规定与规范。

此外，森林资源物权确权凭证由林权证转化为林权类不动产权证书，可能具有几个方面的好处：①传递了森林资源物权作为不动产权利的信息，与土地、房屋、海域等不动产纳入不动产统一登记，减少了森林资源物权市场化交易的阻力；②避免了自然资源产权重复登记的问题，将森林资源物权登记划入自然资源部负责，避免自然资源部与国家林业和草原局在森林资源物权登记方面的重复工作与登记口径不一致等问题；③对早期集体林权制度改革因技术、时间等因素造成确权登记工作粗糙的问题进行清查，保障林业生产经营主体的生产经营积极性。但是，林权类不动产权登记也存在一些问题，需要进一步依据森林资源特性、权利主体需求等进行完善。

二、森林资源物权制度存在的问题

1. 所有权层次存在权利主体不清晰

森林资源从其定义来看具有复杂性。尽管在阐述森林资源物权时往往从狭义的角度进行说明，仅关注森林、林木与林地，但仍存在土地层面的物权与地上附着不动产层面的物权。因此，从土地层面的物权可以细分林地的所有权、用益物权与担保物权，从地上附着物的物权可以细分林木的所有权、用益物权与担保物权，林地与林木两者又存在依存关系，组成交叉、复杂的产权结构形式。

当前，我国实行土地的社会主义公有制，这就表明林地是属于国家所有和集体所有。其中，国有财产由国务院代表国家行使所有权，属于村农民集体所有由村集体经济组织或者村民委员会依法代表集体行使所有权。尽管集体林权制度改革在推进产权明晰上已经迈出了非常重大的一步，但在规定森林资源所有权权利主体方面仍有待商榷。一方面，森林资源物权结构存在层次多样化，这导致了权利主体权能界定不清晰。如由村民委员会代行集体所有权，村民委员会为行政单位，而森林资源是集体所有的财产，由行政单位决定经济行为容易出现违背市场与集体意愿的情况。又如集体林地所有权权利主体与集体林地上的林木所有权权利主体的组合形式造成所有权权利、义务之间的关系不明晰，存在互相推卸责任争夺利益的问题，森林资源所有权主体为村集体经济组织或者村民委员会，但森林资源用益物权主体为村集体内部家户，双方在森林资源经营管理上会存在生态保护与经济利用的目标冲突等,这会影响林业经营决策。另一方面,林地承包周期到期后将面临重新招标,产权不稳定将影响经营主体长期经营决策行为。作为村集体林地所有权代表行使者的村民委员会在林地承包周期到期后,可以将林地回收重新再发包,但发包主体可能不一致,这会影响实际经营者对林地要素的投入以及长期生产经营的积极性,容易产生短视行为。例如,地承包周期定为三十年,所种植的杉木在第二十七年已经砍伐,如果不能保证延包,那么剩余的三年,经营主体可能不会投入再造林,可能不会在砍伐后对林地地力进行投入,可能不会考虑到后期再造林的便利性而采取粗放的采伐方式等行为。

2. 用益物权中的收益权保障存在一定困难

完整的用益物权应包含权利主体对不动产或动产的占有、使用和收益的权利。我国森林资源所有权的复杂结构一定程度上决定了森林资源用益物权的复杂性。尽管《民法典》等系列法律法规不断完善对森林资源用益物权完整性的保障,但因为森林资源具有影响生态环境与全球气候的生态功能,所以森林资源用益物权完整性实现仍存在一定困难,特别是收益权。

随着集体林权制度改革全面深化,人们对森林的经济、社会与生态效益的认识更为全面与深刻。但森林资源用益物权中无法保障的收益权制约了森林多重效益的发挥。第一,收益权实现与林业采伐许可制度存在一定冲突。因早期林业"两危"以及不断恶化的生态环境,国家制定了林业采伐许可制度,这就表示作为承包经营林地上的林木所有权权利主体无法完全自主决定自己所有的林木砍伐时间、规模以及林种等,从林木中获取收益的权能在一定程度上受阻。而且,早期林权登记工作受制于技术与认知程度,存在小范围的误登、漏登等问题,也影响了采伐许可证的正常申请,从而影响了收益权的实现。第二,扩大化的生态公益林、重点生态区位林、自然保护区、国家公园等的划定存在影响林木所有权与林地使用权实现的现象。森林资源的生态效益属于公共服务产品范畴,被社会公众无偿享有。无论是商品林还是公益林,虽然二者经济效益的获得者和收益大小有区别,但它们的生态效益却为社会所共有(韩志扬,2013)。在实践过程中,以生态名义将林地与林木划为无法砍伐的公益林,仅给予较低的补偿金额,一定程度上损害了林地使用者与林木所有者的利益,不利于森林的可持续经营和管理。

3. 担保物权的市场化进展缓慢

担保物权有多种实现形式,包括抵押权。《民法典》第342条指出"通过招标、拍卖、公开协商等方式承包农村土地,经依法登记取得权属证书的,可以依法采取出租、入股、抵押或者其他方式流转土地经营权"。抵押作为一种流转方式列入《民法典》中,作为土地承包经营权与土地经营权分离的实现形式之一。

在集体林权制度改革的实践中,担保物权的重要实现形式之一就是林地承包经营权抵押。林地承包经营权抵押是集体林权制度改革重要的配套改革措施之一,也是林权制度改革的重点,关系到改革的最终成效(魏华,2009)。林权抵押贷款不仅可以解决林业前期投入大、收益周期长的问题,还可以吸引社会资本投资将林业作为保险投资。但当前,林权抵押贷款市场化进展缓慢。首先,林权抵押贷款双方存在信息不对称问题。金融机构考虑到对林农征信与经营行为等方面的信息了解不全面,往往会降低贷款抵押率,影响着林权抵押贷款的发展(金婷等,2018)。其次,林权抵押贷款存在交易成本较高的问题。林权抵押贷款的办理程序复杂,需要贷款者提供林权证并且找第三方森林资产评估公司进行估值,手续繁琐且费用高昂,金融机构后期监管不便,抑制了林业经营者与金融机构参与林权抵押贷款的积极性。再者,抵押的经营权难以处置。基于林地、林木经营权的特殊性,金融机构在债务人出现违约时难以将抵押的经营权自由处置或变现。因此,林权抵押贷款等森林资源担保物权的市场化实现进展缓慢。

总之,集体林权制度改革尽管取得了令人瞩目的成绩,但也存在可改进的制度问题。未来全面深化集体林权制度改革不仅需要不断完善改革方案,更需要建立健全相关法律法规,为权利主体权能的真正实现保驾护航。

第8章

集体林权制度改革的公共治理逻辑

为提高森林资源的利用效率，减缓毁林和森林退化，全球许多国家和地区从20世纪80年代就开始施行"森林分权"改革。在我国，自改革开放以来，为激发广大山区林区农民经营山林的积极性，增加林业收入对农民总收入贡献，中国政府启动了多轮集体林权制度改革，试图以"明晰产权"为突破口打破集体林经营的长期困局，实现集体林的可持续经营和林业现代化。毫无疑问，"林权"是集体林权制度改革的核心问题，是历次森林经营管理变革的关键概念。改革开放以来我国的集体林权制度改革主要是从集体统一经营向以家庭承包经营为主过渡，多种产权形式并存。在此期间虽有分分合合的交互波动，但不断巩固与完善以家庭承包经营为基础、统分结合的双层经营体制的集体林基本经营制度仍是大方向（刘璨，2020）。

在稳固这一农村基本经营制度的基础上，福建率先试行并得以全国推广的新一轮集体林权制度改革，以"明晰所有权、放活经营权、保障收益权、落实处置权"为目标，通过"还权于民、赋权于民"，不仅实现了林业管理部门的"简政放权"目标，同时也赋予了森林经营者权利，改善了林业"干群"关系，实现了林区社会和谐稳定。

第一节 集体林权制度改革的公共治理理论基础

集体林权制度改革实际上是利益关系的再调整，正确处理好国家、集体和林农三者之间的利益关系是集体林权制度改革成败的关键。改革顺利推行，并取得显著成效,离不开科学的理论指导,其中森林自主治理理论和森林分权理论是两个重要的经典理论。

一、公共池塘资源治理理论

1. 森林资源是典型的公共池塘资源

在奥斯特罗姆(Elinor Ostrom)的公共池塘资源(common pool resources)理论中,公共池塘资源有着严格的定义,指明"一个自然或人造的资源系统,这个系统大到足以使排斥因使用资源而获益的潜在收益者的成本很高"(Ostrom,1990)。公共池塘资源是一种人们共同使用整个资源系统而分别享用资源收益的公共资源,它具有非排他性和竞争性特征,如地下水、近海渔场、较小的牧场、灌溉系统以及共同所有的森林等,从物品的属性界定,公共池塘资源就像一个向任何人开放的池塘中的水,谁都可以去取,但水一旦为谁所取得,就变成为私人拥有、私人享用的物品,这种水就是奥斯特罗姆所指的公共池塘资源(张克中,2009)。奥斯特罗姆认为要理解公共池塘资源,必须区分资源系统和资源单位。资源系统是资源的存量,资源单位是个人从资源系统中占用或使用的量,如森林采伐量。资源系统可以由多于一个的人或企业联合提供生产,但资源单位不能共同使用或占用。例如,浇灌在一个农民土地上的水不可能同时浇灌在其他人的土地上,资源单位不是共同使用的,但资源系统常常共同使用(Ostrom,1998)。

公共池塘资源治理理论的应用要注意区别公共池塘资源与公共物品。奥斯特罗姆认为"拥挤效应"(crowding effects)和"过度使用"问题在公共池塘资源中长期存在,在纯粹公共物品中不存在。如一个人使用天气预报并不减少其他人使用天气预报的可能性,但对于共有森林资源而言,一个人采伐下来的木材,其他人就得不到了。提供纯粹公共物品的人并不真正在乎谁使用产品或何时使用产品,只要有足够的人承担产品供给的成本就行,提供公共池塘资源的人很在乎有多少人使用以及何时使用,即使其他所有人都对公共池塘资源的供给有贡献。

从奥斯特罗姆的公共池塘资源定义出发,一方面,森林资源的使用和消费具有非排他性,并且阻止其他人使用森林资源的成本很高;另一方面,资源单位的消费(如林木、林产品等的数量)却是竞争性的,即森林资源会随着人们的使用而减少。在这样的条件下,正如集体行动的公地悲剧、囚徒困境和集体行动困境的逻辑所指的那样,个人在自利的理性驱使下可能会过度滥用森林这种公共池塘资源,从而导致森林资源急剧减少、退化甚至灭绝(王浦劬等,

2015)。

2. 公共池塘资源自主治理理论的提出

20世纪60年代，美国学者哈丁发表的《公地悲剧》、奥尔森发表的《集体行动的逻辑》先后指向一个共同的问题：由于自由的准入和无限的需求，使得有限的公共资源注定受到过度的开采和消耗，由此产生了所谓的"公地悲剧"。对于这一现象，相关研究者或者主张对于公共资源的产权进行彻底私有化，或者支持强有力的政府干预，由此分成意见相左的两个学派（毛寿龙，2010）。

奥斯特罗姆用案例实证分析和博弈论的模型证明，传统"利维坦"式的政府干预模式和公共资源彻底私有化模式，都不是解决公共池塘资源使用与保护两难困境的有效手段。事实表明，在治理实践中，政府不可能掌握充分而准确的信息、提供绝对有效的监督和制裁，更不用说政府的大规模干预需要巨大的财政支持。将公共池塘资源的产权私有化本身也存在着理论和实践方面的缺陷和困境：公共池塘资源到底是指私有化的资源系统（如一片林地，包括其中的土壤、水和生物等），还是私有化系统中的资源单位（如林地中的林产品）呢？特别是当公共池塘资源本身是流动性资源（如渔场）时，产权的归属问题几乎变得不可解决。此外，私有化带来的经营主体分散、规模变小，也会增加不必要的成本。

相较而言，通过资源使用者自主制定规则、互相监督和共同受益，公共池塘资源却往往可以得到合理、公平、可持续的开发（Ostrom，2005，2010），这一治理方式被称作"自筹资金的合约实施博弈"。在《公共事物的治理之道》一书中，奥斯特罗姆详细描述了土耳其阿兰亚地区的渔民是如何通过自主设计的制度科学分配捕捞点，从而确保"所有渔船都有平等机会在最佳点开展捕捞作业，从而不会招致资源浪费，也未发生过度投资的现象"（Ostrom，1990）。

3. 实现森林自主治理的条件

（1）森林自主治理制度产生的条件

传统森林资源管理理论认为森林利用者本身不具有克服过量采伐森林的组织能力，但是，大量研究证明，森林使用者可以制定规则来规范他们的森林采伐方式，确保森林资源的长期可持续利用。奥斯特罗姆的团队发现，在4种情况下，森林利用者将会制定规则有效地管理森林资源：①当森林资源开始退化但尚未大面积消失的时候；②当一些森林产品对森林状况提供警示信息的时候；③当森林产品是可预见的时候；④当森林面积小、使用者可以完全掌握森林的确切情况的时候。

（2）森林利用者自主治理的条件

在 5 种情况下森林利用者将自我组织起来管理森林：①森林资源对于利用者非常重要；②当森林利用者对他们面临的问题有共同的理解；③当森林利用者的折现率低；④森林利用者相互信任；⑤森林利用者有制定自己规则的自主权，有先前的组织经验。

（3）地方参与决策和自主组织在森林治理中的重要性

与许多其他资源系统一样，如果地方森林利用者或政府没有建立有效的治理机制，则公共森林资源最容易被破坏或退化。同时，当地方自主组织没有被政策制定者认可，森林利用者们继续采取自己的森林利用方式的自主性受到威胁的时候，森林管理就会出问题(Ostrom, 1998)。通过研究发现，如果地方森林使用者能够参与政策制定，则森林系统经营将更可持续，如果他们不能参与政策制定，则森林系统经营将不可持续。同时，林地面积和森林可以提供给农户商业性生计的程度也会影响森林系统的可持续性(Persha et al., 2011)。

4. 公共池塘资源治理理论对中国集体林治理的启示

森林资源具有难以可持续、有效和平等治理和管理的特点(Ostrom, 1998)。公共池塘资源自主治理理论是否适合中国？它有哪些局限性？能给中国的林业带来什么样的启示和借鉴？

公共池塘资源自主治理理论在中国有较大的应用空间。农村是我国公共池塘资源最为丰富的地域，农民群体是我国拥有社会资本最多的群体。在经济转型与发展中，政府的作用至关重要，各种基层自主组织作为社会的基本单位，既可以构筑起对个人权利的保护层，又可以培养人们自我组织、自我管理的能力。这些基层社区的自主治理有助于发挥市场经济的作用，弥补市场失灵，也可以限制政府权力，矫正政府失灵。因而在新的历史时期，中国需要在"自上而下"的治理模式中嵌入社区自主治理的"自下而上"的治理模式，这有利于处理好中央与地方之间集权与分权产生的经济与社会问题，形成政府与社区协同的治理框架(张克中，2009)。

在集体林权制度改革不断深入的情况下，借鉴奥斯特罗姆的公共池塘资源自主治理思想（图 8.1），可以丰富我国林业改革与发展的理论和实践(谢晨等，2017)。

第一，在公共池塘资源自主治理理论指导下的社区林业实践，对包括中国在内的许多发展中国家起到了改善林农生计的作用，具有广泛的发展意义。

第二，在特定条件下，森林资源可以成为公共池塘资源，由资源使用者自主组织和管理，降低公共管理成本，实现森林可持续经营，这是公共池塘资源自主组织理论的现实价值所在。

第三，以集体林权制度改革为主体，建立包括传统森林、前期改革中形成的产权等多元林权体系，将更有利于推动我国的森林可持续经营。在林业改革与发展的实践中，我国也形成了各种类型的公共池塘森林资源。即使在自上而下的林业行政管理体系下，在强有力的集体林权制度改革政策下，由于难以隔断历史，也可以形成公共池塘森林资源的自主治理模式。在深入实施集体林权制度改革的过程中，能主动研究和了解这些具有地方特色的森林产权和经营模式，将其与集体林权制度改革相结合，将会提高我国林业改革的效率，同时也将丰富公共池塘资源自治理论，为世界林业发展作出贡献。

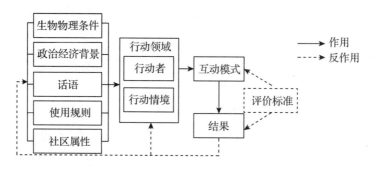

图 8.1　奥斯特罗姆的制度分析与发展框架

最后，从方法论的角度看，总结中国特色森林治理经验、找到适合中国特色的森林治理规律，也是奥斯特罗姆的理论给予我们的启示。制度是如何形成的？为了回答这一问题，奥斯特罗姆对水、森林和牧场等在内的公共资源系统进行了5000多个案例的研究，并因此找到公共事物治理的第三条道路。从林业"三定"、到退耕还林补偿机制的设计与实施，再到目前的集体林权制度改革等，这些对推动我国林业发展发挥着重大作用的林业政策和制度是如何形成的？蕴含着什么样的一般规律？用什么方法去总结？对这些问题的回答，不仅可以探索我国的林业改革与发展的规律，还可以推动中国特色森林治理政治学理论的发展，具有重要的理论和现实意义。

二、森林分权理论

1. 森林分权的内涵

森林分权主要指森林经营管理权力下放的过程，这种分权表现在两个方面：一是林业行政管理部门的"简政放权"，将政府的权力和责任在不同级别的政府间进行划分；二是减少政府在森林经营管理中的作用，更多依赖市场、社区民众的参与，将森林经营管理的权利真正落实给实际的森林经营者。集体林权制度改革之前，我国一些地区的林业主管部门在森林资源管理上存在着重林（森林）轻民（农民）、重公（公共利益）轻私（个人利益）和重权（产权）轻益（收益）的倾向。这种倾向衍生出三个方面的问题：一是不相信林业经营者，对森林利用的管制过度。例如，由熟悉森林状况的经营者做出的森林商业化利用决策，必须得到不熟悉当地森林状况的林业主管部门的许可方能生效。二是不严格依法行政，主观随意性行为过多。三是不重视信息反馈机制建设，对森林经营者的需求反应过慢。为了使森林资源的经营管理更加有效，中国依托集体林权制度改革进行森林资源管理权限下放。这项改革旨在让林业经营者自主经营森林，并充分行使向森林主管部门问责的权利，使林业主管部门必须严格依法行政，并更好地履行对经营者需求及时做出反应的责任。

林业分权改革的实质是"还权于民，赋权于民"，同时消除了权利与义务的不对称性（李周，2007）。所谓权利与义务的对称，对林业主管部门来说，就是在森林经营管理中当公权与私权发生冲突时，代表公权的林业主管部门有限制私权的权利，但必须承担起补偿私权的责任。对于林业经营者来说，他有追求个人收入或利润最大化的权利，但必须承担起不产生负外部性问题的责任。林业分权改革是手段，林业经营者增收、森林资源的扩大再生产和可持续利用是目标，所以林业分权改革的绩效可以用林业经营者收入、森林资源扩大再生产态势和森林利用可持续性的变化来度量。

2. 如何进行权力下放

分权改革作为实现治理目标的核心手段之一，基本理论逻辑是依托于地方政府就居民信息、赋权、基层民主、地方知识等在内的优势，实现生计改善、民主参与、地方善治等在内的多重治理目标（龙贺兴等，2016）。

一些发展中国家推行以社区为基础的森林资源管理模式的成功经验表明：社区制定和实施的森林资源经营决策能够兼顾经济、生态和社会关系，而且有助于基层政府更好地获得当地信息，更好地识别当地需求，更好地对当地居民负责。其中，社区居民充分参与是保证权力下放有效和公正的基础，是保证林业政策体现民意的制度基础，也是保证基层政府为社区的正当需求提供服务的基础。在社区居民充分参与的民主体制下，政府通过问责机制接受选民的监督和约束，通过改进政策和改善公共服务，对选民的需求和不满及时做出回应。接受选民的监督、约束，并对选民的需求应对及时和得当的政府，就是能体察和代表民意的政府。必须指出，选民参与同样要有责任感，没有责任感的参与，不可能妥善处理个人利益与国家（集体）利益、短期利益与长期利益，经济效益与生态、社会效益的关系；也不可能提出具有可持续性的森林经营管理方案。

权力下放有助于优先考虑地方利益。权力下放的核心是赋予基层政府对选民提供服务的自主权和灵活性。基层政府必须贯彻落实上级政府的政策，同时要有处理地方问题的自主权，只有这样，基层政府才有可能对社区居民的需求作出回应，问责机制才会产生效果。在权力下放的情形下，中央和地方政府主要通过立法和执法来保证森林资源的利用合乎最低的环境标准要求，调解冲突，并通过财政转移支付政策减缓林区贫困。

权力下放旨在让社区居民协商决定森林经营管理等事宜，而不是不同级别政府间的权力移交。如果权力下放采取后一种形式，地方政府可能成为中央政府的代理机构而不是独立自主的决策者；可能只对将管理权下放给他们的上级政府负责而不是对当地人负责；可能屈从于金钱目标而为强势集团和精英人士服务。为了使地方政府形成对社区居民负责的理念并采取为社区服务的行动，必须把选举制度、问责制度和社区居民参与制度有机地整合起来。基层政府承担责任的强弱不仅取决于选举制度，而且取决于问责制度和参与制度。如果没有问责制度和参与制度，选举出的政府有可能对他们所属的政党而不是选民负责，有可能对强势群体而不是弱势群体负责。

非政府组织的发育往往是与权力下放联系在一起的。非政府组织是促进农村发展的推动力，但他们未实现发展目标的例子也屡见不鲜；非政府组织通常会对当地人负责，但他们也更有对自己的组织负责的一面。所以，政府不仅要充分发挥非政府组织参与公共资源管理的作用，而且要承担起鼓励推动力显著的非政府组织，扶持成长性好的非政府组织，限制过度谋私利的非政府组织的责任。

3. 森林管理权力下放中应重视的问题

虽然基层政府有能力做出对资源没有任何威胁的森林利用决策，林业主管部门下放给基层政府的往往是管护森林的责任而不是利用森林的权利。其实，赋予基层政府和林业经营者自主权，是权力下放是否有效的关键。有了自主权，林业经营者能将追求收入最大化的目标付诸实践，基层政府能对林业经营者的需求做出反应，林业经营者才会自愿接受政府确立的最低环境标准的约束。有关森林资源经营管理权力下放的内容应该成为森林法的条文，从而使基层政府和森林经营者拥有的经营自主权具有制度保障。

林业主管部门因担心林业经营者存在短视行为滥伐木材而不肯下放权力。问题在于：如果不进行权力下放，基层政府就无法积累所需的经验，就没有显示自己具备了所需能力的机会。所以，将基层政府缺乏科学管理森林的能力作为不愿向下赋权的理由显然是不适宜的。

林业主管部门往往以林业经营者有滥用森林采伐权的偏好为理由而不肯下放权力。林业经营者因担心中央政府会收回权力而滥用森林采伐权是个快变量，他们确信获得的权力是安全的从而向森林投资是个慢变量，所以，在权力下放的初期很有可能出现一个阶段的过度采伐，而不是向森林投资。林业主管部门能否容忍这种现象是非常重要的，坚信权力下放不会威胁到森林变化的趋势，是一个政府强有力的表现。否则，就必然陷入一放就乱、一收就死的恶性循环之中。

森林资源经营管理的权力下放，并不是放任自流。公共资源，包括大多数森林、渔业和草原不宜私有化，所以公共资源私有化绝不是权力下放的一种形式。为了使权力下放不会威胁到森林资源利用和森林生态效益、社会效益发挥的可持续性，林业主管部门必须确立森林利用的最低环境标准。林业主管部门既要重视权力下放，更要重视权力与义务的对称。所以，除了向基层政府赋权外，委托他们行使一些配备了充足的财政资源和技术支持的托管权，也是权力下放的题中应有之意。

权力下放必须与上级政府精简机构和人员相联系，否则，权力下放就是一句空话。权力下放旨在解决权利与义务的对称性问题，这个问题没有解决好，权力下放就不会终结。

流域边界和森林边界往往不在同一个行政区划内。对于这一类问题，鼓励不同的行政区域开展合作，是比整合行政区划更好的选择。对于大尺度的森林资源管理，在保留地方管理的同时开展合作，有利于形成完整的管理系统，有助于协调和解决多目标的问题。

第二节 公共管理视角下集体林权制度改革绩效

集体林权制度改革是继家庭承包责任制后，基层和农民的又一次大创造，农村经营制度的又一次大创新，农村生产力的又一次大解放，被誉为中国农村"第三次土地革命"。福建集体林权制度改革遵循习近平总书记的重要指示、批示，以林业产权制度改革为核心，推出了一系列创新举措，有力促进了林业发展、林农增收和林区繁荣，取得了显著成效。

一、集体林权制度改革促进了村级民主和村民自治的发展

研究新一轮集体林权制度改革，必然涉及村集体组织。福建的改革意见明

确规定，新一轮集体林权制度改革要因地制宜，按照"一村一策"来施行。作为农村集体林地的法定代理人，村集体组织是新一轮集体林权制度改革村级实践的主要组织实施者，与集体林权制度改革有千丝万缕的联系。新一轮集体林权制度改革政策的实施，究竟对村级民主选举和村民自治制度产生了哪些影响。

《村民委员会组织法》颁布实施至今，我国的村级选举和村民自治取得了很大的进展，村级民主选举也开展得有声有色，但是不可否认，在有的农村地区，村级选举和村民自治的进展始终比较缓慢，主要表现为村民参选意愿低，村民投票率低及相关的制度建设滞后等。导致这种情况的根本原因在于村级选举过程中缺乏利益刺激，难以调动村民的民主热情和参选积极性。很多村民认为，参与村级选举没有利益可图，又与自身的利益联系不密切，自然也对村级选举和村级民主发展持不闻不问的态度。正如有的学者所指出的，发展村集体经济对于促进村级民主进程有积极的作用。经济发展程度越高，村集体控制的收入越多，选举与村民的利益更为密切，就会有更多的村民参与选举，村级选举也更激烈，村委会选举的制度也因此得以更好地实施。因此，只有让村级选举成为村民在社区事务中利益表达的重要手段，村民的参选积极性才会真正提高，村级民主的发展才能更加顺利。

2003年，福建省在开展集体林权制度改革过程中就明确规定，必须认真遵照《村民委员会组织法》和《农村土地承包法》等法律条文来推行集体林权制度改革。根据《村民委员会组织法》的相关法律条文规定，诸如村集体经济所得收益分配、村办学校、村建道路等村公益事业的经费筹集方案等重大事项必须提请村民会议或者村民代表大会讨论决定通过，方可实施。类似新一轮集体林权制度改革这样的重大事件，也要经过村民会议或者村民代表大会讨论决定。集体林权制度改革的程序、方案、内容、结果都必须向全体村民公开，名为"四公开"。和以往农村改革不同，福建省明确把是否经过2/3村民代表讨论通过作为村级集体林权制度改革实施方案是否有法律效力的一个评判标准。很多县市更是明文规定，凡是没有经过2/3村民代表讨论同意的林权转让行为，都是属于"非规范"行为。这样一来，集体林权制度改革在客观上就为村级民主和村级选举搭建了一个利益博弈的平台。

事实上，在新一轮集体林权制度改革实施之前，福建全省各地转让山林，经过招标的、评估程序的林权流转非常少。一般村民甚至对村民代表的概念都没有，大多数村民也不知道本村的村民代表是谁。因此，到了要实施新一轮集体林权制度改革时，全县大多数村庄的村干部与村民对本村的村民代表的具体身份都搞不清楚，以至于相关部门不得不到各乡（镇）的民政办去查找相关资料，才确定村民代表的真实身份。不仅如此，很多村民代表实际上只是挂名的，长期以来没有履行任何的职责，也几乎没有享受相应的权利。

2003年，由于福建省制定的集体林权制度改革政策严格规定，新一轮集体林权制度改革实行"一村一策"政策，村级集体林权制度改革方案必须经过本村2/3的村民代表或者村民会议讨论通过方可施行。在此之后，福建地方县市的村级民主发展进程因之得以迅速推进，与以往的村级选举相比，新一轮集体林权制度改革给当地村级选举带来的影响出现了一些新的带有积极意义的特征。

首先，相比过去，各村村民参选的热情明显高涨，村民的投票率较以往也有很大的提高。往届选举，村民对整个选举事件很少关注或者关注度不高，妇女更是基本不关心此事。而这次选举，不仅在村的所有人关注此事，即使是那些在外打工经商的也专门委托家人代为行使投票权，有的甚至专门回到家来竞选村干部。在这段时间内，每个村村民谈论最多的就是选举，他们不仅对整个选举过程保持高度关注，而且对每个参选的候选人情况也展开广泛的评论。由此构建起一种前所未有的选举氛围，形成了良性竞争的环境。

其次，整个村级选举过程更加规范，监督机制也更加健全。这种监督一方面来自村民之间的内部监督，另一方面则是来自外部机构包括乡政府的监督。相关部门在村里设置了举报信箱，鼓励村民对各种选举的不法行为进行举报。事实上，有的村主任原本还想打算竞选连任，但是在相对公开的选举氛围中，他们知道村民对自己在任的所作所为表示不满，因而不得不主动退出选举。

最后，参选职数比过去大为增加。以往选举，很多村民都只关注村主任一人的位置，而现在，村民不仅关注村主任候选人情况，而且关注每个村委委员候选人情况，甚至连村民代表的选举都要展开激烈的竞争。而在过去，村民代表大都由"村两委"干部指定，本村村民基本不知道村民代表是谁，甚至连村民代表本人都不知道自己是村民代表。

村级选举中发生的上述变化，在很大程度上和新一轮集体林权制度改革的实施有关。福建省正是借助新一轮集体林权制度改革这一涉及广大农民切身利益的有效载体和实践，展开了声势浩大的法律政策宣传活动。这样不但增强了干部依法行政的意识，也提高了群众依法维权和民主意识。按照村民的推理，既然山林的所有权属于村集体，那么山林的分配既不是"上边"说了算，也不是村干部说了算，而是要全体村民通过村民代表大会表决来决定。而在过去，哪怕类似新一轮集体林权制度改革这样的重大事件也是由"村两委"干部甚至只是村书记、村主任说了算，普通村干部没有什么发言权，至于普通的村民甚至连基本的知情权都没有，更不要讲参与权与决策权了。实际上，在新一轮集体林权制度改革前，几乎所有的村级重大事务或者事件，广大村民也只是听说而已，根本不知道其中的过程和结果。至于平常的村集体山场的流转出让，村民更是基本被排斥在外。长此以往，不仅导致村干部违规转让山场，而且也为村干部的寻租腐败行为提供了便利的外部条件。很多新一轮集体林权制度改革前被村干部转让出去的集体山场，就是这样不明不白流失掉的，给村集体和普通村民造成了重大的损失。

为了避免类似事件重演，福建省严格强调要保证普通村民在村级集体林权制度改革实施过程中具有发言权、参与权和决策权。福建省的集体林权制度改革政策明确规定，此次新一轮集体林权制度改革实行"一村一案，一组一策"的方式，村级集体林权制度改革分配方案交由村民小组充分酝酿讨论，在2/3村民通过的情况下才能实施。这样在客观上保证了村民或者至少是村民代表的发言权、知情权、参与权和决策权。事实上，在集体林权制度改革实施过程中，广大村民长期被压抑的利益诉求一下子被激发出来了。于是他们纷纷以自己的方式参与到村级选举中来，从而在客观上极大地推动村级民主的发展进程。

正是由于新一轮集体林权制度改革严格实行村民代表或者村民集体决策制，导致村民代表的职责和地位受到了前所未有的重视。过去"村两委"干部特别是村书记和村主任说了算的事情，现在要村民代表集体说了算。这样一来，包括村支书、村主任在内的村干部的权力受到了明显的约束。村干部如果要办什么事情，必须首先征求村民代表的意见，并不得不让渡出一部分利益给他们，以换取他们对自己的工作的支持。如此一来，村民代表不仅会产生一种被尊重感，而且会充分利用自己的身份地位，对村集体各项事务发挥自己的影响。正如有研究者所指出的，村民委员会选举竞争激烈，村民小组因为拥有一定的实权也可经由选举产生组长和代表。

任何的制度一旦建立起来，就会循着特定的路径依赖原则而发挥自己的作用。集体林权制度改革的实施，无疑给所有的村干部和村民都上了一堂生动的民主教育课。新一轮集体林权制度改革后，各地涉林腐败案件明显减少，有效改善了干群关系。在福建的林区乡村，类似农村低保人选、村庄公共基础设施兴建等事务基本上要经过村民代表讨论决定。广大村民踊跃积极参与村庄治理，参与村民选举，表现出高涨的村民政治参与的热情，整个村级民主发展因之呈现出新的气象。所有这些积极性因素的出现，都与新一轮集体林权制度改革制度实施有直接关系。

二、集体林权制度改革完善了农村基本治理结构

党和政府十分重视加强农村基层组织建设和发展农村基层民主。农村基层治理是通过公共权力的配置与运作，对村域社会进行组织、管理和调控，从而达到一定目的的政治活动。村级治理的绩效受制于农村经济、政治、社会和文化建设的实践。

集体林权制度改革后，村庄社会经济发生了一些变化，村民参与、村委会选举、民主监督以及干群关系和村级财政状况都有了进一步改善，一批林业能人也迅速成长起来。

1. 村民参与度扩大

中国相当部分的农村地区在实行家庭联产承包责任制以后，农民几乎是孤立和分散的，他们对于村级事务缺乏热情，对村庄事务的参与度较低。有论者认为：经济利益驱动是民主政治发展最本源的动力。如果村民认为参与村级事务没有利益可图，自然也对村级事务持不闻不问的态度。当前我国正在实施的新集体林权制度改革是一场利益的再分配与再调整，由于集体林权制度改革过程经过勘界、确权等往往要持续半年之久，这场以经济利益的改革分配为导向的公共事务很快就转向以政治性为主导的村民群体性活动，村民参与村庄公共事务的活跃程度增加。

在集体林权制度改革进程中，村民在多个层面参与了这项公共事务的活动：一是村民参与集体林权制度改革的宣传活动；二是参与集体林权制度改革方案的制订，这里包括一起了解现有集体山林的状况，由各户主讨论，村民与村组干部一起核实山林权属、面积、四至界限；三是推选集体林权制度改革理事会，发放林权证及股权证。通过集体林权制度改革这一重要平台，村民与基层干部一起投身集体林权制度改革，亲身经历了一场重大公共活动的实践，不仅在村的所有人关注此事，即使是那些在外打工经商的人也专门回家来参与。在这段时间内，每个村的村民谈论最多的就是集体林权制度改革，他们不仅对集体林权制度改革过程保持高度关注，展开广泛的评论，而且由此构建起一种久违的村庄群体性公共活动氛围，整个村庄因集体林权制度改革过程的推进呈现出新的气象。广大村民为了维护自己的林权权益，就会自发地了解《村民委员会组织法》的相关内容，村民代表也会出于履行代表职责及维护个人权益的需要，去学习《村民委员会组织法》的内容。包括村书记、村主任在内的村干部，他们也真切地意识到自己手中的权力是受到约束的。总体上看，集体林权

制度改革对有效杜绝村干部"暗箱操作"乱卖山林、乱花钱的行为起到了明显的制约作用。集体林权制度改革后，各地涉林腐败案件明显减少。

2. 村民代表选举出现竞争

集体林权制度改革之后，在村庄的政治生态中出现了一个值得注意的现象，也就是村民代表的职责和地位受到了前所未有的重视。众所周知，过去村庄主要公共事务是"村两委"干部特别是村书记和村主任说了算，村民代表大都由"村两委"干部指定，难以实质性参与村里的决策，因此并不被人重视。这种状况在实行集体林权制度改革之后发生了很大的变化。

由于集体林权制度改革条文中明确提到"村民代表集体决策制"，村民代表的职责和地位因此得到了提高。村干部如果要办什么事情，必须首先征求村民代表的意见。村民代表不仅会产生一种被尊重感，而且会充分利用自己的身份地位，对村集体各项事务发挥自己的影响，一个以前不受重视的职位变得实体化。村民代表的选举一般由各村民小组推举产生，在一个拥有500~600户的村庄，村民代表数基本上在25~30人之间（约20户产生一个村民代表）。虽然村民代表没有工资和其他补贴，但不少地方也出现了激烈的竞争。村民代表在村庄选举和村庄公共事务生活中的地位变化，在很大程度上和集体林权制度改革的实施有关。

3. 民主管理逐渐程序化

任何制度一旦建立起来，就会循着特定的路径依赖原则而发挥自己的作用。集体林权制度改革试点的核心区福建省三明市的一些村庄经过多年探索，形成以"六步工作法"规范村级议事程序（征求意见、议事决策、项目分解、公开承诺、组织实施、考评奖惩），并付诸实践。"六步工作法"表明村庄的民主管理进入程序化，这是集体林权制度改革后某些省份村民自治机制探索的最新成果。它从机制上增强了决策的合法性、合理性和可操作性，又保障了村民的知情权、参与权、表达权和监督权，融决策、管理、监督和落实为一体，已成为村级民主自治机制的有效实践形式之一。

4. 村级财政状况有了改善

有"财"方有"政"，"财"是"政"的基础。任何公共权力的运作，都离不开一定的经济基础。从基层社会来看，村民自治权体现的是一种公共权力，也离不开一定的财政支持。财政问题是村民自治的一个基础性问题，也在一定程度上影响和制约着村民自治的实践绩效。

在集体林权制度改革之初，有关部门曾担忧集体林权制度改革后会出现村级财政困难，但调查显示，大多数村庄村财不减反增，主要是这些村集体积极寻求新的村财政收入途径，包括：征收林地使用费、现有林承包经营分成、通过集体林权转让或拍卖。不少村集体一次性或分批获得了可观的财政收入，有一些村集体将这些收入通过投资店面、房地产等项目，实现以财生财。当然如何更好地管理集体林权制度改革后的村级财政，加强村民特别是村民代表对村财政的监督，使得村级财政管理更加民主、透明、公平，对各个集体林权制度改革村和基层政府来说是一个新的挑战和课题。

5. 林业能人迅速成长

此次集体林权制度改革也带来了农村社区结构的分化与重组，主要表现为出现了林业精英和普通林农两个阶层。林业精英是通过集体林权制度改革"确权"和"明晰产权"后，迅速成长起来的林业大户或者林场主，多是村庄社区内的"能人"、"内行人"，这些人的来源包括：现任或以前的村干部和林业部门职工、林业技术员、长期从事木材经营地木材销售的人员、林业大户或者林场主。他们在政策扶持下，走上了发家致富之路，成为集体林权制度改革中"先富起来"的一批人，并在集体林权制度改革中发挥着独特的社会作用。林业精英们对社区公共事务的决策具有较强的影响力。一方面，他们对社区集体林权制度改革方案的确定、社区公共资源的支配等方面，有着较大的话语权；另一方面，他们能够凭借自己在社区内的威望和影响力，发动和领导一些群众，吸引他们加入林场或者以其他形式进行合作，使社区普通林农也加入集体林权制度改革行列。

6. 村民自治组织体系多样化

徐勇（2006）曾观察到村民自治的一个基本走向是培育村民自治的多样化组织基础，而集体林权制度改革就促进了村民自治组织的多样化，如农村林业合作组织的大量出现。因为森林资源发展不同于农业，规模化经营是森林资源发展的良好途径，所以在集体林权制度改革中许多分到林地的农户纷纷加入各种形式的林业合作组织。大多数村庄集体林权制度改革前的利益相关方有：林业部门、林业站、村两委、村外承包者、林农；集体林权制度改革以后又增加了一个新的利益主体——林业协会，它是林农组成的民间组织，以发展本村林业、加强林农合作、提高林农收入为目标。林业协会在村庄的组织地位已经不可小视，和村民的联系甚至超过了村两委。由于林场的工作事项都是和植树造林、买卖山场有关，农民的参与程度也比较高，农民经常就关于林业的事情直接找场长，绕开了两委。这样，村两委就感觉大权旁落，因此积极寻求提高两委权威和地位的合法合规途径。

三、公共资源治理视角下 20 年集体林改小结及展望

集体林权制度改革已走过波澜壮阔的 20 年历程,改革实现了"山有其主,主有其权,权有其责,责有其利"的目标,"森林是水库、钱库、粮库、碳库"、"林改要让老百姓真正受益"的理念已深入人心。20 年来,福建的山更绿了,生态环境更美了,这离不开福建省政府和林业部门管理森林的两大法宝。其一是坚持党的领导,社会各界人士广泛参与,这是改革成功的基础,也是中国共产党坚持"群众路线"的革命传统。集体林改的成功虽然由政府主导,但山区林区农民、社会组织和各阶层人士的参与度很高,正是广大农民和各阶层人士的积极创新,才为寻找出与中国国情和发展阶段相适应的林权制度奠定了基础。其二是试点先行的渐进性改革方式,在改革面临不确定性时"摸着石头过河",开展政策试验试点。改革的全过程是复杂的,各地的情况又差异很大,中央政府调控并默许地方开展多样化的改革举措,并在一定范围内通过"改革试验区"的方式探索可行的改革路径,并以渐进性的方式逐步推广,由中央政府总结经验并自上而下予以安排,最大可能保障了政策实施的合法性和制度演化的延续性。

在生态文明建设全面深化时期,森林被赋予了更多现代化的含义。森林面积的增长十分重要,而森林质量的提高则是更加艰巨的任务。解决林业问题,制度是重要的(刘伟平等,2019)。正如习近平总书记所言,"林改的方向是对的,关键是要脚踏实地向前推进,让老百姓真正受益"。

第四部分

福建集体林权制度改革问题与展望

第 9 章

福建集体林权制度改革存在的问题与展望

福建集体林权制度改革建立起责、权、利相统一的集体林业经营新机制，初步实现了农民得利、社会得绿的目标，但仍然存在一些问题，需要进一步深化改革予以解决。本章主要针对福建集体林权制度改革在林权制度、可持续经营能力、生态产品价值实现和林业治理等方面存在的问题展开论述，进而在此基础上，从健全现代林业产权制度、深化科学经营管理机制、创新生态产品价值实现机制和完善现代化治理体系等方面对集体林权制度改革做出展望，全方位推进福建林业高质量发展。

第一节 福建集体林权制度改革亟须解决的问题

本节针对福建集体林权制度改革过程中存在的亟须解决的主要问题进行详细阐述，主要体现在四个方面：林业产权制度落实有待深化，可持续经营能力尚需加强，生态产品价值实现机制仍需完善，治理能力与治理体系有待提升。

一、林业产权制度落实有待深化

现代产权制度是现代市场经济有效运行的前提，明晰的产权有助于降低交易成本，提高市场运行效率。现代产权制度是权责利高度统一的制度，其基本特征是归属清晰、权责明确、保护严格、流转顺畅。产权主体归属明确和产权收益归属明确是现代产权制度的基础；权责明确、保护严格是现代产权制度基本要求；流转顺畅、财产权利和利益对称是现代产权制度健全的重要标志。推进产权改革，加快建立现代产权制度，是完善社会主义市场经济体制的必然要求。"山定权"是"树定根""人定心"的前提，只有归属清晰、权责明确、保护严格的林业产权制度才能给投资者稳定的预期，从而激发经营主体可持续投资林业的积极性。

福建省的集体林权制度改革通过发放林权证、"三权分置"等措施，使得林业的所有权、承包权和经营权的归属逐渐明晰，但是从现代产权制度的视角来看，当前的林业发展仍在权责、保护和流转方面存在落实不到位的情况，具体如下：

1. 林业产权制度执行的规范性有待提升

（1）林权证发证规范性有待提升

新一轮集体林权制度改革最主要的任务之一就是力求通过分林到户使农户拥有真正意义上的林地承包经营权和林木所有权，而且"三权分置"使农户的承包权和经营权相分离，林地的经营权得以放活。但是，在经营过程中，仍然存在林权证发证不够规范的问题。福建集体林权制度改革的启动是源于政策性文件，实行过程中也多是按照政策性文件的规定行事，虽然《森林法》和《物权法》也有对林业的规定，但是这些大多数是原则性的规定。这就导致一些地方林权登记发证程序不够规范，有些地方发证率较高，而有些地方发证率较低，存在地区不平衡。此外，一些地方虽然已经实现确权登记，但由于各种原因林权证还未发放到农户手中（温映雪等，2022），个别地方林权证的到户率较低。

（2）林业经营权确权赋能进度偏慢

在"三权分置"的格局下，由于承包权和经营权的权属界定不清，各主体对自己的权、责、利边界模糊，且各地对相关权属的权利和义务并无统一规定，导致经营权证地位不稳定（中国集体林产权制度改革相关政策问题研究课题组，2011），造成林地经营权的确权颁证进展缓慢，最终出现林业经营权不独立、林地流转不顺畅的局面，影响社会资本投资林业的积极性。

（3）林地和林木权属界定的清晰度尚需加强

由于历史、政策和自然等原因，农户在林地经营过程中存在林地、林木的边界界定清晰度有待进一步提升的问题，容易产生林权纠纷，成为新一轮集体林权制度改革后亟待解决的重要问题，尤其是新一轮集体林权制度改革过程中对集体林产权界定的难度认识与实际工作中的难度不一致，导致现实中的林业产权界定清晰度与理论预期不匹配，农户的满意度有所下降，从而增加了林权纠纷发生的可能性（刘璨等，2019）。林权纠纷不同于其他产业的纠纷，具有历史性、长期性、复杂性、破坏性、突发性和群体性等特点（夏瑞满等，

2012），如果处理不及时，不仅会阻碍林业生产的健康发展，也会引发集体性上访和群体性事件，危害社会稳定。

2. 林权流转过程的规范性尚待改善

（1）全省统一的林权流转平台建设较为滞后

福建林区的山林产权交易活动早在20世纪80年代就已经出现，各地在长期的林权交易过程中均已形成了相对稳定的交易形式，如林农之间私下的协商交易、林农与林业企业之间的直接交易、经乡镇招投标办组织的交易等。集体林权制度改革以来，为提高森林资源配置效率和促进集体林权的有序流转，各地区陆续建立起林权交易中心，全省的林权交易平台呈现多元化的发展趋势（谢帮生等，2010）。但也正因此，这些分散的交易形式增加了林权交易成本，影响了林权交易的公信力，目前福建省依托福建沙县产权交易中心建立了全省统一的林权交易平台，但覆盖面偏窄，交易量较小。

（2）林权流转私下交易规范性不佳

自发形成的私下交易，存在两方面的问题：一是程序不规范。当前的私下交易通常没有履行必要的手续和程序，缺乏透明性和公平性。而且，有些流转是口头协议，或者是简单的书面协议，缺乏对流转双方权利义务及违约责任、承租林地附着物处理、有关赔偿条款等的具体约定，流转双方权益得不到有效保障（柯水发等，2014）。二是定价机制不规范。林权定价缺乏科学的依据和统一完善的标准，随意性大，林权价格往往是通过目测草草确定，缺乏完善的林权评估机制。大量私下交易的林权流转未经资产评估机构科学的、合理的评估，造成转让价格偏低，损害了经营者的利益，违背了林权交易的公平原则（罗必良等，2013；国家林业和草原局集体林权制度改革监测项目组，2018）。

（3）林权流转的评估障碍明显

当前从事森林资源评估的专业组织数量较少，而且承担森林资源资产评估的大多是各县（市、区）的林业调查规划设计单位或林业技术推广服务站，缺乏专门的森林资源资产评估的企业化中介机构。森林资源资产评估人才数量不足，且多数兼营该业务的机构并没有专职的森林资源资产评估专家，有些只是在接受此类业务时，临时寻找该领域的专家。森林资源资产评估是一项专业性、政策性很强的工作，评估人员不仅要掌握一般资产评估的理论与方法，而且要掌握丰富的林业专业知识，熟悉林业行业的法律法规和相关技术规范，而大多数评估人员业务素质不够高，处理复杂的森林资源资产的能力不足，难以保证评估的科学性、准确性，导致中介机构的公信力欠缺。实践中，森林资源资产价值评估也不够充分，用于抵押的林权不仅包括林木所有权，而且包括林地使用权。目前林权抵押价值评估往往仅包括林木的价值,并未包括林地使用权价值,使得林权评估总价值大大降低(孔凡斌等,2011;徐秀英,2018)。由于林地分布较广,现场评估往往需要占用大量的人力、物力,评估费用过高,加之农户缺少对森林资源资产评估重要性的认识,致使部分权属交易并无资产评估的程序,导致森林资源低价交易或者价值损失(杨益生等,2010)。

3. 林木采伐处置权权属落实有待深化

(1)林木的采伐处置权受制度约束严格

目前,政府对森林资源实行严格的限额采伐管理制度,按照消耗量低于生长量的原则,严格控制林木的采伐量。这个制度避免了森林资源被乱砍滥伐,保护了自然环境,但是一项制度总有其适生的环境,产权制度安排不能解决资源配置的所有问题。限额采伐制度已不是实现用材林消耗量低于生长量经营目标的最有效的制度,反而有可能成为制约农户从事林业生产的最大障碍。因为这一制度在有效遏制乱砍滥伐及维护集体林区社会秩序的同时,也使新一轮林改的"落实处置权"和"确保收益权"的内容难以落到实处(张红霄等,2007;杨益生等,2010)。广大农户受制于该制度,无法按照市场的供求关系和自身的经营意愿自主地确定采伐时间和采伐量,限制了农户对自身经营的森林资源的处置权和收益权,在一定程度上逆向刺激了农户非理性采伐林木的行为(何文剑等,2014),而农户对林木自主处分权的缺失,则压低了农户的林业收入水平(何文剑等,2016a、2016b),从而抑制了农户林业投资的积极性。

(2)采伐利用不够科学和规范

采伐是开发利用森林生态系统,收获部分森林能提供的产品(建筑材料、生活用具、薪炭等)来满足人类生活所必需的一种活动,它应该与种田、放牧、打鱼等活动处于同等地位。采伐是培育健康森林所必需的步骤,不仅能够改善树木生长,也能利用部分中间产品,并能促使部分采伐剩余物回归林地实现生态系统物质循环的重要手段。无论是在森林的成长过程中,还是在森林达到成熟之后,都要通过采伐来经营森林,使之充分发挥森林生态系统的服务功能。但是,由于森林对维持人类生存的生态环境具有举足轻重的多维的功能,所以无论在开发利用森林的数量范围上,还是在方式方法上,都要有科学的平衡限定和技术支撑,以达到可持续发展的状态。当前个别地方对森林资源采取的是绝对保护的政策理念,且由于林业经营者相对其他经营主体对地方经济发展的贡献相对有限,创造的财政收入较少,导致个别地方容易忽视森林采伐对经济发展的作用,将木材生产和生态保护对立起来,存在人为减少采伐指标的负向激励,致使林业部门的采伐指标分配无法真正落实到位,采伐利用的科学性和规范性不够充分。

二、林业的可持续经营能力尚需加强

1. 林业的分类经营发展有待改善

林业分类经营是在森林分类的基础上，对林业经营单位进行属性界定，并按照经营属性进行管理的一种林业经济管理方式和运行机制。完善商品林、公益林分类管理制度，简化区划界定方法和程序，优化林地资源配置，是林业可持续经营和科学发展的重要措施。但是，在当前的林业经营中，受政策限制，对公益林的生态保护作用意识占据主导，对公益林实施过度保护政策，导致当前的公益林基本处于放弃经营的状态，这与科学经营公益林的政策初衷相违背。与此同时，对于商品林的经营，农户的要素投入受限，森林经营方案的科学性有待改善，导致林分质量较低，林相改造工作有待进一步加强，农户、村集体和国有林场等经营主体的生产效率差异较大。

2. 林业规模化经营困难较大

从理论上讲，林业的规模经营可以通过不同的要素配置以及采用不同的匹配方式来实现，而寄希望于通过林地流转来解决规模问题是一个约束较多且缓慢的过程。究其原因，主要集中在：第一，林地具有较强的禀赋效应和社会保障作用。对于农户来说，农户持有的林地是凭借其农村集体成员权而被赋予的，具有强烈的身份性特征，是典型的人格化财产，不同于一般出售的商品，其具有强烈的禀赋效应。同时，农户对林地具有生存依赖性和在位控制诉求，林地对其具有重要的保障意义。林地流转市场不是单纯的要素流动市场，是一个具有身份特征的情感市场，林地的特殊属性阻碍了通过林地流转扩大经营规模，抑制了林业的规模化经营（罗必良，2017）。第二，林业本身的自然规律。森林资源培育具有长周期性，在其长期的经营过程中需要占用一定数量的经营资金；林业的主要生产场所是山地，其经营管理的难度较大；森林资源培育过程中还会经常遇到病虫害防治、森林火灾防范和林区基础设施建设等问题，森林经营的风险较高，这些高要求与农户资本的林地经营水平相冲突，阻碍了规模化经营的发展。第三，投入要素的多样性及其配置问题。林业生产效率除了受林地的影响之外，还受到其他因素的影响。规模化经营可提升土地、资本、劳动力等生产要素配置的经营效率（孔凡斌等，2021），如果只单纯扩大林地经营规模，却不能保证资本、技术、劳动、企业家才能等相关要素的匹配，林地规模扩张带来的好处就可能被抵消（罗必良，2017）。第四，林地流转的交易成本高昂。一方面，为了将毗邻地块汇聚在一起，经营者不得不与无数的小土地所有者进行谈判。谈判不仅带来较高的交易成本，而且提高了林地所有者的机会主义行为，他们为了获取较高的剩余而威胁要收回土地。另一方面，对于那些以补充性资本对土地进行投资的租入方而言，较长期的合约就成为必要（刘璨，2014）。如果长期合约无法达成，投资就受到阻碍。林地细碎化的局面导致要想获得长期的林地大规模经营，必须与众多农户达成长期流转协议，这种集体行动的交易谈判成本和执行成本相对较高，林权交易的实现比较困难。

3. 农户的林业经营积极性与实际需求不够匹配

新一轮集体林权制度改革的分林到户政策使得林业形成了以家庭经营为主的经营模式，提升了农户的营林积极性，而且受当时木材市场高价格的影响，农户的林业收入也得以增加，这就使得农户的营林激励明显上升。同时，随着城镇化和工业化的发展，非农产业工资上涨，农户作为理性经营主体，将更多的家庭劳动力分配到非农产业，导致林业劳动力投入的数量和质量下降，林业劳动力的价格上涨。由于近年来木材市场价格相对较低，林业经营的劳动力价格和木材价格之比升高，林业收入的增幅下降。与此同时，当前的林业经营效率的提升需要与服务、土地等规模经营相匹配，对经营者的能力有较高要求，这与农户自身的文化水平总体不高、劳动投入有限、资本投入较少、对市场行情和前沿技术缺乏关注、参加林业技术培训的积极性普遍偏低等特点发生错配（宋金田，2013）。造成这种结果的原因主要有：一是受经济发展的影响，相较于其他部门，林业部门吸聚生产资源要素能力偏低，主要表现为林业部门生产要素易向其他部门流动，农户的家庭劳动力向非农产业转移较多，约束了其在林业生产过程中的劳动、资本、土地等要素的投入，这与林业经营本身需要较多的劳动、资本、土地等要素投入不匹配；二是受林业生产的长周期特性影响，农户一生经营林业的次数和时间有限，而且农户的受教育程度普遍较低，对新技术、新知识的接受能力有限，个人经营林业的能力受到限制，在林业经营上存在"心有余而力不足"的现象；三是虽然政策层面上一直试图通过推动林权流转来提升林业经营效率，但林地具有较强的禀赋效应、财产价值和保障价值，导致农户对林地流转的积极性不高，林地实际流转率与政策预期相差较大，存在农户自身的经营能力与林业生产所需的经营水平错配的现象，降低了资源的配置效率。

三、生态产品价值实现机制仍需完善

1. 林业生态产品调查监测机制有待完善

对生态产品进行调查监测能够摸清"家底"，正确认识自然资源的资产价值。但是，当前的林业生态产品缺乏统一的自然资源分类标准和动态调查监测与评价体系，土地、森林等管理部门分类标准不统一。同时，确权登记单元空间界定不清，缺乏统一的各类自然资源生态空间范围技术规范与技术标准体系。全民所有自然资源资产有偿使用制度有待健全，自然资源资产产权主体不明确，导致出现使用权边界模糊，制约了林业生态产品的市场化和产业化发展（孙博文，2022）。

2. 林业生态产品价值评估机制不够健全

科学评估生态产品价值是价值实现的基础工作。价值核算主要体现在核算方法及其合理性方面，而且谁来核算、谁来定价也是需要反复斟酌的。生态产品价值核算是一项复杂的应用体系，需要政治学、经济学、社会学、林学、生态学、统计学等多学科交叉融合，需要坚持"可对比、可复制、可推广、可核验"等基本原则，构建适合不同地区的核算体系，并且根据实际不断完善核算方法和具体参数。目前生态产品缺少统一的价值核算标准，且价值核算方法、内容以及数据来源等存在较大差异，因此生态产品价值难以量化，一定程度上影响了生态产品的价值实现（秦国伟等，2022）。

3. 林业生态产品经营开发机制需要完善

首先，林业生态产品开发经验不足，缺乏统一的行业规范和标准体系。例如，森林康养从某种程度上讲是森林生态旅游的升级版本。利用森林良好的生态和地理环境，以及森林公园内的低噪声、丰富的负氧离子对人类的心理进行调节作用。森林康养的目的是突出森林的治疗、康复、保健、养生功能，融入森林游憩、休闲、度假、疗养、保健、运动、养老等健康服务新理念。森林康养产业在我国还处于起步和摸索阶段，目前的技术标准体系还不够完善（张建龙，2018）。

其次，绿色优质、生态健康的林业生态产品供给仍然不足，"三品一标"林产品认证比重较低。林业多功能拓展（如森林旅游、森林公园、森林康养、研学教育等）缺乏创造性和差异性，科学规划和经营理念不足，发展竞争力不强（俞霞等，2021）。例如，森林公园的建设与开发缺乏科学的理念，很多地方只是作为国有林场转型的一种方式，从木材生产为主的林场转为以生态保护为主的公园。但在经营方式上没有彰显地方特色，与民族特色的人文景观结合较少，导致森林公园的竞争力不足，森林公园的社会效益没有得到有效体现。

第三，林业生态产品与其他产业的融合发展有待增强。例如，森林公园具有生态、社会和经济三大效益，良好的生态环境是生物多样性保护的前提和保障，是重要的旅游资源。生态旅游的兴起，导致一些地方把森林旅游发展作为新的林业经济增长措施，忽视了对森林公园、森林景观的保护，不计成本开发景观资源、扩张与景观规划不一致的建筑设施、扩大服务规模，不仅引发对森林景观资源的破坏，也造成了森林资源人文价值的降低（张建龙，2018）。

最后，林业生态产品开发面临融资难的困境。由于林业生产有周期长、见效慢、风险高、多处农村地区等特点，林业生态产品开发面临吸引大额投资难的问题。

4. 林业生态产品价值补偿机制有待完善

一是林业生态产品的价值补偿标准偏低。对于已经明确产权的森林被划为生态公益林，相应的产权主体都会获得一定的生态公益林补偿。但是多数经营农户认为当前的补偿与同等情况下的商品林预期年收益相差甚远。因此，生态公益林补偿虽然能弥补一部分的损失，但是补偿额度偏低，两者差距仍然较大，不利于实现生态、经济、社会效益的系统性平衡。

二是林业生态产品的价值补偿范围有限。由于林业生产具有正的生态外部性，在一定程度上属于"公共物品"，且限额采伐管理制度限制了农户的林业收益。同时，林业经营的长周期性和林业产业的市场弱竞争性相矛盾，因此，林业经营离不开政府的财政补贴。这种补贴有利于引导和鼓励农户在林业生产经营中采取各种有利于促进环境保护、有助于生物多样性保护和维护生态平衡的措施（杨益生等，2010）。这种以政府补贴为主的机制也是当前福建省生态价值实现的主要力量之一，但是财政对集体林业总量投入不足影响生态价值的实现。从供给对象上看，公共财政对于集体林业改革的支持的对象和范围上还相对有限，在森林抚育、森林资源管护、林业技术服务等广义林业上的支持力度还不够（李月梅，2012；孔凡斌等，2021）。

三是林业生态产品的价值补偿资金来源渠道相对单一。当前的价值补偿资金主要依靠政府财政支出，市场化资金支持力度不足，社会资本参与生态补偿程度有限，资金来源渠道单一，没有形成政府、市场、社会协同支撑的多层次生态保护补偿资金体系（秦国伟等，2022）。

5. 林业生态产品市场交易机制亟待健全

推动林业生态产品入市交易是价值实现的关键途径，是政府主导下生态保护补偿制度的补充（曾贤刚，2020）。在科学核算、系统监测、有效制度安排的基础上，给生态产品贴上"价格标签"，需要一方面培育生态产品市场经营开发主体，一方面建设统一、高效、公平、权威的生态产品交易市场体系，以推进生态产品供需精准对接并拓展生态产品价值实现模式。目前我国生态产品价值实现以政府供给为主，市场手段运用相对较少。亟须建立统一完整的生态产品交易市场，进而推动生态产品价值实现（秦国伟等，2022）。作为生态产品价值实现的主要形式，福建省在林业碳汇发展方面虽然已经取得较多突破，但仍然存在短板和不足。

一是营造林难度大，精准抚育有差距。碳汇造林地要求相对集中连片，并需满足至少自2005年2月16日以来即为宜林荒山荒地、宜林沙荒地和其他宜林地的要求。根据第九次全国森林资源清查福建省清查结果，全省宜林地42.82万公顷，其中多数林地分布较零散，单块面积也不大，质量较差且较偏远，这对营造碳汇林、发展林业碳汇提出了巨大的挑战。此外，现有森林经营方案由于编制质量、实施的保障措施以及外部环境变化等因素影响，多数国有林场和集体林区县仅执行了部分内容，造成林分结构不合理、森林质量低下等问题。加上采伐限额管理过于僵化，林业生产效率亟须提高等现实情况，在森林覆盖率和森林蓄积量提升空间有限的情况下，对现有森林资源的精准抚育亟待突破。

二是专业人才不配套，碳汇基础资料储备不足。发展林业碳汇必须要有完善的林业碳汇计量监测体系作为支撑，但从项目实施看，计量监测管理人才缺乏、计量监测成本过高、基础资料储备不足等制约了林业碳汇项目的发展。

三是方法学待完善，森林碳汇价值难以准确体现。目前，经国家批准的CCER林业碳汇项目方法学仅有4种，分别为碳汇造林、森林经营、竹子造林、竹林经营。从实施情况来看，难以体现地区森林资源禀赋优势，林业碳汇项目固碳额外性的规定要求开发的森林碳汇产品仅是森林碳汇的人工增量部分，以森林生态系统的年净固碳量为基准开发的方法学和针对小型林业项目参与碳市场的方法学有待突破；难以准确反映森林固碳释氧的功能，对于林业碳汇项目开发的林种、林龄以及经营主体限制较大，难以充分反映各类森林的固碳减排功能。

四是交易价格过低，林业碳汇市场消纳不够活跃。根据碳排放交易网公布的数据，我国目前林业碳汇成交价格大约50元/吨（福建成交价仅为20元/吨左右），远低于欧盟50欧元/吨（折合382元/吨）及英国40英镑/吨（折合360元/吨）。按森林经营碳汇方法学每年每亩减排量0.2~0.3吨（额外增量）计算，每年每亩成交价仅为15元左右，无法弥补森林经营的实际成本投入，难以有效调动社会资本和市场经营主体投资开发林业碳汇项目的积极性。此外，当前控排企业主要通过国家规定的排放配额实施控排，排放配额较为宽松，FFCER交易规定抵减比例不得超过控排配额的10%，造成林业碳汇需求不足，开发量远大于交易量。

　　五是政策支持不足，配套措施亟须突破创新。首先，政策支持不足。表现为碳汇相关法规不健全、林业碳汇产权不明晰等问题日益显现；全省林业碳汇经济发展规划尚未出台，缺乏省域层面对林业碳汇工作的布局和指导。其次，配套措施不到位。涉及林业碳汇管理的诸多工作，如碳汇基金的管理、碳汇项目的组织实施、计量监测、碳汇交易等，在国家和地方层面都处于探索阶段，配套措施不到位现象存在。再次，专项扶持和激励缺乏。对林业碳汇项目缺乏有效的专项扶持和激励政策，造成投资主体单一且不足，社会资本参与机制不健全。同时，现行国家森林生态补偿制度以财政转移支付等纵向补偿为主，基于林业碳汇的横向补偿机制尚未建立。

　　六是资金保障不充分，碳汇金融和保险需要创新。一方面，主体培育不到位。福建省碳市场目前仅以工业领域重点行业为主(电力、钢铁、化工、石化、有色冶炼、民航、建材、造纸等)，以年度温室气体排放量达到2.6万吨二氧化碳当量为标准，建筑、交通等领域尚未纳入碳市场，中小企业也未纳入碳排放约束，强制市场需求有限。同时，自愿市场多数企业抵消碳排放意识较薄弱，缺乏大规模进行碳交易的需求和动力，碳汇自愿市场中买方意愿不强。加之社会对林业碳汇缺乏足够认识，普惠市场发育滞后。另一方面，碳汇金融和保险待配套。由于林业碳汇项目的开发周期长(一般最短的项目都得20年)并且开发风险大，与碳相关的金融性产品，如碳基金、碳期货等需要进一步开发，当前福建省相关碳金融和保险以微观创新为主，缺乏系统的制度集成。这些都给当前的资金募集带来很大困难，用于林业碳汇建设的资金来源缺乏持续的长期保障。

四、林业治理能力和治理体系有待提升

1. 林业信息化水平有待加强

　　信息化发展的关键在于应用，林业各项业务信息化的应用情况决定着信息化发展的水平。当前福建省的信息化建设在应用水平、人才队伍和资金投入方面都存在不少问题：在应用水平上，全省目前的信息化建设项目繁多，但是对项目的统一布局、长远规划和顶层设计欠缺，项目开发与应用的关联和衔接不够，各项目单独立项，数据库标准不一，共享困难，甚至存在重复建设问题，

整体的应用水平较低；在人才队伍建设方面，各级林业部门从事林业信息化的技术人才匮乏，这与林业信息化人才需要既懂得专业的计算机知识，又懂得林业知识的高要求有关；在资金投入方面，资金主要来源于财政投入，但财政投入的资金和实际需要的资金投入之间的缺口较大，短缺的资金制约了信息化项目的建设和发展，大部分项目在建成之后较难跟进、完善、优化，生命周期不够长，应用效果欠佳。

2. 林业金融服务发展机制不够健全

(1)林权抵押贷款期限较短、利率高，与林业生产的长周期不匹配

除沙县、明溪等地方出台较长周期较低利率的林业金融产品外，目前大部分林权抵押贷款的期限一般为1~2年，较长期限也在3年以内，贷款利率普遍上浮30%~50%。这不仅与林业生产经营的长周期相差甚远，也未能解决森林资源经营过程中经营者出现的融资难、融资贵等问题，经营者资金周转压力仍然较大。

(2)融资渠道单一

目前，林权抵押贷款的主要发放渠道为农信社(农商行)，农业银行、邮储银行等其他银行也有涉及，但所占份额较小，并未形成各个金融机构共同参与竞争的局面(张建龙，2018)。

(3)林业贷款种类少，不能满足多样化经营的发展需求

这与金融机构对林权抵押贷款的积极性不高有关。林权抵押贷款主要是解决农民生产、生活等方面资金需求，服务对象是广大农村农户，贷款数额相对较小，一般为几万至十万元左右，相比大额贷款效益不高，同时由于处置困难，金融机构对开展林权抵押贷款业务普遍存在畏难情绪，积极性不高(童红卫等，2016)。

(4)林权抵押贷款抵押物处置难度大，保值增值潜力小

森林资源资产是有生命力的生物资产，具有外部性，受自然条件的影响很大，这就使林权抵押贷款存在不可预测的风险，且使林业生态产品的保值增值潜力变小，最终导致金融机构对开展林权抵押贷款业务顾虑重重(柯水发等，2014)。当林权抵押贷款的借款人发生违约行为时，金融机构就需要对抵押物进行处置，金融机构自身处置抵押资产受到采伐限额制度的制约，不仅导致林权抵押物处置难，而且办理采伐指标、拍卖、变卖、诉讼等一系列手续，需要耗费大量的精力。因此，近年来，虽然林权抵押贷款的不良贷款发生率不高，但真正通过处置林权抵押物归还贷款的极少，基本上是通过其他途径进行处理(杨益生等，2010)。

(5) 金融机构对林权抵押贷款持审慎态度

由于林业生产周期长，受自然条件和政策因素影响大，林政资源管理限制多，是个弱势产业；同时，林农收入水平较低，拥有的财产和抵押品严重不足，属于弱势群体。这两个"弱势"导致金融机构普遍存在"惧贷"、"惜贷"现象，对林权证抵押贷款态度审慎，要求林业部门先成立担保机构再放贷，造成林权证作为贷款抵押物不能与房产证作抵押贷款一视同仁。

3. 林业社会服务发展体系亟待完善

(1) 科技创新服务能力亟待提升

多数经营主体都停留在对林产品的初级加工，对林业相关产品精深加工技术研发和精深加工转化能力较弱，使得大众化加工产品居多而缺乏精品，制约了产业链延伸和附加值提升。林业原始创新能力弱，缺乏重大科研项目和科技创新平台；林机装备配置低，营造林、毛竹生产、生物质采收、集材和木竹精深加工等装备普遍落后(俞霞等，2021)。

(2) 社会化服务基础不够坚实

当前的社会化服务无法跟上林农的需求，在服务内容上，对资金、技术、信息、市场、管理方面的服务供给不完善、不丰富，内容单一(孔凡斌等，2021)，服务覆盖面有限，而且服务不及时；在服务技术推广上，由于最基层的乡镇林业技术推广服务站仅是林业工作站的另一块牌子，导致林业技术推广体系提供的服务不多，且科研与林业生产需求脱节较大，重科研轻成果转化，为农户提供的服务较少；在服务组织结构上，供给主体发展不平衡，组织结构行政化，服务能力有待提升。这些问题都影响了社会化服务体系的建设，造成了服务基础薄弱而不坚实的现状，最终影响林业的高质量发展。

4. 林业政策性服务体系仍有不足

一是受地理形势的约束，多数林区位置偏远、人烟稀少、交通不便，基础设施不完善，农户无力开发，而政策性投入又不足，导致森林资源的优势无法充分体现。二是基层服务组织的服务质量也存在较大的改进空间。基层的林业服务工作，尤其是技术服务工作，其推广、咨询、培训等都依赖专业的技术人员。受相对较低的薪酬水平的制约，对人才的吸引力不足，容易出现人才流失，导致基层林业服务人员的流动性较大，出现服务的供给与需求不匹配的困境。三是森林保险还存在不足。造成这一结果的原因是：①森林保险金额较低，与灾害发生时带来的损失有较大的差距，不能完全满足林农保产值、保收入的需求，影响了林农参与森林保险的积极性。②森林保险定损困难，风险分散机制缺失。森林遭受虫灾、风灾、雪灾等自然灾害后，一般涉及面积广，保险公司缺乏相应专业技术人员，森林自然灾害受损统计难。委托第三方专业机构定损又需额外支付一笔调查费用，大大增加了保险公司的运营成本。而且，森林巨灾风险分散机制尚未建立，也影响了保险公司的承保积极性（徐秀英，2018）。

第二节 全面深化福建集体林权制度改革展望

回顾推进集体林权制度改革的20年实践，这场始于福建、全面推向全国的改革，极大丰富和完善了农村土地经营制度，有效解放和发展了农村生产力，有力促进了乡村振兴和生态文明建设。党的二十大报告明确提出"深化集体林权制度改革"。站在新的历史起点上，我们要继续坚持正确的改革方向，传承弘扬习近平总书记关于集体林业改革发展的重要理念和重大实践，全方位高质量推进集体林业改革发展，不断提高效率、提升效能、提增效益，巩固拓展脱贫攻坚成果，促进山区林区乡村振兴，增强固碳中和能力，提升生态系统多样性、稳定性、持续性，推进美丽中国建设，为奋力谱写全面建设全体人民共同富裕、人与自然和谐共生的中国式现代化国家作出新贡献，需要聚焦破解集体林权制度改革过程中仍然存在的关键问题。为此，围绕"调整生产关系、促进多方得益，发展生产力、开展多式联营，发挥职能作用、强化多重服务"，从以下四个方面做出展望：

一、健全现代林业产权制度

从社会发展的角度看，产权制度是最重要的基础性制度。产权制度的建立，人类才摆脱了依靠强力争夺财富的野蛮状态和依靠剥夺财产进行财富再分配的恶性循环，走上了高效生产财富并进行交易的发展轨道。社会向前发展就是不断改进产权制度的结果。在产权制度改进过程中，政府保护产权的能力与效率的改进、市场交易效率的改进、知识的积累与增长、技术的进步、道德观念的改进等方面的配合是相辅相成的。集体林权制度的确立，确定了人们的基本行为规范，即不再考虑剥夺林权进行财产再分配，必须尊重和强力保护产权人。林业生产的周期很长，产权的稳定和保护更重要。林业生产出现不适意的结果并不可怕，生产者看不到努力的结果才是可怕的（刘伟平等，2019）。

福建省的新一轮集体林权制度改革按照所有权要"明"、承包权要"稳"、经营权要"活"、收益权要"保"的要求，以"定权分利"为重点主动调整好生产关系，使之适应新时代生产力发展的要求。为此，要强化林业经营权的政策落实,提升林权流转的规范程度,深化林木采伐制度改革,实现林农得益、经营得利、集体得财和社会得绿。

1. 强化林业经营权的政策落实

(1) 规范林权登记程序,依法明晰林业产权

一方面,各级自然资源主管部门要严格按照不动产登记发证的有关规定,认真审查林权流转登记申请文件,特别是要审查其权属证明文件的合法性、有效性、申请人的资格证明、流转合同和流转方式等内容,依法办理林权登记手续。对于合法规范的集体林权流转,当事人应当依法到初始登记机关办理林权变更登记。对于不符合法律法规相关规定的林权流转,登记机关不得为其办理权属变更登记。另一方面,建立发证档案管理。林权权利人依法进行林权登记申请,林权登记申请表及附件、权属确定、附图制作符合规定要求、准确规范。按照有关技术规定组织技术人员对林权登记申请的四至界限、宗地面积进行实地外业勘测;权证发放前按程序规定进行公示。

(2) 落实和深化"三权分置",加快经营权凭证发放

当前,在全面推进集体林地所有权、承包权、经营权"三权分置"的背景下,需要进一步落实林地集体所有权、稳定农户承包权、放活林地经营权,才能依法保障林权权利人合法权益。在这个过程中,需要制定林权类不动产登记管理操作规范,简化登记办证程序,推广开展权籍勘验调查、林权类不动产登记免费服务的做法,完善不动产登记信息管理系统,加快林地经营权凭证发放。

(3) 推动"三图合一",强化权属界定

在林权管理过程中,要注意加强各有关部门工作的有效衔接,明确林业与林权登记部门之间涉及林权管理相关职能的边界。同时,要探索加快融合国土"三调"数据、森林资源管理"一张图"年度更新数据、林权登记数据,做到"三图合一",最终建立信息共享机制,实现林权审批、交易和登记信息实时互通共享,在规范林权证颁发的同时,提高林业管理和服务效率,维护农户长期稳定的林地承包经营权(徐秀英,2018),避免林权纠纷的发生。

2. 提升林权流转的规范程度

(1) 搭建林权交易平台

强化数字赋能林权交易,依托沙县产权交易中心建立线上线下、多级联网的林权交易服务体系,引导林权、大宗林业产品、林票和林业碳汇等产品高效、有序、集中流转。同时,要注重开发与之配套的网上银行系统,为市场提供全面的网上结算服务。

(2) 加强林权流转交易的规范性

一是要规范流转程序，确保农户的知情权、参与权、表决权和监督权，签订规范的流转合同，必须明确林权流转的期限、方式、权利、义务等内容。做好林权流转的法律与政策宣传工作，使林农能正确看待林权流转，尊重契约精神。对自愿流转出去的林地，在流转期内，不得将林地收回，从而稳定流转规模，使林业经营者能够放心投入生产与经营。对一定规模以上的林权流转实行必要的资格审查，防止非农户经营主体假借家庭林场之名大规模租赁林地，注册登记后套取项目资金。对不符合流转条件、不具备经营实力、不符合产业规划导向的经营主体加以限制。乡镇流转服务中心要加强对流转合同兑现、监督，引入事前准入审核、事中监督管理、事后跟踪服务等机制，保护流转双方合法利益，杜绝林权倒卖、炒卖现象的发生和农户盲目、长期流转，妥善处理土地流转纠纷，保护流转双方的权益，确保林地流转工作平稳进行（杨益生等，2010）。同时，要持续推进集体林地"三权分置"，全面推广使用《集体林地承包合同》和《集体林权流转合同》示范文本，鼓励林地经营权流转，进一步放活林地经营权，鼓励经营者向不动产登记机构申请土地经营权登记，拓展其抵押融资功能，让林业经营者通过融资扩大生产，提高经营效益。

二是要鼓励农户通过平台进行交易，完善林权流转评估机制。对农村经济信息流转渠道进行改革，尽量减少信息流转环节，以提高信息流转效率；及时向林农提供政府改革动向的有关信息，增加改革的透明度；在充分调动和挖掘现有信息服务组织潜力的基础上，通过多种渠道，如广播、电视、收音机、宣传车等来扩散林业信息，深入农村进行宣传，让广大农户及时了解现行的林业政策、林业市场行情；通过平台收集、整理、发布与林权流转相关的信息。

(3) 完善林地流转评估制度

一方面，要增强专业评估机构的公信力。政府相关部门应积极扶持组建社会化评估机构，评估机构以出让方和受让方公平流转服务为原则，严格按照相关规定，独立开展评估工作，提供全面、真实的森林资源信息，让受让方了解森林资源及产权情况，做到对流转信息心中有数。机构主要是为产权交易各方提供信息发布、政策咨询、资源调查、资产评估、产权转让、协议签订等一系列相关服务，并按规定收取一定比例的服务费用；还可协助政府相关部门或机构制定森林资源资产产权流转的交易规则、交易程序和交易的方式与方法等各项工作。评估机构要加强自身建设，完善人员结构，其成员应包括林业、财务、法律、资产评估、资源调查规划等方面的专家和技术人员（杨益生等，2010）。

另一方面，要降低林权流转的评估费用。为完善以森林资源资产产权为核心的经营、管理和监督机制，规范流转行为，保障森林资源的保值升值，维护所有者和经营者的权益，在林权流转过程中，迫切需要建立一个更完善的评估体系，鼓励形成覆盖全省竞争有序的一批评估机构，降低林权流转的交易费用。

3. 深化林木采伐制度改革

一方面，要继续创新林木采伐机制，激发林业经营活力。①遵循新《森林法》提出的"生长量要大于消耗量"的限额采伐总原则不变，优化采伐技术规程管理，调整采伐审批制度。积极探索开展人工商品林林权所有者自主确定采伐类型和主伐年龄试点，让林业经营者拥有更多自主权；在三明市、南平市、龙岩市林业改革综合试点的基础上，扩大集体林木采伐管理制度改革试点范围。支持规模经营主体单独编制采伐限额，允许试点地区自行确定人工商品林采伐类型和主伐年龄。林农个人申请采伐人工商品林蓄积不超过30立方米的，取消伐前查验等程序，实行告知承诺方式审批。②开展重点生态区位集体商品林改造提升工作，允许其中的杉木、马尾松、桉树等人工林按照一般商品林政策进行采伐改造，并且，采伐后要及时引导经营者按时营造乡土阔叶树种或混交林，明确林木经营者的采伐和更新主体责任，加强林业部门的事中和事后监管职责。③改革采伐指标分配制度。各级林业部门对采伐限额指标的分配编制应根据商品林面积、树种组成、龄组、林分状况和地域分布等森林资源现状，测算各地区可采资源情况，结合森林经营的需要和农户的需求，制定采伐限额指标分配制度，科学合理地分层分配，确保采伐限额指标的分配与实际需求相匹配。而且，在年度林木采伐数量限制的范围内，采伐指标要直接分配分解到农户手中，真正保障农户的林木收益权，有效减少租值耗散（何文剑等，2012、2014、2016a、2016b）。④优化采伐许可证办理程序。简化办证流程、提高效率、缩短办证时间是降低成本的有效方式，推广网上申请办证方式，降低农户办证成本的同时也能节约行政成本（王雨涵等，2015）。⑤尝试从农村林业社会化服务组织与政府林木采伐管理融合的视角，探寻提高制度运行透明度及农民参与程度的具体路径和运行方式，建立集体林木采伐行政管理制度与农民合作组织之间的融合关系及制度模式。这是实现集体林木采伐管理现代化的重要方向，也是深化集体林权制度改革的必然要求（孔凡斌等，2021）。

另一方面，要从主观上正确看待生态保护和林木采伐的关系，促使林木采伐指标分配真正落实到位。森林中各项物产有许多是对人类有用的东西，是可以收获利用的，如何明智地利用这些物产，同时不影响生态系统及生态环境大局，还能让森林继续世代繁衍，这是值得深思的问题。森林生态系统的功能主要是供给功能、调节功能、服务功能、支持功能。人类的需求是多样的,无论是人类对森林的物产需求、生态需求,还是文化需求,都可以通过科学合理的途径得到满足。可持续经营就是正确途径,林木采伐是合理经营利用森林的一个重要环节。无论是在森林的成长过程中,还是在森林达到成熟之后,都要通过经营利用好森林,使之充分发挥森林生态系统的服务功能。科学合理利用木材不仅是充分开发森林提供木材的物产功能,而且是发挥森林的生态(支持)功能的重要途径。因此,无论从森林生态系统的发生、发展的自然本质而言,还是从人类社会对于森林生态系统的服务功能需求而言,都没有必要把木材生产和生态保护完全对立起来,也没有必要过多地设置禁区。要科学、理智地看待伐木问题,将其放在可持续发展的框架内予以解决。

二、强化林业可持续经营机制

1. 完善分类经营制度

明确分类经营政策,提升森林经营水平。一是要放活商品林的经营。要通过林权流转,积极推行租赁承包、股份合作经营等多种形式,把分散的山林集中起来统一规划、集中开发、分户经营,以新型经营主体为单位,组织编制并实施森林经营方案,稳定经营者的利益预期,吸引社会各界力量投资林业。二是规范公益林的经营。以绿色生态产品为导向,允许和鼓励利用林间空地和良好的生态环境,适量适度发展林下经济和森林康养,开展立体复合经营,提高林业综合效益。以不影响公益林主导功能为目的,出台公益林经营利用的负面清单,明确禁止类和限制类项目和活动,明确公益林合理利用的边界,为公益林经营提供适当的发展空间。三是科学编制森林经营方案。要用多目标经营和综合效益最大化理念指导森林经营方案的编制,统筹兼顾主导功能和非主导功能、木质资源利用和非木质资源利用、统筹森林经营和林地利用,编制和修订森林经营方案(张建龙,2018)。

2. 完善森林生态效益补偿制度

一是建立生态公益林调整机制。在不影响整体生态功能、保持公益林相对稳定的前提下,依据公益林区划界定办法,允许对承包到户的公益林进行调整,承包户不愿意继续作为公益林经营的,自愿提出申请,可以调出公益林范围。二是提高国家一级公益林补偿标准。对不允许进行任何开发利用活动的非国有国家一级公益林,提高补偿标准,既要补偿公益林维护支出,也要补偿集体经济组织和承包经营主体的机会损失,充分体现公益林的资产价值。三是在不影响公益林生态功能的前提下,允许公益林经营主体合理利用国家二级及以下公益林，发展林下经济和森林服务业，供人们游憩、观光、野营、避暑和度假等。经营主体拥有林中间作、林副产品生产、开发生态保健食品等权利，以及进行必要的抚育性和更新性采伐利用等权利。提高林业生产要素配置效率，以增加经营者的经济收入，缓解政府对生态公益林保护的压力，使其成为森林生态效益市场化补偿的重要方式（杨益生等，2010；张建龙，2018）。

3. 推进林地规模化经营

随着林业规模经济属性的强化，推进林地规模化经营，能够盘活集体林区林地资源，优化林地资源配置效率，实现林业内源式发展（李立朋等，2021）。通过促进林权流转扩大林业经营规模，是推进林业规模化经营的重要途径。为此，一是需要加快林权流转。要加快推进集体林地"三权分置"，鼓励和引导林权所有者采取转包、出租、合作、入股等方式流转林地经营权和林木所有权，支持整合集中连片林地经营权开展招商引资，引导社会资本投资林业，促使林权流入方与林农建立紧密的利益联结机制，推动适度规模经营；二是要着力培育和建设新型林业经营主体。要继续开展新型林业经营主体标准化建设，每年从省级林业专项资金中提取一定数额的资金扶持培育家庭林场、股份林场、林业专业合作社等新型林业经营主体。三是要创新林业经营模式。通过企业办基地、场村合作等形式，构建合作关系，扩大经营规模，改变小农户"单打独斗"的局面（徐勤航等，2022）。另外，以新型林业经营主体为主，实施培优扶强行动，加快科技创新、文化创意、标准创设、品牌创建，积极扶持一批有能力的新型林业经营主体做大做强，并探索建立"以二促一带三"的产业互动融合发展机制。

4. 合理利用资源，提高农户的经营积极性

一是科学规划森林康养、森林旅游等新兴生态产业的发展。科学的规划是未来行动的指南和实施方案。森林康养、森林旅游等新兴业态是以良好的森林资源环境为背景，以有游憩价值的景观、景点为依托，以林农为经营主体，充分利用林区动植物资源和乡土特色产品，融森林文化与民俗风情为一体的，为城市游客提供价廉物美的吃、住、游、娱、购、养等要素服务的生态友好型旅游产品。它是将第一产业与第三产业有机结合的新型旅游形式，是今后森林旅游的一个重要方向，具有很强的生命力。因此，需要以森林资源为依托，挖掘特色森林资源、地方人文资源景观与民族特色，以市、县所在地及周边区域为发展重点，按照"政府引导、市场运作、企业（大户）投资、职工参与、农户联动"的原则，加大宣传，打造精品工程，推进立体精致经营，大力推进生态旅游发展，增加农户经营林业收入。

二是推进林下经济发展。大力支持农户发展林药、林菌、林蜂、林蛙、林下产品采集加工等林下经济，实现不砍树也致富；鼓励通过电商平台展销林下经济产品，引导电商企业与农户对接，建立林下经济产品直采直供机制，畅通林下经济产品销售渠道；加强林下经济种业创新、仿野生栽培、节水保土、无公害防治病虫害、产品精深加工等方面的科研攻关和成果推广应用，研究制定主要林下中药材品种种植技术规程，规范产前、产中、产后管理，助力农户林下经济发展，拓宽农户经营林业的增收渠道。

三是加大林业补贴。加大林业补贴力度，扩大补贴覆盖面，并通过财政贴息、政策性信贷、保险等金融手段，解决林业经营过程中的资金投入不足及发展风险问题，使林业经营逐步朝规模化、集团产业化、经营管理集约化、生态可持续化的方向迈进。毕竟，林业财政补贴对林业投资存在显著的挤入效应，在推进林业财政补贴政策的同时，进一步加大林业财政补贴额度，有利于林业的可持续发展(杨鑫等，2021)，增加农户经营林业收入。

四是发挥国有林场、龙头企业等带动作用。建立国有林场差异化绩效管理激励机制，开展"百场带千村"活动，鼓励和引导国有林场、龙头企业等利用自身的管理、技术、资本等优势与村集体及其成员合作经营林业，实施主体复合经营，建立紧密的利益联结机制，增加提升农户经营林业的积极性。

三、完善生态产品价值实现机制

1. 建立林业生态产品调查监测机制

推进自然资源确权登记。加快推进全省自然资源统一确权登记工作，明晰自然资源资产所有权及其主体，理顺自然资源资产使用权、收益权、转让权和监管权，建立归属清晰、权责明确、监管有效的自然资源资产产权制度。丰富自然资源资产使用权类型，合理界定出让、转让、出租、抵押、入股等权责归属，依托自然资源统一确权登记明确生态产品权责归属。探索实施农村集体经营性建设用地入市制度，逐步建立集体经营性建设用地市场交易规则。

建立完善全省生态产品目录清单。衔接第三次全国国土调查成果，全面开展全省生态产品基础信息调查，摸清各类生态产品分布、质量、等级、权属，建立完善全省生态产品目录清单。建立自然资源资产调查、评价和核算制度，编制省级自然资源资产平衡表，完善市县级自然资源资产平衡表制度。依托国土空间基础信息平台，围绕生态产品数量分布、质量等级、功能特点、权益归属、保护和开发情况，探索建立生态产品动态监测制度和信息系统，及时跟踪掌握各类自然资源的动态变化情况，实现信息数据在线实时监测和共享。

2. 建立林业生态产品价值评估机制

衔接生态产品价值评价体系。考虑不同类型生态系统功能属性，探索建立覆盖各行政区域的生态产品总值统计制度。探索将生态产品价值核算基础数据纳入国民经济核算体系。考虑不同类型生态产品商品属性，建立反映生态产品保护和开发成本的价值核算方法，探索构建行政区域单元生态产品总值和特定地域单元生态产品价值评价体系。鼓励培育区域性生态产品价值第三方评估机构。

探索生态产品价值核算规范化。鼓励以生态产品实物量为重点，结合市场交易、经济补偿等手段，探索不同类型生态产品经济价值核算方法。围绕生态产品价值核算指标体系、具体算法、数据来源和统计口径等，开展价值核算实践。鼓励科研院所、企事业单位和社会各界参与制定生态产品价值核算技术标准。

推动生态产品价值核算结果应用。推进生态产品价值核算结果在政府决策、规划编制、绩效考核评价等方面的应用。探索工程项目建设时生态产品价值影响评价，结合生态产品价值实物量和核算结果采取必要补偿措施，确保生态产品保值增值。推动生态产品价值核算结果在生态保护补偿、生态环境损害赔偿、经营开发融资、生态资源权益交易、生态银行等方面的应用。探索建立生态产品价值核算结果发布制度，适时评估各地生态保护成效和生态产品价值。

3. 建立林业生态产品经营开发机制

推进生态产品供需精准对接。依托中国海峡项目成果交易会等渠道，举办福建生态产品推介活动。加强线上线下资源、渠道深度融合，促进生态产品供给与需求、资源与资本有效链接。建立健全生态产品交易平台管理体系，发挥多资源、多渠道优势，推进生态产品交易便捷化。

分类拓展生态产品价值实现模式。围绕优势特色产业，运用先进技术实施精深加工，提升生态产品经济价值，推动建设一批特色产业集群。实施"旅游+""+旅游"战略，推动康旅、茶旅等跨界融合，开发森林康养等健康旅游产品，打造一批康养旅游基地、生态旅游目的地。

促进生态产品价值增值。以品牌赋能生态产品溢价，加快推动形成以区域公用品牌、企业品牌为核心的生态产品品牌格局。探索构建涵盖生态环境资源、生态产业发展、生态产品价值实现等领域的高质量绿色发展标准体系。支持成立生态产品品牌运营机构。对开展生态产品价值实现机制探索的地区，鼓励采取多种措施，积极争取国家对必要的交通、能源等基础设施和基本公共服务设施建设的支持。

推动生态资源权益交易。深化海峡股权交易中心的碳交易平台建设，支持探索建立各类生态产品和环境权益交易机制，力争打造全国重要的综合性资源环境生态产品交易中心。探索开展土地、森林等自然资源收储机制，积极构建省、市、县自然资源储备保障机制。鼓励各地开展自然资源平台化运营试点。

4. 建立林业生态产品价值补偿机制

健全分类补偿制度。根据省、市、县（区）财力情况稳步提高生态公益林补偿、天然林补助标准，突出价值化补偿。健全政府主导与市场运作相结合的生态保护补偿机制，突出多元化补偿。通过设立符合实际需要的生态公益岗位等，对主要提供生态产品地区的居民实施生态补偿。将省级以上自然保护区内林权所有者补助政策适用范围扩大到省级以上各类自然保护地。

完善纵向生态保护补偿制度。加大对重点生态功能区、生态保护红线区域等生态功能重要地区的转移支付力度，继续推进综合性生态补偿试点工作。支持各地在依法依规前提下统筹生态领域转移支付资金，通过设立市场化产业化发展基金等方式，支持基于生态环境系统性保护修复的生态产品价值实现工程建设。探索通过发行企业生态债券和社会捐助等方式，拓宽生态保护补偿资金渠道。

健全生态环境损害赔偿制度。深化生态环境损害赔偿制度改革，加强案例线索筛查、重大案件追踪办理和修复效果评估，探索建立生态环境损害赔偿制度与环境公益诉讼有效衔接机制。建立健全跨区域、跨流域司法协作机制，推进环境资源案件跨区划管辖制度改革。

5. 建立林业生态产品市场交易机制

林业生态产品市场化交易主要体现在推动林业碳汇能力建设与价值实现，重点从以下六个方面来推进。

一是强化森林精准抚育，提高森林增汇能力。强化对森林经营方案执行情况的监督考核，根据方案规划目标，调整林分结构、提升林分质量和林地生产力。优化采伐限额管理，适度放宽商品林和速生丰产林采伐限额管理，根据不同林种、树种、林龄或林木生长性状，及时间伐过密林和伐除过熟木、枯立木、病腐木，化解碳源增加风险。转变主伐方式，变皆伐为渐伐和择伐，促进采伐斑块的林下天然更新，提高森林生物量。培育更多长寿命的大径级树木，根据不同树种选择目标树并确定采伐的目标胸径，提高森林单位面积蓄积量和生长量。对过大林隙和林间空地进行再造林或补植，实现森林更新。加快推动林业机械化发展，建议将现代林业装备发展纳入新时期林业发展的主要任务，实施补助补贴，提高森林经营效率和管理水平。落实重大林业有害生物灾害防治政府负责制，落实森林防火行政首长负责制，减少森林碳排放。

二是开展碳汇计量监测，完善碳汇基础储备。协同构建福建省自然生态系统碳汇监测体系。结合本省实际，将碳汇计量监测与森林资源连续清查结合，在"林地一张图"矢量数据基础上，探索森林资源管理与碳计量体系融合。加强森林对土壤增汇监测。建议针对土壤有机碳成立课题组，定期测量林业碳汇项目对土壤有机碳增量的贡献值。加强人才队伍建设。建立林业碳汇专家库，提供专业技术指导和决策咨询；加强人才培训，致力于培养一批有理论、懂实践、会操作的林业碳汇管理技术人才。

三是创新碳汇开发机制，探索适合国情的方法学。建议从顶层设计层面创新林业碳汇方法学，允许天然林、经济林、灌木林、人工近熟林、成熟林和过熟林固碳额外增量参与CCER（国家核证自愿减排量）的项目交易。争取国家相关部委指导支持，以年度作为核算周期、以计量森林年净固碳量为基础，编制符合国情的森林碳汇产品方法学，允许森林固碳增量参与碳中和抵消。扶持林业碳票项目开发。单列碳汇在碳排放交易配额中的抵消比例，出台财政扶持林业碳票项目开发补贴，免征林业碳汇项目交易税等。引导小型林业项目参与碳市场。借鉴国外家庭森林碳计划先进经验，研究我国家庭森林碳计划，引导小规模林地所有者通过该计划参与碳市场从而获取碳收益。

四是构建多元化交易体系，推动碳汇价值实现。优化履约主体与配额，规范发展强制市场。结合《关于完整准确全面贯彻新发展理念做好碳达峰碳中和工作的意见》要求，建议适度提高碳汇抵消比例，逐步扩大碳排放管控范围。扩大碳市场覆盖行业，将八大重点行业全部纳入，逐年降低重点排放单位碳市场门槛，逐步对中小企业开展碳排放约束。适度收紧重点行业配额指标，增加拍卖在配额分配中的比重，逐步降低免费配额比例。构建协同与激励机制，探索发展自愿市场。鼓励碳市场管制主体外的企事业单位等，通过自愿交易对无法避免的碳排放进行补偿。完善大型活动碳中和评价标准和交易机制，鼓励通过新建碳汇林和购买林业碳汇等形式抵消大型活动碳排放，逐步扩大大型活动碳中和覆盖范围；推动零碳机关建设；引导企业通过林业碳汇自愿交易对无法避免的碳排放进行补偿，塑造企业良好的社会形象和绿色品牌价值。探索共建共享与共治，面向全社会创新发展普惠市场，引导公众的日常消费行为与碳汇生态产品交易绑定。

五是强化政策支持与引导，争取碳汇发展话语权。设立林业碳汇办公室，负责研究制定林业碳汇工作目标、发展规划、政策措施等，指导林业碳汇规范有序发展。引进和借鉴国内外先进理念和成果,不断提高技术创新和集成创新能力,鼓励科研院所和高校深入开展林业碳汇的基础科学研究,建立与国际接轨、符合实际的方法学、计量监测、核查审定、碳汇交易等一系列技术标准和规程,并培养一批林业碳汇专业技术人才。在现行法律制度下,尽量明确林业碳汇产权以及使用制度,建议将单个的林业碳汇财产权物化,并在转让过程中实行备案登记制度,保证林业碳汇的产权和使用权。编制全省林业碳汇发展规划,在摸清全省适合林业碳汇项目林地资源情况的基础上,适时编制各级林业碳汇建设规划,调查分析区域内森林碳储与碳汇潜力、碳汇树种、营造林成本、生物多样性保护价值等基础数据,提出林业碳汇重点建设工程、关键技术和发展机制,建立碳汇项目储备库,确保林业碳汇可持续供应。完善林业碳汇社会服务体系,建议争取国家有关部委支持,优化林业碳汇第三方审定和核证服务机构限制机制。建议争取国家支持,在三明设立林业综合交易中心,整合开展林业碳汇、林业碳票、林票和林权等交易,充分发挥三明全国林业改革发展综合试点市作用,打造立足三明、辐射全省全国的林业综合交易平台。进一步提升社会公众碳汇价值意识,研究建立推广"碳积分"、"碳标签"等做法,引导社会公众优先购买碳中和产品、培育绿色消费风尚,提升碳汇价值和绿色消费意识。

六是建立金融支持与补偿激励,落实资金保障机制。鼓励金融机构积极开展碳资产抵押质押融资、碳金融结构性存款、碳债券、碳基金等绿色金融产品,参与林业碳票存储、沉转、融资等,拓宽林农融资渠道,缓解碳汇造林资金问题。鼓励保险机构开发碳资产类保险、再保险业务,降低林业经营风险。完善林业碳汇金融的激励机制,促进商业性金融机构向碳汇产业融资,将林业碳汇信贷、债券作为合格抵押品纳入基础货币投放工具。对于林业碳汇贷款和债券,综合运用贴息、担保、补贴等方式降低融资成本,对向林业碳汇产业提供信贷支持的金融机构采取优惠的税收政策、减免金融机构该项业务的所得税等。在顶层设计上完善基于森林蓄积量和森林固碳存量的补偿机制。纵向上,由中央财政和省级财政据各县(市、区)的单位面积森林蓄积量核定生态补偿费补助标准,森林蓄积量越高补偿标准越高。横向上,全省各地区都设立了碳达峰和碳中和进程年度目标,并将目标分解到行政区域内各级政府,建议全省层面建立横向协同机制,允许重点排放城市向已完成"双碳"阶段目标且林业碳汇富余的政府购买林业碳汇用于抵消其碳排放,完成"双碳"年度目标。在林业部门设立专项资金,把符合条件的碳汇造林项目纳入国家造林补贴范围,探索开展碳汇造林财政补贴试点。对试点内碳汇林项目购买种苗、造林、化肥及前期幼林抚育等给予一定的财政补贴,对积极参加碳汇林经营并进入市场交易的林农给予一定的奖励和支持。

四、完善林业现代化治理体系

1. 提高林业信息化水平

建设高水平智慧林业。加强林业科技研究和投入,大幅提升林业科技成果转化、应用水平,实现林业智能化发展,打造智慧林业创新区。推进实施智慧林业"123"工程,应用移动互联网、云计算、大数据、物联网、人工智能和无人机等信息化技术装备,加快建设供需融合、用管贯通、人机匹配、绩效挂钩的无人机全覆盖监测体系,着力建设一个林业大数据中心,构建电脑端和移动端两大服务平台,完善资源监管、业务应用、政务服务三大体系,全面提升福建省林业管理信息化水平。

加大投资力度,扩大资金来源,确保稳定可靠的信息化建设资金投入。积极争取林业信息化建设列入省财政预算和重点项目,推进业务应用系统开发应用,提高重点工程和项目管理的信息化水平,形成以重点项目推进林业信息化的趋势。在加大信息化建设投资的同时,重视系统运行维护、应用系统升级换代及培训等方面的资金投资,为信息化建设成果的长期稳定运行提供必要保障。

重视人才培养。实现信息化,人才是关键。要加强林业信息化技术人才的培养,建立人才培养制度,制定相应的人才培养计划,优化林业技术人员的知识结构,提高计算机应用水平,逐步形成一支技术精、能力强、效率高的林业信息化建设队伍。充分利用培训班、继续教育等途径和手段,提高林业系统工作人员的信息化意识、信息化管理水平和应用能力,培养一批既熟悉林业业务又精通信息技术的复合型人才队伍。

2. 创新林业金融服务体系

(1)破解贷款期限短、利率高等问题,建立与林业经营相适应的金融产品

鼓励根据林业生产周期的融资需求,开发多样化的金融信贷产品。在林业日常生产经营方面,要大力推广林农小额直押贷款、林农小额信用贷款、林业贷款无还本续贷、普惠金融卡等金融产品和模式,为林农、林业企业提供1年期以内短期流动资金贷款和1~3年中期流动资金贷款支持。根据不同林木生产周期,设计推出3~10年的林权抵押贷款等与林木生产周期相匹配的中长期贷款品种,努力解决林业生产中遇到的"短贷长用"问题。加强与林权收储担

保机构合作,大力推广期限10年以上的林权按揭贷款,在风险可控的前提下,期限可延至30年,甚至更长。发挥开发性、政策性金融优势,加大对战略储备林项目、林业生产基地和林业基础设施建设的中长期贷款投放。结合林业生产的自身特点和通过间伐与主伐可以获得林业收入的生产特点,林业贷款期限的还款方式应灵活确定,可实行分期按比例偿还,并根据实际情况做好续贷工作(胡明形等,2014)。

(2)搭建林业金融线上服务平台,放宽准入条件,拓宽融资渠道

一是要搭建林业金融线上服务平台,大力推广武平县金融区块链服务平台建设做法,开发手续简便的林业金融产品,创新金融产品体系。二是要完善贷款审批制度。商业银行要根据各分支行信贷管理水平和风险控制能力以及不同地区的实际情况合理确定贷款审批权。对中小企业流动资金贷款的审批权要在现有基础上,适当下放,防止由于贷款审批权过度集中或审批环节过多,影响对有效益、有市场、有信用的林业中小企业的及时放贷。三是放松林业金融机构的市场准入限制,支持商业金融机构、村镇银行、小额贷款公司等正规金融机构通过产品设计、利率调整等方式向农户提供林业信贷服务(李立朋等,2020)。四是放宽信贷条件。放宽决定授信额度的依据,改变传统的仅仅以中小企业抵押担保的价值决定贷款额度的方式,实行既根据林业企业自有资金数量确定授信额度,还可以根据中小企业生产经营中可以预见的收入流来判定还款水平和授信额度。同时,还可以尝试根据企业净资产、企业纳税额等来进行综合授信。在授信额度使用和偿还方式上,可开展整贷零还、分期还本付息、循环贷款、零贷零偿、宽限期还本付息等(胡明形等,2014)。五是鼓励使用开发性政策性银行贷款投入林业生态建设,促进林业贷款增量拓面。

(3)开发和优化特色产品,创新金融产品体系

优化特色金融产品,开发更多普惠林业金融、低利率信贷等产品。继续推广"闽林通"系列普惠林业金融产品,进一步简化贷款审批手续,方便林农林企融资创业。银行应在政策允许、风险可控的范围内,创新推出符合林业生产特点的期限长、利率低、手续简便的林业金融产品,探索开展公益林补偿、天然林停伐管护补助、林业碳汇收益权质押贷款和林地经营权抵押贷款。同时,结合当地实际,灵活运用多种抵押方式,例如采取林权、土地、房屋等共同抵押的综合方式,或者抵押、质押同时进行,或者寻找第三方担保机构,以林权作为反担保等。

（4）多措并举，健全林权抵押风险分担机制

一方面，要采取政府全资或引进社会资本等方式建立国有全资或混合所有制担保、收储公司，鼓励组建民营担保、收储机构，大力发展村级担保合作社；有条件的地方可建立集收储、担保、处置于一体的森林资源收储担保中心，帮助金融机构处置林权抵押资产（国家林业和草原局集体林权制度改革监测项目组，2017）。另一方面，要充分发挥林权交易市场的功能，建立集信息发布、林权交易、法律咨询、纠纷调处、资产评估、抵押融资、电子商务为一体的综合性服务平台。同时，政府及相关部门要设立林权抵押贷款风险担保基金，积极开展林权抵押贷款保险业务，实行"林权抵押+保险保证"贷款模式；鼓励各地建立"政府+银行+担保+保险"合作机制，引导银行、担保、保险机构加大对农户的支持。另外，林业部门要在年度采伐总额指标中预留一定的采伐指标用于抵押物的处置，在林权抵押贷款出现风险需要处置时，如果金融机构提出对抵押林权的依法处置措施，林业主管部门可优先满足其林木采伐指标（徐秀英，2018）。

（5）加强管理，严控抵押贷款违约风险

森林产权并不是传统意义上的合格抵押品，由于面临自然风险、市场风险以及政策风险，森林作为抵押物的功能不是很完善。各级政府及有关部门要切实加强森林资源确权、登记、评估、流转和采伐等环节的管理，将欺诈、骗贷、不实的抵押消灭在最初的环节，也要加强林权抵押物的管理，提高评估效力，确保评估质量（张建龙，2018）。

3. 完善林业社会化服务体系

加强科技推广。加大林业科技投入，加快松材线虫病防治、林产工业、林业碳汇等重点科技攻关。打造国家级林业科技示范园区，加强林业科技自主创新和转化应用，提高科技保障支撑能力。持续开展林木花卉种苗科技攻关，组织实施种业创新与产业化工程，建设一批林木、花卉种质资源库。加强新品种选育、良种壮苗繁育推广，推进保障性苗圃建设，优化苗木供给结构，加快推进育苗乡土化、珍贵化、良种化。大力推广实用新型技术，推进"林农点单，专家送餐"科技服务，实施新型职业农民素质提升工程。大力培育林业科技创新主体，深化与高校、科研院所合作，加强林业科技创新平台建设。聚焦林业"卡脖子"技术，开展"揭榜挂帅"科技攻关，进一步增强自主创新能力。广泛开展林业"科特派"和科技培训。

健全林业社会化服务体系。一是要支持专业服务公司、农民经纪人队伍、

涉林企业等林业经营性服务组织开展专业性生产服务和市场信息服务，扩大社会化服务的覆盖面；二是要培育林业服务中介机构，支持创建林业综合服务队伍，提供造林、防火、防虫、采伐、运输、销售等综合服务，提升林业社会化服务水平；三是鼓励各地采取政府购买、定向委托、奖励补助、招标投标等方式，引导专业服务组织为林业生产经营提供低成本、便利化、全方位的服务，丰富社会化服务种类和范围。

4. 健全林业政策服务体系

加大对林区道路建设、管理、维护资金支持，支持林区生产作业道路建设，将符合政策要求的林业机械纳入农机购置补贴范围。加大营林生产、采伐运输机械化和木材精深加工智能化技术与装备的研发推广力度，鼓励引进智能化、信息化林业机械和林产加工设备，进一步提高林业生产效率。加大竹林生产经营、竹材运输、笋竹产品加工等方面机械设备的研发和推广应用力度。

加强重点林区基层林业站专业管理服务队伍建设，强化服务管理。通过公开招聘、竞争上岗、提高福利等方式，积极主动吸收热爱服务工作高素质人才，壮大服务队伍，而且还要对现有服务人员进行业务能力培训和职业道德教育，使他们具备多方面、多学科的理论知识和实践经验，注重提高林业社会化服务人员的服务技能，增强他们为林业提供社会化服务的事业心和责任心（孔凡斌，2008）。全面推广"定向招生、定向培养、定向就业"培养模式，支持林业院校联办"3+2"（3年高职+2年本科）林业类专业，探索高本贯通培养高素质应用型林业类专业技术人才。

进一步实施森林综合保险，创新推广林业特色险种，提升森林保险覆盖面，提高林业经营者抗风险能力。一方面，要深化实施森林综合保险、设施花卉种植保险，拓展林业保险险种，创新推广林业特色险种，提升森林保险覆盖面；另一方面，要建立风险准备金制度。建议安排一定资金设立保险风险准备金，建立森林保险风险共担机制，提高防范重大灾害能力，以分散森林保险的巨灾风险，进而推动政策性森林保险供给多样化发展，促进森林保险可持续发展（胡明形等，2014；徐秀英，2018）。

踵事增华行致远，踔厉笃行谱新篇。福建作为集体林权制度改革的策源地和实践地，要大力弘扬习近平总书记当年勇担风险、率先改革的担当意识和为民情怀，始终牢记习近平总书记的殷殷嘱托，发挥优势，把握机遇，久久为功，接续奋斗，继承好、贯彻好习近平新时代中国特色社会主义思想，深入践行绿水青山就是金山银山的理念，高起点深化林业改革，高标准提升森林质量,高要求强化生态保护,高效益发展富民产业,高品位弘扬生态文化,高水平建设智慧林业,高层次推进闽台融合,践行新时代中国务林人"替河山装成锦绣,把国土绘成丹青"的责任和使命!

参考文献

Alston L J, Libecap G D, et al, 1996. The Determinants and Impact of Property Rights: Land Titles on the Brazilian Frontier[J]. Journal of Law Economics and Organization, 12(1): 25-61.

Bazel Y, 1989. Economic Analysis of Property Rights[M]. Cambridge: Cambridge University Press.

Cheung N S, 1968. Private Property Rights and Sharecropping[J]. Journal of Political Economy, 76(6): 1107-1122.

Coase R H, 1960. The Problem of Social Cost[J]. Journal of Law Economics(3): 1-44.

Demsetz H, 1967. Toward a Theory of Property Rights[J]. American Economic Review, 57(2): 347-359.

Eggertsson T, 1990. Economic Behavior and Institutions[M]. Cambridge: Cambridge University Press.

Furubotn E G, Pejovich S, 1972. Property Rights and Economic Theory: A Survey of Recent Literature[J]. Journal of Economic Literature, 10(4): 1137-1162.

Hardin G, 1968. The tragedy of the commons[J]. Science, 162(3859): 1243-1248.

Libecap G D, 1989. Distributional Issues in Contracting for Property Rights[J]. Journal of Institutional and Theoretical Economics, 145(1): 6-24.

Lin J Y, 1993. Collectivization and China's Agricultural Crisis in 1959-1961[J]. Journal of Comparative Economics, 17(6): 1228-1252.

North D C, 1990. Institutions and Credible Commitment[J]. Journal of Institutional and Theoretical Economics(149): 11-23.

Ostrom E, 1990. Governing the Commons: The Evolution of Institutions for Collective Action[M]. Cambridge University Press.

Ostrom E, Gardner R, Walker J, et al, 1994. Rules, Games, and Common Pool Resources[M]. University of Michigan Press.

Ostrom E, 1998. A Behavioral Approach to the Rational Choice Theory of Collective Action[J]. The American Political Science Review, No. 1(Vol. 92).

Ostrom E,2005. Understanding Institutional Diversity[M]. Princeton:Princeton University Press.

Ostrom E,2010. Beyond Markets and States:Polycentric Governance of Complex Economic Systems [J]. American Economic Review,100(3):641-672.

Persha L,Andersson K,2014. Elite Capture Risk and Mitigation in Decentralized Forest Governance Regimes[J]. Global Environmental Change,24:265-276.

Yin R ,Newman D H,1997. Impacts of Rural Reforms:The Case of the Chinese Forest Sector. Environment and Development Economics [J]. Cambridge University Press,2(3):291-305.

白秀萍,余涛,颜国强,2017.国外森林权属制度改革现状与路径[J].世界林业研究,30(02):1-7.

彼德罗·彭梵得,2017.罗马法教科书[M].黄风译.北京:中国政法大学出版社.

陈根长,2002.中国林业物权制度研究[J].绿色中国(10):12-15.

陈辉,2011.我国森林资源物权制度研究[D].哈尔滨:东北林业大学.

陈思莹,徐晋涛,2021.中国共产党成立以来集体林区林权制度的演变[J].林业经济问题,41(4):344-350.

陈雯倩,2021.《民法典》实施背景下不动产物权变动研究[D].成都:四川省社会科学院.

崔建远,2020.物权编对四种他物权制度的完善和发展[J].中国法学(04):26-43.

崔文星,2017.民法物权论[M].北京:中国法制出版社.

戴红兵,2004.中国农村土地物权制度研究[D].武汉:武汉大学.

单平基,2021.自然资源之上权利的层次性[J].中国法学(04):63-82.

德姆塞茨,2014.一个研究所有制的框架//科斯等.财产权利与制度变迁:产权学派与新制度学派译文集[M].刘守英等,译.上海:格致出版社.

邓丽君,王爽,2022.牢记重要嘱托 三明林改再出发[J].中华英才,757(1):1-10.

董战峰,2020.创新践行"两山"理念,钱从哪里来?——实现生态、经济和社会多赢的生态扶贫资金机制[J].可持续发展经济导刊,(05):15-17.

杜润生,1996.中国的土地改革[M].北京:当代中国出版社.

福建省地方志编纂委员会,2000.福建省志·土地管理志[M].北京:方志出版社.

福建省发展改革委,2022.福建省发展和改革委员会关于印发建立健全生态产品价值实现机制的实施方案的通知[EB/OL].(2022-03-30)[2022-10-19]. http://fgw.fujian.gov.cn/zfxxgkzl/zfxxgkml/yzdgkdqtxx/202203/t20220330_5869764.htm.

福建省发展和改革委员会,2022.武平县打造林业金融区块链融资服务平台[EB/OL].(2022-05-23)[2022-10-19]. http://fgw.fujian.gov.cn/ztzl/fjys/dxjy/202205/t20220523_5916042.htm.

福建省林业局,2021a.福建省林业局关于省政协十二届四次会议20211055号提案的答复[EB/OL].(2021-06-25)[2022-04-18]. http://lyj.fujian.gov.cn/zfxxgk/zfxxgkml/hdf/202107/t20210705_5640552.htm.

福建省林业局,2021b.关于深化集体林权制度改革推进林业高质量发展的意见[EB/OL].(2021-10-22)[2022-04-18]. http://lyj.fujian.gov.cn/zwgk/zcfg/gfxwj/202110/t20211025_5748787.htm.

福建省人民政府土地改革委员会,1953.福建省土地改革文献汇编(上)[G].福州:福建省人民政府土地改革委员会.

郭祥泉,林家杉,郑经池,2006.国内外森林产权变革与永安市集体林权改革的探讨[J].林业经济问题(05):461-464.

国家林业和草原局,2019.中国森林资源报告 2014—2018[M].北京:中国林业出版社.

国家林业和草原局,2022.福建 10 年完成国家木材储备林建设超 300 万亩[EB/OL].(2022-04-21)[2022-10-19]. http://www.forestry.gov.cn/stzx/2/20220421/105055287670139.html.

国家林业和草原局集体林权制度改革监测项目组,2018.2017 集体林权制度改革监测报告[M].北京:中国林业出版社.

韩文龙,朱杰,2021.农村林地"三权"分置的实现方式与改革深化——对三个典型案例的比较与启示[J].西部论坛,31(01):101-112.

韩新磊,2021.物权变动混合模式的经济学分析[J].北京理工大学学报(社会科学版),23(03):151-160.

韩志扬,2013.浅析世界森林资源产权发展趋势及对我国的启示[J].安徽农业大学学报(社会科学版),22(04):24-27.

何文剑,徐静文,张红霄,2016a.森林采伐管理制度的管制强度如何影响林农采伐收入[J].农业技术经济(09):104-118.

何文剑,徐静文,张红霄,2016b.森林采伐限额管理制度能否起到保护森林资源的作用[J].中国人口·资源与环境,26(07):128-136.

何文剑,张红霄,2012.林木采伐限额管制度对农户林业收入的影响分析:江西省 6 个村级案例研究[J].林业经济问题,32(03):215-220.

何文剑,张红霄,杨萍,2014.我国林改后农户商品林采伐权配置方式影响因素的案例研究:基于 7 县(市)21 个村的调研数据[J].世界林业研究,27(03):56-61.

贺超,崔权雪,刘炳薪,2022.经营权权能对农户林地流入意愿的影响[J].资源科学,44(02):309-319.

洪燕真,付永海,2018.农户林权抵押贷款可获得性影响因素研究——以福建省三明市"福林贷"产品为例[J].林业经济,40(09):31-35,39.

侯宁,2011.集体林改视角下的森林资源物权制度构建[M].北京:中国林业出版社.

侯元兆,2009.从国外的私有林发展看我国的林权改革[J].世界林业研究,22(02):1-6.

胡明形,陈文汇,刘俊昌,等,2014.林权制度改革后南方集体林经营管理模式与机制研究[M].北京:中国林业出版社.

黄丽媛,陈钦,陈仪全,2009.福建省林权抵押贷款融资研究[J].中国农学通报,25(18):170-173.

黄凌云,戴永务,2018.30年来林业金融国内外研究前沿的演进历程——基于知识图谱可视化视角[J].林业经济问题,38(01):87-98,112.

黄泷一,2017.英美法系的物权法定原则[J].比较法研究(02):84-104.

金婷,刘强,刘帅,等,2018.林权抵押贷款制约因素与发展对策研究——基于浙江省花桥村典型案例调查[J].林业经济,40(09):36-39.

柯水发,王亚,孔祥智,等,2014.新型林业经营主体培育存在的问题及对策——基于浙江、江西及安徽省的典型调查[J].林业经济问题,34(06):504-509.

柯水发,温亚利,2005.中国林业产权制度变迁进程、动因及利益关系分析[J].绿色中国(10):29-32.

孔凡斌,廖文梅,郑云青,2011.集体林权流转理论和政策研究述评与展望[J].农业经济问题,32(11):100-105.

孔凡斌,2008.集体林业产权制度:变迁、绩效与改革探索[M].北京:中国环境科学出版社.

孔凡斌,王苓,等,2021.集体林业制度改革研究前沿[J].林业经济问题,41(01):1-12.

孔祥智,郭艳芹,李圣军,2006.集体林权制度改革对村级经济影响的实证研究——福建省永安市15村调查报告[J].林业经济(10):17-21.

雷加富,2006.集体林权制度改革是建设社会主义新农村的重要举措——福建和江西集体林权制度改革透视与深化[J].东北林业大学学报(3):1-4.

雷英杰,2021.全国首笔林业碳汇收益权质押贷款落地福建省三明市将乐县 中国邮政储蓄银行把"死资源"变成"活资本"[J].环境经济,(14):20-21.

李锡鹤,2016.物权论稿[M].北京:中国政法大学出版社.

李雨,2009.试论林权的内涵[J].西北林学院学报,24(5):195-199.

李周,1997.林业改革与发展[J].林业经济问题(02):1-9.

李周,2007.林业分权改革与森林资源可持续利用[J].林业经济(11):15-17.

李周,2008.林权改革的评价与思考[J].绿色中国(17):9-13.

厉以宁,1994.股份制与现代市场经济[M].南京:江苏人民出版社.

厉以宁,2008.一项迟到的仿照和超越农业承包制的改革[J].农村工作通讯(20):11-12.

连城县地方志编纂委员会,2005.连城县志(1988-2000)[M].北京:方志出版社.

梁慧星,2013.为了中国民法[M].北京:中国社会科学出版社.

梁慧星,陈华彬,2007.物权法[M].北京:法律出版社.

廖文梅,2011.集体林权制度配套改革中农户决策行为研究[D].南昌:江西农业大学.

刘保玉,2020.民法典担保物权制度新规释评[J].法商研究,37(05):3-18.

刘璨,黄和亮,刘浩,等,2019.中国集体林产权制度改革回顾与展望[J].林业经济问题,39(02):113-127.

刘璨,2014.再论中国集体林制度与林业发展[M].北京:中国财政经济出版社.

刘璨,2020.集体林权流转制度改革:历程回顾、核心议题与路径选择[J].改革(04):133-147.

刘璨,李云,张敏新,等,2020.新时代中国集体林改及其相关环境因素动态分析[J].林业经济,42(01):9-27.

刘伟平,傅一敏,冯亮明,等,2019.新中国70年集体林权制度的变迁历程与内在逻辑[J].林业经济问题,39(06):561-569.

刘先辉,2015."林权"概念的法学分析[J].国家林业局管理干部学院学报,14(03):41-46.

刘小进,黄龙俊江,谢芳婷,等,2022.国内外林地流转影响因素及成效研究进展[J].世界林业研究,35(1):8-14.

龙贺兴,林素娇,刘金龙,2017.成立社区林业股份合作组织的集体行动何以可能?——基于福建省沙县X村股份林场的案例[J].中国农村经济(08):2-17.

龙岩市地方志编纂委员会,1993.龙岩市志[M].北京:中国科学技术出版社.

吕祥熙,2008.林权客体的物权法分析[J].南京林业大学学报(人文社会科学版)(02):80-85.

吕月良,施季森,张志才,2005.福建集体林权制度改革的实践与思考[J].南京林业大学学报(人文社会科学版)(03):79-83.

毛寿龙,2010.公共事物的治理之道[J].江苏行政学院学报(01):100-105.

南平市地方志编纂委员会,1994.南平市志[M].北京:中华书局.

南平市人民政府,2022.南平市深入推进集体林权制度改革——人不负青山,青山定不负人[EB/OL].(2022-02-18)[2022-04-18].https://www.np.gov.cn/cms/html/npszf/2022-02-18/604805094.html.

浦城县地方志编纂委员会,1994.浦城县志[M].北京:中华书局.

阮晓兵,2007.创新森林防火机制 保障森林资源安全[C].2007年福建省土地学会年会征文集.[出版者不详]:108-116.

沈文星,赵元刚,2001.江苏省林业产权制度改革中权属关系研究[J].林业经济问题,21(06):334.

宋志红,2018.三权分置下农地流转权利体系重构研究[J].中国法学(04):282-302.

谭俊,1996.不同类型国家林业管理体制的启示及借鉴[J].林业经济(03):64-70.

谭世明,覃林,1997.试论林业产权问题[J].林业经济问题(3):13-18.

陶密,2021.论《民法典》中物权的定义与本质——以物权变动为视角[J].辽宁大学学报(哲学社会科学版),49(01):90-97.

田延华,2018.习近平总书记"三农"思想在福建的探索与实践[N].人民日报,2018-01-19.

王礼权,2006.林业产权制度改革问题的经济学分析[J].江西林业科技(2):53-55.

王浦劬,王晓琦,2015.公共池塘资源自主治理理论的借鉴与验证——以中国森林治理研究与实践为视角[J].哈尔滨工业大学学报(社会科学版),17(03):23-32.

王雨涵,王兰会,2015.林改后农户林木采伐意愿的影响因素研究[J].中国人口·资源与环境,

25(S2):309-312.

王泽鉴,2001.民法物权(一)——通则·所有权[M].北京:中国政法大学出版社.

王志鹏,2019.我国权利用益物权制度的构建[D].上海:上海师范大学.

魏华,2009.物权法视野中的林权制度[J].北京林业大学学报(社会科学版),8(02):17-21.

魏华,2011.林权概念的界定——《森林法》抑或《物权法》的视角[J].福建农林大学学报(哲学社会科学版),14(01):70.

翁志鸿,吴子文,吴东平,等,2009.浙江省丽水市庆元县隆宫乡"林权IC卡"及其抵押贷款模式创新[J].林业经济(07):15-17.

武平县融媒体中心,2022.武平:深化林改"五项机制" 提升林改"武平经验"[EB/OL].(2022-02-25)[2022-04-21].https://www.sohu.com/a/525503733_121106994.

肖卫东,梁春梅,2016.农村土地"三权分置"的内涵、基本要义及权利关系[J].中国农村经济(11):17-29.

谢晨,张坤,王佳男,2017.奥斯特罗姆的公共池塘治理理论及其对我国林业改革的启示[J].林业经济,39(05):3-10.

徐刚,周嵘,2021.高质量提升发展农村集体经济 大力推动共同富裕示范区建设——专访浙江省农业农村厅党组书记、厅长王通林[J].农村工作通讯(19):22-24.

徐晋涛,孙妍,姜雪梅,等,2008.我国集体林区林权制度改革模式和绩效分析[J].林业经济(09):27-38.

徐勤航,诸培新,曲福田,2022.小农户组织化获取农业生产性服务:演进逻辑与技术效率变化[J].农村经济(04):107-117.

徐秀英,2018.浙江省深化集体林权制度改革实践与对策研究[J].林业经济,40(08):30-35.

徐勇,2006.现代国家的建构与村民自治的成长——对中国村民自治发生与发展的一种阐释[J].学习与探索(06):50-58.

许亚,1958.关于林业生产大跃进问题[J].福建林业(1):8-11.

闫瑞华,2021.70年"林权之治"的改革道路——集体林权制度改革浅析[J].国家林业和草原局管理干部学院学报,20(02):3-7,13.

杨桂红,2012.林业物权制度比较研究[D].北京:北京林业大学.

杨鑫,尹少华,邓晶,等,2021.林业财政补贴政策对农户林业投资及其结构的影响分析——基于财政补贴的挤入与挤出效应视角[J].林业经济,43(02):5-20.

杨益生,张春霞,2010.先行·突破·创新:福建集体林权改革报告[M].北京:中国林业出版社.

于德仲,2008.赋权与规制:集体林权制度改革研究[D].北京:北京林业大学.

张冬梅,2010.论林权抵押之法律障碍及其解决[J].东南学术(06):186-193.

张海鹏,等,2009.集体林权制度改革的动因性质与效果评价[J].林业科学,45(07):119-126.

张红霄,张敏新,刘金龙,2007.集体林权制度改革:林权纠纷成因分析——杨家墟村案例研究

[J].林业经济(12):12-15.

张建龙,2018.中国集体林权制度改革[M].北京:中国林业出版社.

张克中,2009.公共治理之道:埃莉诺·奥斯特罗姆理论述评[J].政治学研究,(06):83-93.

张敏新,肖平,张红霄,2008."均山":集体林权制度改革的现实选择[J].林业科学(08):131-136.

张敏新,张红霄,刘金龙,2008.集体林产权制度改革动因研究——兼论南方集体林产权制度内在机理[J].林业经济(05):15-19,24.

张五常,2008.新制度经济学的现状及其发展趋势[J].当代财经(07):5-9.

章诗迪,2022.民法典视阈下所有权保留的体系重构[J].华东政法大学学报,25(02):180-192.

赵荣,韩锋,赵铁蕊,2019.浙江省林权抵押贷款风险及防范策略研究[J].林业经济,41(04):32-35,98.

浙江省林业厅,1990.处理山林纠纷手册[M].杭州:浙江人民出版社.

郑风田,阮荣平,孔祥智,2009.南方集体林区林权制度改革回顾与分析[J].中国人口·资源与环境,19(1):25-32.

郑小贤,2002.林业产权制度与森林可持续经营[J].北京林业大学学报(社会科学版)(01):18-22.

中共福建省委 福建省人民委员会,1957.中共福建省委、福建省人民委员会关于发动群众加强护林、育林和造林工作的指示[J].福建林业(3):35-39.

中国集体林产权制度改革相关政策问题研究课题组,2011.中国集体林产权制度改革研究进展[M].北京:经济科学出版社.

中国林业和草原局,2019.中国森林资源报告(2014—2018)[M].北京:中国林业出版社.

中央党校采访实录编辑室,2020.习近平在福建[M].北京:中共中央党校出版社.

中央档案馆,中共中央文献研究室,2013.中共中央文件选集(第30册)[M].北京:人民出版社.

中央人民政府林业部,1952.林业法令汇编第三辑[G].北京:中国林业编辑委员会.

周珂,2008.林业物权的法律定位[J].北京林业大学学报(社会科学版)(02):1-6.

周其仁,1995a.中国农村改革:国家和所有权关系的变化(上)——一个经济制度变迁史的回顾[J].管理世界(03):178-189,219-220.

周其仁,1995b.中国农村改革:国家和所有权关系的变化(下)——一个经济制度变迁史的回顾[J].管理世界(04):147-155.

周其仁,2017.产权界定与产权改革[J].科学发展(06):5-12.

周训芳,2015.所有权承包权经营权分离背景下集体林地流转制度创新[J].求索(05):71-75.

朱文清,张莉琴,2019.集体林地确权到户对农户林业长期投入的影响——从造林意愿和行动角度研究[J].农业经济问题(11):32-44.

附录 1

2002 年以来福建省集体林权制度改革政策文件

福建省人民政府
关于推进集体林权制度改革的意见

闽政(2003)8号

各市、县(区)人民政府,省政府各部门、各直属机构,各大企业,各高等院校:

我省是南方重点集体林区,80%以上的山林属集体所有。改革开放以来,通过稳定山权林权、划定自留山、确定林业生产责任制,实施"三五七"造林绿化工程,集体林业经济得到长足发展。但由于大部分集体山林仍由集体统一经营,存在林木产权不明晰、经营机制不灵活、利益分配不合理等突出问题,林农作为集体林业经营主体的地位没有得到有效落实,影响了其发展林业的积极性,制约了林业生产力的进一步发展。近年来我省一些地方的改革实践表明,集体林权制度改革是林业改革的核心和关键,是社会主义市场经济条件下增强林业活力、加快林业发展的重要措施。为进一步调动林农耕山育林护林的积极性,增加林农收入,加快农村全面建设小康社会步伐,根据《森林法》《农村土地承包法》等有关法律以及党在农村的方针、政策,结合我省实际,现就全面推进集体林权制度改革提出如下意见:

一、集体林权制度改革的指导思想

以邓小平理论和"三个代表"重要思想为指导,进一步明晰集体林木所有权和林地使用权,放活经营权,落实处置权,确保收益权,依法维护林业经营者的合法权益,最大限度地调动广大林农以及社会各方面造林育林护林的积极性,解放林业生产力,发展林区经济,增加林农收入,促进林业可持续发展。

二、集体林权制度改革的总体目标

用3年的时间,全省基本完成集体林权制度改革任务,实现"山有其主、主有其权、权有其责、责有其利"的目标,建立经营主体多元化,权、责、利相统一的集体林经营管理新机制。

三、集体林权制度改革的主要任务

(一)明晰所有权,落实经营权。在保持林地集体所有的前提下,进一步明晰林木所有权和林地使用权，落实和完善以家庭承包经营为主体、多种经营形式并存的集体林经营体制。将林地使用权、林木所有权和经营权落实到户、到联户或其他经营实体。

（二）开展林权登记，发换林权证。林木所有权、林地使用权一经明晰，必须及时开展林权登记，发换全国统一式样的林权证，以依法维护林业经营者的合法权益。

（三）建立规范有序的林木所有权、林地使用权流转机制。遵循林地所有权和使用权相分离的原则，在集体林地所有权性质、林地用途不变的前提下，根据林业生产发展的需要，按照"依法、自愿、有偿、规范"的原则，鼓励林木所有权、林地使用权有序流转，引导林业生产要素的合理流动和森林资源的优化配置，促进林业经营规模化、集约化。

四、集体林权制度改革的范围

集体林权制度改革的范围主要是林木所有权和林地使用权尚未明晰的集体商品林及县级人民政府规划的宜林地。

对已明晰权属的自留山、实行家庭承包经营的竹林、经济林及国有、外资、民营企事业等单位和个人依据合同租赁集体林地营造的林木应予稳定，在本次改革中经确权核实，优先予以登记，发换全国统一式样林权证书。

对已经县级以上人民政府规划界定的生态公益林，暂不列入本次改革范围，但应发换林权证；凡权属有争议的林木、林地也暂不列入本次改革范围。

五、集体林权制度改革的基本原则

（一）坚持有利于"增量、增收、增效"的原则。即坚持有利于森林资源总量增长和质量提高，有利于农民增加收入，有利于提高森林的经济效益、生态效益和社会效益。

（二）坚持"耕者有其山"、权利平等的原则。集体山林属集体内部成员共同所有，每个村民均平等享有承包经营集体山林的权利，凡有承包经营集体山林要求的村民，应在同等条件下优先予以保证，确保"耕者有其山"。凡将集体山林采取招标、拍卖等方式进行转让经营的，需经村民会议或村民代表大会通过，所得收入应大部分分配给集体内部成员。

（三）坚持因地制宜，形式多样的原则。根据当地森林资源状况和经济发展水平，因地制宜，充分尊重林农的意愿，允许经营形式多样化，不搞一刀切。提倡联户经营、股份合作经营，创建股份制林场或企业原料林基地。

（四）坚持政策稳定性、连续性的原则。深化集体林权制度改革必须遵循国家法律和政策的有关规定，保持林业政策的稳定性和连续性，对已明确林木所有权、经营权和林地使用权,并为实践证明是行之有效的改革形式,且大部分群众满意的均应予维护,不得打乱重来或借机无偿平调,以安定人心,取信于民。

(五)坚持公开、公平、公正的原则。在改革过程中要实施"阳光作业",按照《村民委员会组织法》有关规定,保证村民的知情权和参与权,做到程序、方法、内容三公开。改革方案必须广泛听取村民的意见,尊重大多数群众的意愿,严禁暗箱操作,以权谋私,做到公平、公正。

六、集体林权制度改革的基本方法

(一)宣传发动,提高认识。要大力宣传集体林权制度改革的目的、意义、做法以及有关法律、法规、政策,消除群众疑虑,使广大林农了解改革、支持改革、参与改革。

(二)试点先行,制定方案。各地应认真开展调查研究,摸清现有集体山林的经营管理状况,了解群众对推进集体林权制度改革的想法与意愿。在改革全面铺开之前,要选择具有一定代表性的地方先行开展试点工作。在试点的基础上,以村为单位,制定具体实施方案。方案要广泛听取干部群众的意见,经村民会议或村民代表大会讨论通过后方可付诸实施。

(三)规范操作,有序推进。改革要严格按法定的程序规范操作。林木所有权、经营权和林地使用权落实后,要依法签订书面合同,明确双方权利义务,及时发换林权证,并建立和健全档案制度。做到先易后难,有序推进,不赶进度,不走过场,确保质量。

七、完善集体林权制度改革的配套措施

要针对集体林权制度改革后出现的新情况,探索林政资源管理的新办法,切实加强林木、林地管理,严防乱砍滥伐林木,乱占滥征林地,进一步强化森林资源保护。同时,要充分发挥乡规民约的作用,增强林农自觉爱林、护林意识。

要根据中央和省委、省政府的统一部署,有计划地深化林业税费改革,减轻木竹税费负担,确保林业经营者的收益权。要认真贯彻执行《福建省人民政府关于印发福建省加快人工用材林发展的若干规定的通知》(闽政〔2002〕52号),放开搞活商品林经营,落实林业经营者对商品林的处置权。

要进一步加快林业行业协会等中介组织的建设步伐,合理界定中介组织职能,规范中介组织行为。采伐设计、木材检量、森林资源资产评估机构要逐步转为中介组织,与林业主管部门脱钩,确保客观、公正地履行职责。

八、切实加强对集体林权制度改革的领导

集体林权制度改革事关林业改革与发展，对发展农村经济、保持农村稳定、加快农村全面建设小康社会步伐具有重要意义。各地要把集体林权制度改革摆上重要议事日程，按照"县直接领导，乡（镇）组织，村具体操作，部门搞好服务"的工作机制，切实加强组织领导。要成立集体林权制度改革领导小组，负责改革全过程的组织协调，处理改革过程中出现的重大问题。各级林业主管部门要认真履行职责，做好参谋工作，提供优质服务，精心组织开展工作；农业、国土资源、财政、司法、民政等有关部门要密切配合，通力协作，确保集体林权制度改革积极稳妥地推进，努力推动我省林业改革与发展再上新台阶。

福建省人民政府
二〇〇三年四月四日

中共福建省委 福建省人民政府
关于深化集体林权制度改革的意见

各市、县(区)党委和人民政府、省直各单位：

自2003年全省开展集体林权制度改革以来，通过明晰产权、落实经营主体，有效调动了广大农民耕山育林护林的积极性，激活了福建林业，促进了林区生产发展、资源增长、农民增收、村财增加、社会和谐，加快了农村经济社会的发展。为巩固和扩大改革成果，建立和完善林业发展新机制，促进海峡西岸社会主义新农村建设，现就深化集体林权制度改革，提出"稳定一大政策、突出三项改革、完善六个体系"的意见。

一、稳定林地承包政策，巩固集体林权制度改革成果

1. 长期稳定林地承包政策。以家庭承包经营为基础、统分结合的双层经营体制，是农村的基本经营制度，是党的农村政策的基石。林地与耕地一样，是农村重要的生产资料，是林区农民重要的生活保障。集体林权制度改革是农村家庭承包经营制度的丰富和完善，是农村土地制度改革的拓展和延伸。长期稳定林地承包政策，事关集体林权制度改革成果的巩固，事关林业发展、林农增收、林区稳定。在深化集体林权制度改革中，必须始终坚持林地家庭承包经营基本政策不动摇，严格按照《土地承包法》《森林法》等法律法规规定，依法保护林木林地承包经营权不受侵犯。承包期内，集体(发包方)不得违法收回农民承包的林地，企业和个人不得以任何方式中断农民与集体的林地承包关系，农民与集体的初始承包关系不因流转而改变。对承包期满的林地，属于家庭承包的，要按照"大稳定、小调整"的原则进行延包；属于其他方式承包的，特别是在明晰产权改革时因其承包期未满而未落实家庭承包的，待承包期满后，原则上必须按照"均山、均权、均利"的要求落实家庭承包政策。

2. 规范森林资源流转。认真贯彻落实《福建省森林资源流转条例》。规范商品林流转秩序，加快流转市场建设，推动林业生产要素合理流动和优化配置。商品林流转必须通过县、乡(镇)林权交易管理中心，进行信息发布、交易和林权变更。采取限期(1个轮伐期，短周期工业原料林可放宽到2~3个轮伐期)、限量(部分林权)的办法，引导经营者流转商品林，做到既盘活森林资源，又防止炒买炒卖山林，造成农民失山失地。要完善商品林流转权属凭证的发放办法，明确出让方的延包依据和受让方的权益凭证。生态公益林的林木所有权不得转让。

3. 规范林地使用费收取、使用和管理。林地使用费是村民委员会或集体经济组织发包、出租、转让集体林地使用权的收入，是村民委员会或集体经济组织实现土地所有权的有效形式，它对保障村级组织正常运转，提高村级公共服务能力，建设社会主义新农村具有重要意义。根据《福建省实施〈中华人民共和国土地承包法〉的若干规定》和土地有偿使用原则，各级各有关部门要引导村民委员会或集体经济组织按照"村提村用民受益"的原则收取林地使用费。林地使用费收取标准和使用必须经村民会议2/3以上成员或2/3以上村民代表同意，其收取可以采取现金或实物等形式，使用和管理必须按照《福建省村集体财务管理条例》，做到公开、公平、民主。要坚决制止借收取林地使用费之名乱收费和违法集资，切实维护农民的合法权益。

二、突出三项改革，增强林业活力

4. 突出林业投融资体制改革。加大财政对林业的扶持力度。公益林业建设应以政府投入为主，积极引导社会资金投入。林业生态工程、森林灾害防治工程等投入要纳入各级财政预算，予以重点保证。要认真执行省委、省政府关于"各市、县(区)人民政府每年应从财政总支出中划出不低于1%的比例用于林业事业发展"的规定。林业部门编制内的行政事业经费要纳入同级公共财政预算，及时足额拨给，确保正常运转。对林业部门过去遗留的债务，各级政府要高度重视，逐步予以化解。

稳步推进林权抵押贷款。商品林业发展应以市场投入为主，政府予以适当扶持。林业主管部门与金融部门要密切配合，完善林权抵押贷款办法。采取更加简便快捷的融资方式，进一步简化贷款手续，降低融资成本；开发适应林业生产特点的金融新产品，扩大贷款规模，拓宽林业信贷空间；结合信用村建设，加大农户联保和小额贷款力度，支持农民发展生产。要加快林木收储中心建设，进一步降低林业信贷风险。林业主管部门对林权抵押贷款要做好林权证合法性和真实性的确认，在抵押贷款期间未经抵押权人同意，不得发放林木采伐许可证、不予办理林权变更手续。对贷款到期后无法还贷，且经招标拍卖仍无法变现的抵押林木，符合采伐条件的，林业主管部门要合理安排采伐指标，盘活信贷资产。要按照"低保费、低保额、保成本"的原则，大力开展森林保险业务。在林权抵押贷款和森林保险业务起步阶段，各级财政要安排专项资金，用于林业小额贷款贴息和森林保险补贴，为金融支持林业发展营造良好的环境。

5. 突出商品林采伐管理制度改革。改革商品林采伐管理制度是落实林业经营者对林木处置权的关键。要贯彻落实《中共福建省委、福建省人民政府关于加快林业发展　建设绿色海峡西岸的决定》（闽委发[2004]8号）关于放活商品林的规定，坚持森林采伐限额制度，以森林资源为基础，以森林经营方案为依据，科学安排伐区，合理分配采伐指标。要指导林业经营者自主编制森林经营方案，逐步落实林业经营者对商品林的采伐自主权，推动森林经营走上积极保护、大力发展、科学经营、持续利用的路子。农村居民在房前屋后等非规划林地种植的个人所有的零星林木，不纳入森林采伐限额管理。

6. 突出林业经营方式改革。积极引导农民在自愿的基础上，以资金、技术和亲情、友情为纽带，组建新型的林业合作经济组织和林业经营实体，提高林业经营的组织化程度。工商行政管理部门要支持林业合作经济组织依法登记，取得法人资格，登记工作不得违法收取费用。要组织开展林业合作经济组织示范点建设，帮助和指导合作经济组织制定和完善规章制度，使合作经济组织逐步走上规范化轨道。要加大对林业合作经济组织的扶持力度，在信贷融资、采伐指标、科技服务等方面予以倾斜。鼓励企业以租赁、联营、股份合作等形式，与农民合作建原料林基地，促进林业规模经营和集约经营。

三、完善六个体系，加快林业发展

7. 完善林业保护体系。建立森林防火应急预案，健全森林病虫害防治服务网络，完善防止盗砍滥伐组织体系。鼓励和支持农民自愿成立民间护林防火防盗防病虫害协会组织，引导村民制订村规民约，提高自我管理水平和自律意识，形成政府领导下的群防群治的森林"三防"体系。

强化林地保护。完善林地保护目标管理责任制，认真落实林地保护利用规划，严格林地征占用审批制度，对不符合林地保护利用规划的建设项目不得审核审批。要节约用地，建设项目要尽量少占用林地，生态区位极端重要的林地原则上不得征占用。要强化森林植被的恢复措施，森林植被恢复费应按规定专款专用，不得平调、截留或挪用。

加大执法力度。依法严厉打击乱砍滥伐林木、乱捕滥猎野生动物、乱征滥占林地、乱采滥挖野生植物、乱收乱购林木等破坏森林资源的违法犯罪行为。

稳定国有林场、林业采育场经营区。国有林场、林业采育场经营区内,属于集体拨交的林地,继续由国有林场、林业采育场经营。国有林场、林业采育场要按照《福建省人民政府关于调整林地使用费,稳定国有林场和林业采育场经营区的通知》(闽政文[2005]50号)要求,及时足额支付林地使用费。要积极探索按林地面积、按地类、按年支付林地使用费或者与村集体股份合作造林,实现互利互惠,保持经营区稳定。要坚决制止、依法处理蚕食、侵占、哄抢国有林场、林业采育场经营区的违法行为,确保林区安定稳定。

重视林权纠纷调处。按照属地管理、分级负责、依法调处的原则,健全调处机构,制定和完善调处预案,积极探索林木林地承包仲裁制度,充分发挥乡镇调解委员会和民间调解组织的作用,形成上下联动、齐抓共管的长效调处机制,促进林区和谐稳定。对调处无效的,要引导群众通过司法渠道解决。

8. 完善林业服务体系。按照"县建中心,乡建协会,村建分会"的要求,形成县乡村一体、互动互联的服务构架。要建立健全网络化的林业服务中心,主要承担林业服务职能和部分协调管理职能;要建立社会化中介机构,引入市场竞争机制,加快森林资源评估、伐区设计、木竹检验、林业物证鉴定等中介机构建设;要鼓励和引导组建专业化的林业行业协会,加强行业自律和权益保护。通过建立和完善林业社会化服务体系,为农民提供方便、高效、优质的服务。

9. 完善林业科技支撑体系。加强林业科技研究,持续开展林木种苗科技攻关,重视对资源培育、生物质能源与新材料、生物制药等研究开发,提升林业自主创新能力。要加大林业科技推广力度,实施林业科技入户工程,扩大"96355"林业服务热线的覆盖面,加强农村林业技术员队伍培训,实行农村林业技术员政府津贴制度,大力培育林业科技示范户,逐步形成以林业站、科技推广站为主体,林业协会、林业技术员为补充的林业科技推广服务网络,提高农民应用科技的能力。要深化林业科技体制改革,按照社会公益类科研机构改革的要求,推进林业科技管理体制和运行机制的创新。要建立调动科技人员积极性的激励和评价机制,实行科技人员挂钩包点制度,把挂钩包点工作的经历和成效与职称评聘、职务晋升、年度考核结合起来。以每年举办的"6·18"项目成果交易会为载体,加强林业企业与科研院校的合作,逐步形成以企业为主体、院校为依托的林业科技自主创新体系。

10. 完善林业管理体系。进一步整合机构,明确职能,理顺关系,改进林业管理方式,逐步构建以管理、执法、服务三大职能为主的林业管理新体制,切实把林业管理的重点放在宏观指导、依法行政和提供服务上。

加强林权管理。加快林权证发放进度,确保2008年1月1日起全面使用全国统一式样的林权证。县级以上人民政府要建立和完善林权登记管理机构,行使林权证发放、林权登记和抵押登记等职责,所需人员主要从现有林业部门内部调整解决,使用事业编制的,经费由财政核拨。实行林权动态管理,建立健全林权档案管理制度,完整保存林权登记、核发林权证和林权抵押贷款过程中形成的材料,为林业生产经营者提供林权信息查询服务。

推进林业行政执法体制改革。整合现有林业行政执法队伍,成立省、市、县三级林业综合行政执法机构,本着"精简、统一、高效"的原则配备人员,实现由分散执法向集中执法转变。林业综合行政执法机构的主要职责是查处破坏森林资源和野生动植物资源等林业行政违法案件。执法人员和办案经费纳入本级财政预算,并严格实行"罚缴分离"、"收支两条线"制度。

进一步加强林业站建设。认真贯彻《福建省森林条例》,稳定林业站作为县级林业主管部门派出机构管理体制。要充实林业站力量,优化人员结构,提高队伍素质,将林业站人员工资和公用经费纳入县级财政预算。重视林业站基础设施建设,把数字林业延伸到林业站,进一步方便农民,提高办事效率。要加强林业站对协会、合作经济组织、农村林业技术员和科技示范户的指导和联系,规范乡村护林员队伍管理,积极为农民提供产前、产中、产后服务。

11. 完善林业生态建设体系。按照"落实主体、维护权益、强化保护、科学利用"的原则,完善生态公益林管护和补偿制度。要结合各地实际,因地制宜采取联户、专业、委托等管护形式,进一步落实管护主体,形成责权利相统一的管护机制。要根据《福建省森林条例》关于筹集森林生态效益补偿资金的规定,建立健全森林生态效益补偿资金制度。省级财政每年要安排一定资金以转移支付的方式专门用于重点生态公益林区群众经济损失的补偿。要建立江河下游地区对上游地区森林生态效益补偿机制,江河下游的市、县(区)人民政府要安排一定资金用于上游生态公益林的补偿。依托森林资源开展旅游的,应从旅游经营收入中提取一定资金,直接用于生态公益林所有者的补偿。从利用水资源发电企业收取的水资源费,要考虑生态公益林保护和建设成本,并从所收取的水资源费中安排一定比例用于生态公益林补偿。鼓励各地积极探索以森林资源入股方式参与新建水电站和旅游区的开发。要大力宣传生态公益林保护在落实科学发展观、促进人与自然和谐中的重要意义,提高公众责任意识,自觉参与生态公益林的保护。要根据生态区位状况,对生态公益林实行分类管理。要加大生态公益林建设力度,积极做好火烧迹地更新和林中空地的补植套种,提高生态公益林防护功能。积极开展非木质利用,除自然保护区核心区、缓冲区和生态脆弱区域外，允许管护主体科学合理地利用林地资源和森林景观资源，发展种养业和森林旅游业。

创新沿海防护林体系建设和管护机制。积极探索和完善以"基干林带收归县统一管理"、"合理调整沿海防护林带内缘采伐政策"、"大力发展非规划林地造林"为主要内容的沿海防护林体系建设新机制。临海各县(市、区)林业局要成立专门机构，加强对沿海基干林带、湿地、红树林的管理和建设。严格控制沿海防护林地征占用，原则上不得占用沙岸、泥岸基干林带，对确需征占用的，要做到"占一补一"、"占一补二"，把新造林纳入项目建设中，做到同步规划、同步施工、同步验收。

加强自然保护区建设。高度重视自然保护区建设和区内群众生产生活问题，加大对自然保护区投入，安排专项资金用于自然保护区建设和解决区内群众生产生活困难。引导自然保护区的农民在实验区内科学利用资源，发展资源节约型、环保型的生产项目，增加收入。结合造福工程，积极探索生态移民办法，鼓励农民逐步迁出自然保护区核心区和缓冲区。

12. 完善林业产业发展体系。坚持以科学发展观为指导，正确处理好兴林与富民、保护与利用、生态与产业的关系，科学引导林业产业发展。实施"以二促一带三"战略，通过改造提升第二产业，促进第一产业，带动第三产业发展。根据林产加工业发展导则，引导加工企业规范、有序、健康发展。按照资源节约型、环境友好型的要求，进一步优化产业结构，大力发展以终端产品为主的精深加工业和以森林旅游、花卉、生物制药、物流配送、野生动植物培育及加工利用等为主的新兴产业，逐步淘汰生产工艺落后、产品质量低下、污染环境、浪费资源的木材加工企业，推动产业升级。大力推进产业集聚，培育和壮大一批市场前景好、带动能力强、技术含量高、经营规模大的木竹加工龙头企业，鼓励小企业向龙头企业链接配套，延伸产业链，逐步形成各具特色的产业集群。鼓励和支持木竹加工企业建设原料林基地，提高原料自给率。严格新建木竹加工企业的准入条件，促进规模高效经营。新建主要以利用本地资源的木材加工企业，必须符合我省林业产业发展政策的要求。要打破区域封锁，促进林产品自由流通，进一步完善银企、科企、政企、农企对接平台，强化服务质量，优化产业发展环境。

加快森林资源培育。必须坚持把培育森林资源作为林业发展的基础，大力培育速生丰产、珍稀名贵、优良乡土用材林和非木质利用森林资源，进一步优化森林资源结构。加大良种壮苗繁育力度，满足资源培育的需要。充分利用房前屋后、"四旁"地，大力发展非规划林地植树造林，绿化美化家园。严格按照《森林法》有关规定，加大对采伐迹地更新的监督管理力度，确保森林资源及时恢复和持续增长。

扩大林业对外开放。充分利用我省区位优势和港口优势，利用国内国外两种资源、两个市场，发展外向型林业。加强莆田秀屿进口木材检疫除害处理区和国家级木材加工贸易示范区建设。利用海峡两岸(福建)农业合作试验区的优惠政策，承接台湾的林业产业转移，加强闽台林木种苗繁育、动植物保护、生物资源利用、森林旅游、林业信息交流、科技人员培训等方面的交流合作。大力推进海峡两岸(三明)现代林业合作实验区建设，允许实验区在政策、体制、机制上探索和创新，逐步将实验区建设成为全国林业对台交流合作的示范窗口。

四、切实加强领导，确保改革顺利推进

13. 提高对深化改革的认识。集体林权制度改革是加快林业发展、振兴林区经济、富裕广大农民的重要途径，是落实科学发展观、建设社会主义新农村、构建和谐社会的有效举措。各级党委、政府要充分认识深化集体林权制度改革对稳定林地承包关系，完善林业管理体制，健全林业发展机制，增强林业活力，带动林区经济社会快速发展的重要性，进一步统一思想，增强改革的紧迫感和责任感。

14. 加强领导。各级党委、政府要把深化集体林权制度改革工作作为推进海峡西岸新农村建设的一件大事来抓，坚持党政主要领导负总责，分管领导具体抓。要成立深化集体林权制度改革领导小组，负责深化改革的组织、协调，处理深化改革过程中的问题。要建立目标责任制，健全监督检查机制，层层落实责任，为深化集体林权制度改革工作提供强有力的组织保障。

15. 建立工作机制。按照"党委政府领导、部门分工负责、上下协同推进"的工作机制，把相关任务分解落实到各有关部门。各部门要各司其职，各负其责，认真实施，形成合力。按照"三年基本完成，两年完善提高"的要求，争取再用两年的时间，通过深化配套改革，努力实现"机制到位、管理科学、支撑有力、生产发展"的深化改革目标，为海峡西岸经济区建设做出新的贡献。

中共福建省委
福建省人民政府
二〇〇六年十一月七日

中共福建省委 福建省人民政府
关于持续深化林改建设海西现代林业的意见

各市、县(区)党委和人民政府,省直各单位:

为深入贯彻落实中央林业工作会议精神、《中共中央、国务院关于全面推进集体林权制度改革的意见》(中发〔2008〕10号)和《国务院关于支持福建省加快建设海峡西岸经济区的若干意见》(国发〔2009〕24号),进一步深化集体林权制度改革,加快海西现代林业建设,促进海西经济社会可持续发展,现提出如下意见。

一、充分认识林业在海峡西岸经济区建设中的作用

(一)发挥林业的重大作用。林业是一项具有特殊功能的公益事业和重要的基础产业,在维护生态安全、促进经济发展、推动人类文明进步中发挥着重要的战略作用。福建是我国南方重点林区,发展林业是海峡西岸经济区实现科学发展的重要保障,是建设生态文明的首要任务,是打造生态省的重要基础,也是促进山区与沿海协调发展、增加农民收入、解决"三农"问题的重要途径。

(二)明确林业的重要地位。全面建设海峡西岸经济区,必须把林业放在更加突出的位置。在海峡西岸经济社会可持续发展中,林业具有重要地位;在海峡西岸生态建设中,林业具有首要地位;在海峡西岸经济建设中,林业具有基础地位;在海峡西岸应对气候变化中,林业具有特殊地位。

(三)增强林业发展的紧迫感。新世纪以来,福建林业改革与发展取得了新成效,集体林权制度改革、林业生态建设、林业产业发展在全国领先,推动了我省经济社会可持续发展。但是必须清醒地看到,我省森林生态系统的功能不够健全,生态问题成为我省可持续发展的突出问题之一;林业产业结构不够合理,生态产品尚不能满足人们日益增长的精神文化需求;林业改革尚需完善,林业的体制机制还不能完全适应科学发展的需要。当前,我省正处于全面建设海西的重要战略机遇期,要进一步增强加快林业发展的责任感和使命感,全面加快海西现代林业发展,提高生态环境承载能力,拓展海西经济社会发展空间。

二、持续深化集体林权制度改革

(四)进一步稳定和落实林地承包政策。全面开展明晰产权工作"回头看",对已经落实家庭承包的林地,要长期稳定承包关系;对采取其他方式承包的林地,承包期限届满的,由村集体收回,实行家庭承包。

林地只承包到村民小组、自然村的,要按照"愿单则单,以单为主;愿联则联,联合自愿"的原则,将产权明晰到户。农民有承包到户要求的,要将林地承包到户;农民愿意实行联合经营的,要将股份明晰到户,并建立健全联合经营管理制度。对尚未完成明晰产权任务的村,各地要查找原因,尊重群众意愿,因地制宜,落实产权。对森林资源过度流转且多数农民有耕山要求的地方,可以采取预期均山的办法,将未到合同期限的林地预分给无山或少山的农民。

要引导农民按照承包合同及时足额缴纳林地使用费,村集体要按照《福建省村集体财务管理条例》,规范林地使用费的使用和管理。村集体经济组织按规定保留的集体商品林地,应依法实行民主经营、民主管理,收益纳入集体财务管理。

(五)加快林权证发放进度。要采取有力措施,明确工作责任,在保证质量前提下,及时将林权证发放到林权权利人手中。

对已申请未登记的,要及时进行现场勘验、公示、登记;对已登记未打印林权证的,要加快林权证制作进度;对已打印未发放或者林权证还滞留在村委会和林业站的,要尽快发放到林权权利人手中;对联户发证的,农民有分户发证要求的要发放到户,愿意保留联户经营的,也要将林权证发放到户。要全面推广林权证现场定界拨交做法,现场核对山林界址,做到山证相符,确保发证质量。对林权有变更的,要依法及时做好林权变更工作。

要以用证促发证,凡是林木采伐、林地征收征用、林权流转、林权抵押贷款等涉及林权证书的,一律以全国统一式样的林权证为依据。

(六)积极引导林业合作经济组织建设。引导林业经营者在产权明晰的基础上,通过股份合作等方式,组建林业合作经济组织,促进林业规模经营、集约经营。要不断健全林业合作经济组织经营管理制度,规范经营行为,提升管理水平。加大对林业合作经济组织的扶持力度,对依法设立的林业合作经济组织实行"三免三补三优先",即免收登记注册费、免收增值税、免收印花税,实行林木种苗补助、贷款贴息补助、森林保险补助,采伐指标优先安排、科技推广项目优先安排、国家各项扶持政策优先享受。

（七）完善林木采伐管理制度。进一步落实林权所有者对林木的处置权。按照"长大于消、总额控制、分类经营、分类管理"的思路，放活商品林，管严生态公益林，建立"一控、三严、三放"的采伐管理机制。"一控"即实行采伐限额总量控制，确保森林覆盖率不下降。"三严"即严格控制生态公益林采伐，严格控制天然阔叶林皆伐，严格控制铁路、公路（高速公路、国道、省道）、重点江河沿线一重山等"三线林"皆伐。"三放"即对商品林的采伐审批，放宽采伐年龄，对集体人工用材林不再分大、中、小径材，可按最低采伐年龄进行采伐，短周期工业原料林的采伐年龄由经营者自主确定；放活采伐计划，经营者依法自主编制森林经营方案，确定采伐计划，林业主管部门按照森林经营方案落实采伐指标，商品林采伐限额可以结转使用。经营面积2万亩以上的森林经营单位，可以跨行政区域单独编制森林经营方案，指标实行单列；放开非林业用地上种植的林木采伐，实行报备制，不纳入采伐限额管理。要规范采伐指标分配，全面推行份额分解、分类排序、阳光操作、强化监督的林木采伐指标分配办法，实行采伐公示制度，公开、公平、公正分配采伐指标。

（八）规范森林资源流转。坚持依法、自愿、有偿的原则，在不改变林地集体所有性质、不改变林地用途、不损害农民林地承包经营权益的前提下，林地承包经营权和林木所有权可以进行转包、出租、互换、转让、入股、抵押或作为出资、合作条件。要加快建立健全森林资源流转服务平台，为森林资源流转提供信息发布、市场交易、法律服务、政策咨询、变更登记等综合服务。要加强流转管理，制定林木交易规则和规范化管理办法，强化市场监管机制。禁止生态公益林流转，保障生态公益林经营区域稳定。

要妥善解决森林资源流转历史遗留问题。村集体经济组织在林改前签订的森林资源流转合同，没有违反法律和行政法规禁止性规定的，予以维护；合同不够规范的，通过协商，签订补充合同予以完善；对流转价格明显低于当时市场平均价、承包期过长的，要加强引导，促使流转各方当事人通过协商，对利益、合同期限等内容进行适当调整；协商不成的，引导当事人通过仲裁或司法途径解决。村集体经济组织在林改后违反民主议定原则签订的林地流转合同应当依法予以纠正。

（九）健全林业服务体系。突出农民需求，完善林业服务体系建设，全面开通"96355"林业服务热线，实行科技人员挂钩包点制度。要建立社会化中介机构，引入市场竞争机制，加快森林资源评估、伐区调查设计、木竹检验、林业物证鉴定等中介机构建设。进一步规范行政权力运行，细化林业行政处罚自由裁量标准、完善权力运行流程图，推行电子政务，建设林业网上行政审批系统，做到林业行政权力运行依法、高效、公开、便民。

（十）化解林区矛盾纠纷。各级政府要认真实施《福建省林木林地权属争议处理条例》，按照属地管理、分级负责的要求，建立调处工作责任制，加大林木林地权属争议处理力度。坚持尊重历史、尊重现实、互谅互让、公开公正的原则，积极引导当事人以协商方式解决争议；对协商不成的，依法及时调处。要根据《农村土地承包经营纠纷调解仲裁法》，建立林地承包经营调解仲裁制度，及时化解林地承包经营纠纷，维护当事人合法权益。

要充分发挥国有林场、采育场在生态建设、国土保安、良种培育、科技示范等方面的重要作用，切实稳定国有林场、采育场经营区，依法维护国有林场、采育场合法权益，坚决制止并处理蚕食、侵占经营区的行为。对经营区内所有权属集体的林地，要积极探索多种形式的林地使用费支付办法，并按规定及时足额支付林地使用费或相应的生态公益林补偿资金，维护集体作为林地所有者的权益。

三、着力推动海西现代林业提质提升

（十一）总体要求。围绕生态省建设，坚持生态优先的发展战略，立足林业改革与发展的提质提升，统筹山区林业、沿海林业协调发展，全面推进林业生态体系、林业产业体系和森林文化体系建设，把福建林业推向科学发展的新阶段，更好地服务海西发展大局。到2015年，全省森林覆盖率稳定在现有水平，林业产业总产值2200亿元。到2020年，全省森林覆盖率保持全国领先水平，林业产业总产值3080亿元，努力把我省建设成为生态环境优美、林业产业发达、森林文化繁荣、林区社会和谐的现代林业先行区。

（十二）实施分区发展战略。突出区域特色，按照做优林业、做大林业的要求，实行分类指导，分区施策，协调推进山区林业和沿海林业发展。南平、三明、龙岩等主要林区要做优林业，在保护好闽江、汀江、九龙江等重点流域生态公益林的同时，重点发展速生丰产用材林、丰产竹林、珍贵树种用材林等高优森林资源培育业，发展生物制药、森林旅游、森林食品、林产化工等高效林产业，提升林业综合效益。福州、泉州、厦门、漳州、莆田、宁德等沿海地区要做大林业，在加强沿海防护林体系建设的同时，重点开展城乡绿化、绿色通道建设和工业园区、厂矿区、校园绿化，扩大森林面积；发展短周期工业原料林、名特优经济林、苗木花卉、家具、林产品贸易和精深加工等特色产业，拓展林业发展领域，优化发展环境，打造宜居城市。

（十三）构建完备的林业生态体系。把林业生态体系建设作为林业发展的

首要任务，在保护好生态公益林的基础上，逐步将成片天然阔叶林和重要区位的森林划为生态公益林，将针叶纯林改造为针阔混交复层林。大力实施"五大工程"，切实加强主要江河、湖泊、水库、城镇、村庄周边森林的保护，为海峡西岸经济区建设提供强有力的生态支撑。

重点江河流域生态修复工程。做好重点流域(闽江、九龙江、汀江、晋江、龙江、敖江、木兰溪、交溪)干流、一级支流一重山造林、补植和封山育林，修复流域水源涵养林和水土保持林，实现区域内林分结构合理，生态功能稳定发挥。

沿海防护林工程。抓好沿海基干林带、纵深防护林、红树林建设，实现区域内沿海防护林体系更加完善、生态结构更加稳定，进一步提高防灾减灾能力。

绿色通道和城乡绿化一体化工程。建设高速公路、国省道、铁路等交通干线及两侧一重山绿色长廊，加快城市片林、城边林带、城郊森林建设，大力推进绿色村庄、绿色城市、绿色校园、绿色厂区、绿色社区、绿色军营建设，建设宜居家园。

湿地和自然保护区建设工程。加强濒危物种、重要湿地的保护和自然保护区建设，逐步将重点区域的生态公益林列为自然保护区、小区，对珍贵濒危物种实施拯救。

森林灾害防控工程。加强森林火灾预警监测和扑救指挥系统建设，加大森林火灾扑救应急物资储备库、生物防火林带、防火阻隔带建设力度，重视支持森林武警部队建设，全面推进专业、半专业扑火队伍建设；加强林业有害生物监测预警、检疫御灾和防治减灾体系建设，加大主要林业有害生物综合治理和松材线虫病等重大林业疫情除治力度。

(十四)构建发达的林业产业体系。把林业产业体系建设作为林业发展的重要任务，继续实施"以二带一促三"战略，延伸产业链，提高附加值，增强竞争力，促进林业产业升级。

加强科学引导。认真落实《福建省林产加工业发展导则》，鼓励发展高效、环保、绿色、节能的项目和产品，淘汰浪费森林资源、影响环境的项目和产品；要优化林业产业发展布局，提高木制品加工准入门槛，2010年起新上项目要引导进入工业园区。认真落实国家《林业产业振兴规划》，制定出台《福建省林业产业振兴规划》，改造提升木竹加工、制浆造纸、家具制造、林产化工等传统产业；大力发展速生丰产林、竹林、油茶、苗木花卉、森林食品、森林药材等富民产业；加快建设森林旅游、生物制药、生物油料、生物质能源等新兴产业。

建设十大资源基地。重点建设速生丰产用材林、短周期工业原料林、丰产竹林、珍贵树种、大径材、种苗花卉、名特优经济林、森林食品、森林药材和生物质原料林基地。要突出区域特色,因地制宜,制定完善十大基地建设规划;要集中资金,加大对基地建设的扶持力度,增加森林总量,提高森林质量。

培育五大产业集群。大力扶持林业龙头企业发展和林业品牌创建,推进林业产业聚集,着力建设五大产业集群:以莆田秀屿国家级木材贸易加工示范区为载体,建设闽中外向型林产工业集群;以漳州人造板加工集中区、百里花卉走廊为载体,建设闽南木制家具、花卉产业集群;以三明林博园、海西家具工业园、生物医药产业园为载体,建设闽西北林产工业和生物产业集群;以建阳海西林产工贸城、建瓯(中国)笋竹城为载体,建设闽北林产、笋竹加工产业集群;以龙岩、宁德生态旅游和旅游产品开发为载体,建设闽西北和闽东北森林旅游集群。

(十五)构建繁荣的森林文化体系。把森林文化体系建设作为林业发展的新任务,将森林文化教育纳入公民文化素质教育规划,建设一批各具特色的森林博物馆、森林公园、自然保护区和生态文明教育示范基地,大力普及生态知识,在全社会树立热爱森林、保护森林和建设林业的良好风尚。着力培育竹、花、茶、名木古树、湿地等森林文化,不断丰富和发展海西生态文明。

(十六)构建闽台林业合作交流的前沿平台。以海峡两岸现代林业合作实验区为载体,加强两岸林业在林木良种、花卉、生物资源保护与利用、森林旅游等方面的交流合作。在省林科院建设闽台林业种质资源数据库,在漳州建设海峡西岸森林资源培育科技示范区、海峡两岸花卉集散中心。做大做强漳浦、清流、漳平、仙游台湾农民创业园,办好林博会、花博会、木洽会,逐步将福建建成大陆林业对台交流合作的示范基地。

(十七)构建林业发展的科技支撑。建立以企业为主体、以市场为导向、以效益为目的的林业科技创新体系,鼓励科技人员通过技术承包、技术转让、技术服务、联合开发、创办经济实体等形式,加快科技成果转化,促进林业生产力提高。持续开展林木种苗科技攻关,建设高世代林木良种繁育基地,加大优质珍稀名贵树种的培育力度,提高良种供给的能力和水平。要科学经营森林资源,加强森林抚育和低产低效林分改造,逐步优化树种结构,提升林分质量。要进一步发挥林业科技推广机构和林业科技特派员的作用,加大对林业科研院校(所)的支持力度,增强科技创新和公共服务能力。加快推进林业信息化、机械化、标准化建设。

（十八）构建林业发展的法制保障。加快制定湿地、生态公益林、森林防火、国有林等方面的法规、规章，完善林业法制体系。加强林业法制教育，普及林业法律知识，创造良好的依法治林氛围。加大林业执法力度，严厉打击破坏森林资源的违法犯罪行为，依法保护森林资源。强化林地资源保护，严格控制征用沿海防护林等生态公益林林地，确需征用的实行"征一补一"制度，补调进的森林要落在重点生态区位。对不落实"征一补一"制度的，不予审批。

四、不断加大林业发展的政策支持

（十九）完善公共财政支持林业发展政策。各级政府要将森林防火、林业有害生物防治、森林资源监测、林权管理以及林业执法体系等方面的基础设施建设纳入各级政府基本建设规划，将林区道路、供水、供电、通信等基础设施建设纳入相关行业的发展规划，继续加大对重点生态工程建设投入。

加强林业工作站、林业检查站、森林公安派出所、科技推广站等基层站所的基础设施建设，森林公安公用经费和装备配置按照同级公安机关标准执行。支持做好国有林场、采育场危旧房改造工作。建立造林、抚育、保护、管理投入补贴制度，从2010年起省级财政开展林木良种、造林苗木补贴试点，对造林优质苗木给予补贴。对带动力强、起示范作用的林业专业合作社给予适当资金补助。各级财政要安排资金，扶持建立集贷款担保、贷款贴息、风险准备、林木收储等多种功能为一体的林业融资服务平台。认真执行省委、省政府关于各市、县(区)人民政府每年应从财政总支出中划出不低于1%的比例用于林业生产发展的规定。

严格执行国家《育林基金征收使用管理办法》，育林基金必须专款专用，不得挪用。从2010年1月1日起，育林基金征收标准由林木产品销售收入的20%降到10%，林业部门行政事业经费，由同级财政部门通过部门预算予以核拨，不得从育林基金中列支。

（二十）完善森林生态效益补偿政策。各级政府要建立和完善森林生态效益补偿基金制度。2010年起省级以上重点生态公益林补偿标准提高到每年每亩12元(省级以上自然保护区15元)，其中江河下游地区对上游地区生态公益林补偿标准，从2010年起由原来的每年每亩2元提高到3元，具体筹措办法由省政府另行制定下达。

地方政府要将生态公益林补偿资金纳入"一卡通"账户管理，实行一户一折一号，将属于林权权利人的生态公益林补偿资金直接足额拨付到农户。

在坚持生态优先的前提下，鼓励生态公益林林权所有者开展林下套种药用植物、食用菌，利用林间空地种植珍贵树木、竹子和生物质能源树种，利用景观资源发展森林人家等生态旅游，省级财政每年安排专项资金给予扶持。

（二十一）完善金融服务林业政策。各银行业金融机构要根据造林、育林资金需求特点，探索和创新适应林业生产特点的支林信贷产品，制定和完善相应的林权抵押贷款管理办法，积极拓展林权抵押贷款业务，努力发挥林农持有林权证的融资担保功能，实现林权抵押贷款"增量拓面"。要简化林业贷款程序和审批手续，采取下放贷款权限、送贷上门等便民金融服务，提高林业贷款工作效率。要根据林业生产特点合理确定贷款期限和利率，林业贷款期限可为10年以上，对小额林权抵押贷款，利率不上浮或尽量少上浮。鼓励各类金融机构通过委托贷款、转贷款、银团贷款等方式加强林业贷款业务合作，促进林区形成多种金融机构参与的贷款市场体系，拓展林业融资渠道。完善政策性森林保险制度，健全森林保险保费补贴和省级风险赔偿准备金制度。

（二十二）完善社会投入林业政策。坚持把利用外资和社会资金作为增加林业投入的重要举措来抓，加大招商引资力度，大力发展林业外向型经济。大力推进森林认证工作，为林产品出口解决市场准入问题。探索林业碳汇交易机制，鼓励各类企业通过林业碳汇交易参与林业投资建设。倡导社会、团体和个人通过捐赠等方式认养生态公益林、名木古树，参与林业保护与建设。

五、切实加强对林业发展的组织领导

（二十三）建立强有力的工作推动机制。各级党委、政府要把林业工作摆上重要议事日程，党政主要领导要亲自抓，分管领导要直接抓，形成党委统一领导，党政齐抓共管的领导体制和工作机制。各级党委、政府要强化对深化林改和林业生态建设的组织领导，建立健全领导小组，负责深化林改和生态建设工作，研究、协调解决深化林改和生态建设中的重大问题。要建立工作责任制，把深化改革和生态建设的目标任务分解到市、县、乡，并将任务完成情况纳入省政府对市、县（区）政府绩效管理内容。要建立深化林改和生态建设的督查、奖惩制度，对完成好的市、县、乡，予以表彰奖励；对完不成任务的，给予批评问责。

各级人大、政协要加强对各级政府推进林业改革发展工作的监督，各有关部门要各司其职，密切配合，主动参与和支持林改，推动林业持续、快速、健康发展。

（二十四）建设高素质的林业干部队伍。各级政府要稳定和加强林业管理机构建设，切实理顺林业站作为县级林业主管部门派出机构的管理体制，进一步完善森林公安的体制，重视和支持武警森林部队、林业行政执法、林权登记管理、林木林地权属争议处理、林业信息化管理队伍建设。大力发展林业教育，创新人才培养机制，加强干部队伍的思想、组织和作风建设，培养具有较高政治素质和业务素质的林业管理、执法和技术队伍，为海西现代林业建设提供队伍保障。

中共福建省委
福建省人民政府
2009 年 12 月 9 日

福建省人民政府
关于进一步加快林业发展的若干意见

闽政〔2012〕48号

各市、县(区)人民政府,平潭综合实验区管委会,省政府各部门、各直属机构,各大企业,各高等院校:

为加快推进我省林业科学发展、跨越发展,到2015年实现森林覆盖65.50%,森林蓄积5.22亿立方米,林业产业总产值3000亿元以上,农民涉林收入年均增长12%;到2020年实现森林覆盖率65.50%以上,森林蓄积5.42亿立方米,林业产业总产值突破6000亿元,农民涉林收入年均增长12%以上,努力把我省建成生态环境优美、林业产业发达、森林文化繁荣、人与自然和谐的生态强省,特提出如下意见:

一、转变林业生产方式,加强森林资源培育

着力抓好林木种苗科技创新,建设林木良种基地,提高良种使用率,财政对使用良种壮苗造林予以补助。推广不炼山造林,推进林木采伐由皆伐向择伐转变,防止水土流失,保护生物多样性。从2013年起三年内,省级财政安排资金,对择伐作业给予100元/亩补助,市、县(区)财政予以配套。加快"四绿"工程建设,加强城市、村镇、道路和"三沿一环"(沿路、沿江、沿海、环城)植树绿化,重点抓好高速公路、高速铁路森林生态景观通道建设。要保障森林通道建设用地,采取租赁、征收、补助、合作等方式,将通道两侧土地用于植树造林。加强未成林和中幼林抚育,提高森林质量,争取中央加大对森林抚育的扶持力度。

依托国有林场、采育场,推进国家木材战略储备生产基地建设,培育大径材、珍贵树种用材林。争取国家加大投入,并按照国家部委要求,省级相应部门安排资金用于基地建设配套。依托福建省林业投资发展有限公司,建立林业发展投融资平台，支持国家木材战略储备生产基地等重大林业项目建设。有条件的市、县(区)政府可组建同级林业发展投融资平台。金融机构要加大重大林业项目建设信贷支持力度。

二、完善生态补偿机制，强化重点区位生态保护

通过收取森林资源补偿费，适当提高用地成本，控制林地不合理消耗，引导科学合理节约利用林地。从2013年起，对使用重点生态区位商品林、省级生态公益林、国家级生态公益林林地的，分别按照每平方米30元、60元、90元的标准收取森林资源补偿费(2013—2015年交通基础设施建设项目减半征收，所收资金用于高速公路两侧红线内造林绿化)，具体征收使用管理办法由省财政厅、省林业厅制定。

构筑沿海森林防护屏障，对沿海基干林带划定范围内无法造林的，将临海第一层林缘向内200米范围的林木划为沿海基干林带管理。加强林地、湿地保护，鼓励建设自然保护区、保护小区。

加大环城一重山及城中山的林地保护，严格控制林木采伐。交通、电网、风电等基础设施建设要科学规划，应当不占或者少占林地，并在可利用的土地上种植树木，加强生态保护。规范树木采挖移植，禁止在重点生态区位采挖树木，严格限制胸径20厘米以上的大树移植出省。

三、加快转型升级，提升传统林产加工业

培育林业龙头企业，鼓励开展森林认证和质量认证，扶持企业上市融资，做大、做强林业品牌。鼓励企业开展技术改造和创新，发展木竹、松脂、纸浆、木质活性炭精深加工，延长产业链，对符合企业科技创新和成果转化扶持范围的给予重点支持。鼓励进口木材(木片)，简化进口木材(木片)运输手续。

支持林业专业园区建设，对进入园区的工业项目，凡符合产业政策，属于我省鼓励发展的重点项目，可按不低于所在地土地等别相对应《全国工业用地出让最低价标准》的70%作为底价招拍出让土地使用权，但出让价格不低于土地取得、前期开发成本和相关税费之和。

金融机构要进一步增加林业贷款额度，根据林业生产特点适当延长贷款期限，利率不上浮，简化贷款手续。对企业收购原料及初加工产品，享受农民自产自销农副产品免税政策。

四、拓展林业新兴领域，大力发展非木质利用产业

发展林业生物产业。扶持林业生物能源基地建设，突出森林生物产品精深加工，引进大型生物技术企业，鼓励生物技术创新，加强植物精油、生物碱等植物提取产品开发，加快发展生物材料、生物制药、森林食品、天然化妆品和

生态茶园等产业。对经有关部门认定的科技含量高、带动农民增收能力强的林业生物企业，享受高新技术企业优惠政策。

发展花卉产业。加强优势花卉品种研发和培育技术推广，加快建设花卉专业市场和花卉文化博览园，推进与荷兰、台湾地区的花卉合作。按照现有投资标准，每年新增扶持建设5个现代花卉项目县，逐步将花卉项目县扩大到30个。对设施栽培花卉的用水、用电按照一般农业用水、用电标准收费。

发展林下经济。实施"千万林农增收千元工程"，加快发展林药、林菌、林禽、林蜂等林下种植和养殖业，实现"以短养长、立体经营"。从2013年起连续三年，省级财政每年安排3000万元对林下经济发展予以补助，市、县（区）财政也应安排资金予以扶持。

发展森林生态旅游和森林文化产业。发挥森林景观资源优势，鼓励社会资金投入发展森林生态旅游，依托森林公园、国有林场、自然保护区和"森林人家"，结合全省精品旅游线路规划，打造森林生态旅游精品线路，培育森林休闲、养生、探险、体验等生态旅游区域品牌。经工商注册的森林生态旅游企业，免征属于登记类、证照类的各项行政事业性收费地方级收入部分。加快森林公园立法，依法保障符合规划的森林休闲用地。加强森林文化教育基地和森林博物馆建设，将森林文化产业纳入全省文化产业予以支持。

五、加强基层林业建设，夯实林业发展基础

稳定和加强林业基层管理机构建设，提高基层林业主管部门领导班子专业技术人员比例。立足于乡镇林业站社会公益性质和职能转变需求，科学制定人员编制核定标准，在编制内配齐配强工作人员，经费足额列入地方财政预算。各地应结合实际，合理制定招聘林业站、林场等基层林业岗位的学历资格条件，允许林学类大中专毕业生报考林业站、林场等基层林业岗位，对于急需紧缺专业岗位，可采取直接考核或专项公开招聘方式予以补充。将林业基础设施建设纳入各级政府基本建设规划，强化林区道路和基层林业站所基础设施建设，改善基层林业生产生活条件。

福建省人民政府
2012年9月24日

福建省人民政府
关于进一步深化集体林权制度改革的若干意见

闽政〔2013〕32号

各市、县(区)人民政府,平潭综合实验区管委会,省人民政府各部门、各直属机构,各大企业,各高等院校:

为深化集体林权制度改革,加快林业发展,增加农民收入,推进生态省建设,特制定如下意见:

一、以林权管理为重点,建立规范有序的森林资源流转市场

(一)加强林权管理,稳定和落实产权。对集体林地已经落实家庭承包的,要保持稳定不变;对采取联户承包的集体林,要将林地面积份额量化到户,完善合作经营管理制度;对集体经济组织统一经营的集体林,要实行民主管理。强化林权动态管理。加强林权登记、变更、注销和抵押登记,对林权重、错、漏登记发证的应依法纠正。各级政府要加大投入,加强林权管理机构建设,在2015年底前建成林权管理信息系统。要建立林地承包经营纠纷调解仲裁机构,开展纠纷仲裁。

(二)建立林权流转市场。按照"依法、自愿、有偿"的原则,以海峡股权交易中心等机构为依托,建立规范有序的林权流转交易平台和信息发布机制,鼓励林权公开、公平、公正流转,促进林业适度规模经营。引导林农以入股、合作、租赁、互换等多种方式流转林地;探索建立工商企业流转林权的准入和监管制度,防止以"林地开发"名义搞资本炒作或"炒林"。严格执行森林资源流转法律法规,加强对集体统一经营林地流转的监管,维护林区稳定。

(三)加强森林资源资产评估体系建设。规范森林资源资产评估,资产评估机构进行森林资源资产价值评定估算前,可以根据有关规定委托具有相应资质的林业专业核查机构对委托方或者相关当事方提供的森林资源资产实物量清单进行现场核查,由核查机构出具核查报告。非国有森林资源抵押贷款项目可由资产评估机构进行评估或由林业主管部门管理的具有丙级以上(含丙级)资质的森林资源调查规划设计、林业科研教学等单位提供评估咨询服务，出具评估咨询报告。

（四）加大金融支持林业发展力度。各银行业金融机构要加大林业信贷投入，延长贷款期限，推广"免评估"小额林权抵押贷款和花卉、竹林抵押贷款，完善"林权证+保单"抵押贷款模式。支持各类金融机构在林区新设或将原有分支机构转型设立林业金融专营机构，提供专业化林业金融服务。对森林资源资产评估机构、林业调查规划设计机构出具的森林资源资产评估咨询报告应予采信，适当提高林权抵押率。各级人民银行要进一步加强林业信贷政策窗口指导，各级银行业监管部门可适当提高林业不良贷款容忍度。将林权抵押贷款业务全部纳入我省小微企业贷款风险补偿范围，按有关规定给予风险补偿。福人集团有限责任公司牵头成立省一级林木收储中心、担保机构，参与成立林业金融专营机构。有条件的地方，可由市、县（区）林业投资公司成立林木收储中心，对林农林权抵押贷款进行担保，并对出险的抵押林权进行收储，有效化解金融风险。林木收储中心和林业担保机构为林农生产性贷款提供担保的，由省级财政按年度担保额的1.60%给予风险补偿。

二、以分类经营为主导，建立森林可持续经营的新机制

（五）完善生态公益林管理机制。建立省级公益林与国家级公益林补偿联动机制，补偿标准随着国家级公益林补偿标准提高而提高。从2013年起省级以上公益林补偿标准每亩提高5元。要建立村集体、护林员管护生态公益林联动责任机制，实行年度考核、奖惩制度。进一步优化生态公益林布局，对落在重点区位外的零星分散的生态公益林，可采用等面积置换的方法置换重点区位内的商品林。落实《福建省生态功能区划》，加强重点生态区位林地保护，建设项目应不占用或少占用重点生态区位林地，严格控制占用沿海防护林尤其是基干林带林地。

（六）推进商品林可持续经营。持续加快造林绿化，推进"四绿"工程建设和"三沿一环"（沿路、沿江、沿海、环城一重山）等重点生态区位森林以及低产低效林分的补植、改造和提升，推进封山育林，禁止采伐天然阔叶林和皆伐天然针叶林，打造"四季皆绿、四季有花、四季变化"的森林生态景观。县级政府要加快编制县级森林经营规划，森林经营单位要编制森林经营方案，明确经营目标和措施。林业主管部门要开展森林可持续经营试点，强化森林抚育。扶持实施木材战略储备项目，加快培育大径材，实现木材供给基地化。完善林木采伐管理制度，对除短周期工业原料林以外的一般商品林提倡择伐，主伐年龄按照国家《森林采伐更新管理办法》规定执行。大力发展专业合作和股份合作等多元化、多类型的林业合作社，支持发展股份制合作林场和家庭林场；鼓励一批有实力的骨干合作组织采取"合作社+林农"模式和林业龙头企业采取"公司+林农"模式或采取"公司+合作社+林农"模式开展合作经营，推动商品林经营规模化、专业化、集约化。实施"以二促一带三"战略，改造提升传统产业，加快发展新兴产业，促进农民就业增收。

(七)科学发展林下经济。各地要按照生态优先、顺应自然、因地制宜的原则，科学编制林下经济发展规划，科学发展林药、林菌、林花等林下种植业，林禽、林蜂、林蛙等林下养殖业，"森林人家"、森林景观利用等森林旅游业和森林化学利用、生物质等非木质产品采集加工业，立体开发森林资源，增加林农收入。鼓励林业合作社发展林下经济，推广"公司+合作社+农户"的产业化经营模式，鼓励龙头企业通过订单保证农户林下产品销售，精深加工林下产品。建立政府引导，农民、企业和社会为主体的多元化投入机制，吸引国内外企业、民间资本参与林下经济发展。加强林下种养业发展的金融服务，积极通过农户小额贷款、农户联保贷款、个人经营性贷款等品种予以支持。对于林下种植的价值高的苗木，鼓励金融机构探索开办苗木抵押贷款业务，创新符合林下生产经营特点的多样化金融产品。从2013年起连续三年，省级财政每年安排3000万元用于发展林下经济，市、县(区)财政也应安排相应资金予以扶持。

三、以转变职能为核心，健全林业社会化服务体系

(八)加强林业基层和设施建设。加强基层林业站、森林公安派出所、林业行政执法机构等基础设施建设，经费纳入当地财政预算。各级财政要加大投入，保障森林公安经费。各级森林公安的业务经费、政策性补贴等按照地方公安标准，足额列入同级财政预算。合理调整林业检查站布局，在高速公路省际口设立林业检查站，强化木材、野生动植物及其产品凭证运输和林业有害生物的检查监管。按编制配齐配强基层林业行政执法队伍、林权管理机构、林业站、林业科技推广机构工作人员，增加专业人员比例，经费要足额纳入地方财政预算。严厉打击非法收购木材行为，切实控制森林资源非法消耗。

(九)强化林业社会化服务。加强林权管理服务中心建设，建立优质高效的林业服务平台，提高服务林农的能力。落实好"三免三补三优先"政策(即免收登记注册费、免收增值税、免收印花税，实行林木种苗补助、贷款贴息补助、森林保险补助，采伐指标优先安排、科技推广项目优先安排、国家各项扶持政策优先享受)，加强对林业合作社的指导、培训和服务，促进林业合作社规范发展。鼓励以合作联营等形式，加快造林、防火、采伐、森林病虫害防治

等专业队伍建设，提高林业服务专业化水平。鼓励森林资源资产评估、伐区调查设计、木竹检验、林业物证鉴定等社会化中介机构建设。加强林业技术培训，省级财政每年新增安排专项资金，用于开展服务林农专业技术骨干培训、林业实用技术和基本技能培训。

（十）积极实施生物防火林带和设施林业建设。省、市、县（区）要科学编制生物防火林带建设规划，选用防火性能较好、经济价值较高的树种，建设生物防火林带。从今年开始实施生物防火林带建设，着力提高生物防火能力，增加农民收入。各级政府要加大林区水、电、路、讯等基础建设力度，统一纳入地方规划建设。要加大力度扶持设施林业，加强花卉、苗木、毛竹、经济林等生产设施建设，提高林业现代化水平。

福建省人民政府
2013 年 8 月 1 日

福建省人民政府
关于推进林业改革发展
加快生态文明先行示范区建设九条措施的通知

闽政〔2015〕27号

各市、县(区)人民政府,平潭综合实验区管委会,省人民政府各部门、各直属机构,各大企业,各高等院校:

为进一步发挥林业在我省生态文明建设中的重要作用,实现到2015年全省森林覆盖率达65.95%以上、森林蓄积达6.08亿立方米,2020年森林覆盖率继续保持全国首位、森林蓄积达6.23亿立方米,林业产业总产值每年增长8%以上的目标,特提出如下措施:

一、深化林权管理改革。继续推进联户发证细分,在尊重农民意愿的前提下,也可以确权确股不确地,切实维护农民的集体林地承包权益。加强不动产统一登记后的林权管理,完善交易平台和信息平台建设,减免林权流转税费,鼓励林权依法规范流转,放活林地经营权,积极培育林业新型经营主体,每年新培育林业专业合作社200个以上、股份合作(家庭)林场100个以上,鼓励社会资本参与生态建设。

责任单位:省林业厅、国土厅、农业厅、国税局、人行福州中心支行,各市、县(区)人民政府,平潭综合实验区管委会

二、优化林业金融服务。加快推进森林资源资产评估、林业抵押担保等平台建设,扶持省级林木收储平台建设,引导有条件的市、县(区)建立林木收储平台,推动林业资源向资本转化。继续推进森林综合保险,有效化解风险,促进林权抵押贷款增量拓面。金融机构要落实惠农惠林贷款政策,创新林业金融产品,增加贷款投放,加大林业发展资金支持力度。

责任单位:省林业厅、财政厅、人行福州中心支行、福建银监局、福建保监局,各市、县(区)人民政府,平潭综合实验区管委会

三、开展重点生态区位商品林赎买等改革。2015年省级选择7个县(市、

区)开展试点,以后逐步扩大试点面,探索通过政策性或商业性收储重点区位商品林、置换、赎买、租赁、入股等多种形式破解林农利益与生态保护的矛盾。改革资金以各市、县(区)地方政府自筹为主,受益者合理负担,多渠道筹集,森林资源补偿费县级分成资金可优先用于赎买改革,省级财政根据试点情况给予适当补助。符合条件的森林区别不同情况分别纳入保护区、森林公园、国有林场、国家储备林建设范畴,进一步优化生态公益林布局。

责任单位:省财政厅、林业厅,各市、县(区)人民政府,平潭综合实验区管委会

四、完善生态补偿机制。2015年省级以上生态公益林补偿标准每亩提高2元,今后结合国家调整情况及省级财力可能逐步提高。加大湿地生态保护的投入,完善重点区位商品林限伐补偿政策,争取将天然林纳入国家天保工程补助。

责任单位:省财政厅、林业厅

五、科学管理使用林地、湿地。划定并严守林业生态红线,建立红线管控制度和森林资源承载能力预警机制。严格执行林地定额和用途管制,深化林业审批制度改革,优化审批流程,节约集约使用林地,优先保障重点、民生、基础设施项目建设。认真做好林地占补平衡工作,严格落实项目建设占用征收林地异地恢复森林植被制度,恢复森林植被不力的,林业部门将暂停受理其占用征收林地审核审批申请。严格依法区划界定沿海基干林带,落实基干林带同区位"先补后征""占一补一"政策,除省级以上批准的基础设施、公共事业、民生项目,国防、外交项目以及重要的生态项目外,其他建设项目不得使用基干林带。鼓励开展沿海基干林带建设。

责任单位:省林业厅、国土厅、环保厅、发改委,各市、县(区)人民政府,平潭综合实验区管委会

六、加大森林资源培育力度。完善造林补贴政策,上年林木采伐迹地必须造上林,上年森林火灾、林业有害生物危害和盗砍滥伐迹地必须造上林,上年项目建设占用征收林地的必须通过等面积以上荒山或非规划林地造林予以补充,每年完成森林抚育、封山育林各200万亩以上,确保森林面积和覆盖率不下降。

责任单位:省林业厅、财政厅、住建厅、交通运输厅、国土厅,各市、县(区)人民政府,平潭综合实验区管委会

七、加强森林灾害防控。2016年底前完成山脚田边生物防火林带建设45万亩,省级财政给予每亩1000元补助。争取国家支持建设森林防火远程视频

监控系统和航空护林站，实施重要生态功能区重大林业有害生物防控，完善森林火灾和林业有害生物防控体系，继续施行松材线虫病防控目标责任制，提高林业抵御灾害能力。

责任单位：省林业厅、财政厅、发改委，各市、县(区)人民政府，平潭综合实验区管委会

八、加快推进依法治林。深化林业综合执法体制改革，推进信息化、规范化建设，建立破坏森林、湿地资源举报奖励制度，严厉打击破坏森林、湿地资源违法犯罪行为。2015—2020年省财政每年安排1500万元用于林区主要交通路口的视频监控系统建设。各级财政按规定做好森林公安经费保障工作。

责任单位：省林业厅、财政厅、法制办，各市、县(区)人(区)人民政府，平潭综合实验区管委会

九、大力发展特色林产业。启动实施第三轮(2015—2017年)现代竹业发展项目，继续实施现代农业(油茶、花卉)等重点项目，加大设施林业投入，扶持林业特色富民产业发展；2015—2018年省财政每年安排7000万元专项补助资金，扶持引导林下经济科学发展。开展森林可持续经营试点，积极推进林业合作经济组织科学编制森林经营方案。探索推动森林碳汇工作。支持林业科研和技术成果转化，促进产业转型升级。

责任单位：省林业厅、财政厅、科技厅、发改委，各市、县(区)人民政府，平潭综合实验区管委会

各级各部门要切实加强对深化林业改革、加快林业发展工作的组织领导，落实县级人民政府保护发展森林资源目标责任制，建立健全破坏森林、湿地资源责任追究制度。完善生态文明考核评价机制，继续将森林覆盖率、森林蓄积量、林地保有量等指标纳入政府绩效等评价考核体系。

福建省人民政府
2015年6月4日

福建省人民政府办公厅
关于持续深化集体林权制度改革六条措施的通知

闽政办〔2016〕94号

各市、县(区)人民政府,平潭综合实验区管委会,省人民政府各部门、各直属机构,各大企业,各高等院校:

为持续深化集体林权制度改革,加快林业发展,带动林农脱贫致富奔小康,促进生态文明先行示范区和"清新福建"建设,特提出如下措施:

一、着力培育新型林业经营主体

加快林业专业合作社、家庭林场等新型林业经营主体建设。积极指导新型林业经营主体编制并实施森林经营方案,其培育的短轮伐期用材林,主伐年龄自主确定,在确保及时更新的前提下,采伐指标优先安排。支持新型林业经营主体参与森林资源开发利用、基础设施建设等,优先享受造林和森林抚育补贴、贷款贴息、森林保险保费补贴、林下经济发展补助等扶持政策。鼓励农户流转承包林地,促进林业适度规模经营。工商(市场监管)部门要依法做好家庭林场市场主体的登记和营业执照发放工作。农民专业合作社享有的税费优惠政策,符合相关条件的家庭林场给予同等享受。增加省级农民专业合作社示范社中的林业专业合作社数量,将家庭林场纳入家庭农场补助范围。制定新型林业经营主体标准化建设方案,每年评选一批具有一定规模、管理规范、依法经营的新型林业经营主体,省级财政给予一定的资金补助。2016—2020年,全省每年新增林业专业合作社200个、家庭(股份)林场100个以上。

责任单位:省林业厅、财政厅、农业厅、国土厅、工商局、地税局、国税局,各市、县(区)人民政府,平潭综合实验区管委会

二、加大金融支持林业发展力度

银行业金融机构要优先安排信贷资金,加大林业贷款投放,积极探索林业金融产品与服务创新,破解林农贷款难题。简化放贷手续,鼓励对林农小额林权抵押贷款实行"免评估"。加快开发适合营造林需要的贷款品种,使信贷产

品与林业生产周期相适应。推广林权抵押按揭贷款业务,最长贷款期限可达30年。拓展可抵押林权范围,将中幼林、毛竹、果树、设施花卉、苗木等纳入抵押物范围。合理确定贷款利率,对林权收储、担保机构担保的林权抵押贷款,利率在同等条件下给予优惠。探索开展生态公益林补偿收益权质押贷款,允许生态公益林所有者将未来若干年的森林生态效益补偿收益权质押给银行,银行给予信贷支持,用于林下经济等林业产业发展。推进森林综合保险、设施花卉种植保险,依据保险合同约定及时开展理赔,确保受灾户足额获得赔款,用于恢复生产。

责任单位:人行福州中心支行、福建银监局、福建保监局

三、完善林权抵押贷款风险防控机制

构建评估、保险、监管、处置、收储五位一体的林权抵押贷款风险防控机制。加强森林资源资产评估机构建设和管理,每年评选一批森林资源资产评估业务满意度高的评估机构,并向社会公布。对林权抵押贷款,鼓励开展贷款全额森林保险,有条件的地方可给予适当的保费补贴,化解抵押物风险。加强抵押林木保护,探索将抵押林木委托第三方监管。引导资产管理机构参与林权抵押贷款风险防范,贷款出险后,由资产管理机构优先从银行收购抵押林木,并依法处置,符合采伐条件的,林业部门优先予以办理林木采伐许可证;不符合采伐条件的,由不动产登记部门依法给予办理不动产登记。加快林权收储机构建设,有条件的设区市和重点林区县(市、区)都要成立林权收储机构,并规范林权收储机构管理,充分发挥收储、担保、服务等功能作用。林权收储、担保机构为林权抵押贷款提供担保的,按照人民银行同档次贷款基准利率的30%以下收取担保费,用于维持机构日常运行。林木收储中心和林业担保机构为林农生产贷款提供担保的,由省级财政按年度担保额的1.60%给予风险补偿。至2020年,全省成立政府主导为主、规范有效运转的林权收储机构50个以上,实现重点林区全覆盖,有效防控金融风险。

责任单位:省林业厅、财政厅、农业厅、国土厅、物价局、人行福州中心支行、福建银监局、福建保监局,各市、县(区)人民政府,平潭综合实验区管委会

四、加强重点区位森林资源管护

加快生态公益林管护机制改革,推广"乡聘、站管、村监督""村推、乡审、村聘用"等专职护林员管护和政府购买服务管护模式。继续推进重点生态区位商品林置换、赎买、收储、合作等改革试点。推进重点生态区位商品林改造提升,在与林权所有者协商一致的前提下,允许重点生态区位商品林(铁路、

公路干线两侧和大江大河及其主要支流两岸规定范围内的重点"三线林"除外)中个私所有的桉树、马尾松等人工林有计划地参照一般商品林的规定进行改造提升,伐后及时组织营造珍贵乡土阔叶树种,通过生态公益林布局调整,逐步纳入生态公益林管理。积极对接国家天然林保护政策,探索建立天然林禁伐补偿制度。建立和完善省、市、县政府分类补偿、分级负担的森林生态效益补偿机制。鼓励有条件的市、县(区)加强生态建设,可依法将重点生态区位的商品林划转为生态公益林,纳入市、县(区)级生态公益林进行管理。

责任单位:省林业厅、财政厅,各市、县(区)人民政府,平潭综合实验区管委会

五、科学发展林下经济

制定林下经济发展项目管理办法,鼓励发展林下种植、林下产品采集加工和森林旅游,在不破坏生态环境的前提下,适度发展林下养殖。鼓励社会资金采取入股、合资、合作等方式,投资发展林下经济。各地要因地制宜地发展林下经济主导产业,努力形成"一县一业""一县一品"或"一乡一品"的格局,做大林下经济产业规模。要根据当地林下产品生产情况,引进相应的食品、药品、保健品等加工企业,采取订单、合作等方式,推进林下产品精深加工,延长产业链。鼓励林下经济经营者积极创建品牌,提高林下产品知名度。结合农村电子商务工作,鼓励开展林下产品网上零售批发和产销对接等电子商务,拓展"网上直销"和"时令预订"等业务,拓宽林下产品网络销售渠道。林业和农业主管部门要加强林下经济实用技术指导,提高林农发展林下经济的能力。至2020年,全省林下经济基地面积达1000万亩。

责任单位:省林业厅、财政厅、农业厅、商务厅,各市、县(区)人民政府,平潭综合实验区管委会

六、健全林业服务体系

各地要加强集体林权制度改革人员队伍和基层林业站建设,进一步健全工作机构,配齐配强工作人员,做好改革指导和服务工作。完善县级林业服务平台功能,为林农提供政策咨询、林业审批、资源评估、信息发布、价格指导、交易引导等服务。规范林业调查规划设计等中介机构发展,鼓励造林、管护、林业有害生物防治等社会化专业服务组织建设,探索开展政府购买林业公益性服务试点。加强林地承包经营纠纷调处,并将调处工作纳入地方政府社会管理综合治理考评内容。实施"互联网+"林业行动,依托海峡股权交易中心等,加快推进林业电子商务、林业产权交易等平台建设,增强网络平台的综合服务功能。依托"数字福建"遥感平台和政务空间云服务平台,推进卫星定位、遥感

影像、无人机、红外照相等技术和装备在森林资源调查、林业灾害监测监控中的应用，提升森林资源管护能力。建立联网共享的森林资源、权属、经营主体等基础信息数据库和管理信息系统，方便群众查询利用，提高林业信息化水平。

责任单位：省林业厅、发改委、财政厅、国土厅，省委编办、综治办，省测绘地信局、金融办，各市、县(区)人民政府，平潭综合实验区管委会

福建省人民政府办公厅
2016年6月16日

中共福建省委全面深化改革委员会印发《关于深化集体林权制度改革推进林业高质量发展的意见》的通知

闽委改〔2021〕2号

各市、县(区)党委全面深化改革委员会,平潭综合实验区党工委全面深化改革委员会,省直有关单位,中直驻闽有关单位:

为深入学习贯彻习近平总书记来闽考察重要讲话精神,全面落实党中央、国务院决策部署,进一步深化集体林权制度改革,加快推进林业高质量发展,经省委同意,制定如下意见。

一、总体要求

(一)指导思想

以习近平新时代中国特色社会主义思想为指导,深入贯彻习近平生态文明思想,全面落实习近平总书记关于林业改革、林业发展的重要论述精神,立足新发展阶段,贯彻新发展理念,积极服务和深度融入新发展格局,按照国家生态文明试验区建设工作要求,深化新时代林业改革,完善生态产品价值实现机制,推进林业高质量发展,建设人与自然和谐共生的现代化,促进生态文明建设和乡村全面振兴,实现"生态美,百姓富"的有机统一,为奋力谱写全面建设社会主义现代化国家福建篇章作出新贡献。

(二)工作原则

——坚持改革创新。坚持正确改革方向,巩固集体林地家庭承包基础性地位,拓展和完善林地经营权能。允许试错,及时纠错,注重典型示范、以点带面,以改革激发林业发展活力,力争实现新突破。

——坚持人民至上。尊重群众首创精神,充分发挥群众在深化林改中的作用,调动群众参与改革的主动性和创造性,促进林农增收,让林业改革发展成果更多惠及群众。

——坚持生态优先。尊重自然、顺应自然、保护自然,坚持山水林田湖草系统治理，健全最严格的森林资源保护制度，强化生态保护修复，保护生物多样性，提升森林生态系统稳定性。

——坚持绿色发展。牢固树立和践行绿水青山就是金山银山理念，积极推进产业生态化和生态产业化，服务碳达峰、碳中和，全面提高资源利用效率，增强森林资源的生态、经济、社会功能。

(三)主要目标

"十四五"期间，森林资源管理、林地规模经营、林业金融创新、林业产业融合发展、林业碳汇培育和交易、国有林场激励机制等重点改革不断深化，林地经营权和林木处置权更加灵活，绿水青山转化为金山银山路径更加顺畅、生态产品价值实现机制更加完善、一二三产业融合发展更加有效，森林质量和生态系统功能显著提高，优质生态和林产品供给能力显著增强，实现林业生态高颜值、产业高素质、林农高收入。到2025年，全省森林覆盖率达67%，森林蓄积量达到7.79亿立方米，林业产业总产值达8500亿元，森林生态系统服务功能年总价值量达到1.35万亿元。

二、重点任务

(四)稳定集体林地承包制度

全面推进集体林地所有权、承包权、经营权"三权分置"，进一步落实林地集体所有权、稳定农户承包权、放活林地经营权，依法保障林权权利人合法权益。制定林权类不动产登记管理操作规范，简化登记办证程序，加快林地经营权凭证发放。完善不动产登记信息管理系统，加强林权登记和林业管理工作衔接，建立信息共享机制，实现林权审批、交易和登记信息实时互通共享。探索开展进城落户农民集体林地承包权依法自愿有偿退出试点。将集体林地承包经营纠纷调处工作纳入政府年度平安建设考评内容，加大依法调处力度。〔责任单位：省林业局、自然资源厅、省委政法委，各市、县(区)，平潭综合实验区(以下均需各市、县(区)、平潭综合实验区落实，不再列出)〕

(五)完善林业规模经营机制

推广使用《集体林地承包合同》和《集体林权流转合同》示范文本，推动建立规范有序的林权交易市场，完善林权流转管理制度，促进林地林木有序流转。鼓励和引导林权所有者采取转包、出租、合作、入股等方式流转林地经营权和林木所有权，支持林权流入方与林农建立紧密的利益联结机制，促进适度规模经营。继续开展新型林业经营主体标准化建设，每年从省级林业专项资金中安排2000万元扶持培育家庭林场、股份林场、林业专业合作社等新型林业经营主体。到2025年，新增各类新型林业经营主体1000家，新型林业经营主体标准化建设500家。深化国有林场改革,加快推进现代国有林场试点建设,鼓励国有林场、龙头企业与村集体及其成员合作经营,引导各类生产经营主体开展联合、合作经营,吸引社会资本投资发展林业。扶持资源培育、森林管护、林木采伐、病虫害防治、调查评估等林业社会化服务组织发展,提升社会化服务覆盖面。(责任单位:省林业局、财政厅、市场监管局)

(六)完善森林科学经营制度

完善森林分类经营制度,积极稳妥地将符合生态公益林区划界定条件的天然商品林、重点生态区位商品林逐步置换或调整为生态公益林,稳定生态公益林面积。开展森林可持续经营试点和林木采伐制度改革,创新基于森林经营方案的人工商品林林木采伐管理制度,实现以审批采伐为主向监督伐后造林更新为主转变。进一步简化采伐审批手续,探索放宽人工商品林采伐年龄、小面积皆伐的限制。加大国家战略储备林建设力度,大力实施森林质量精准提升工程和松林改造提升行动,在伐后郁闭度保留0.30以上的前提下,允许对生态公益林、天然林中以马尾松等松类为优势树种的林分实施抚育采伐,并通过套种乡土阔叶树、人工促进天然更新等改造方式,加快形成复层异龄混交林,提高森林质量和生态功能。(责任单位:省林业局、财政厅、自然资源厅)

(七)健全生态补偿机制

实施分类分级分档补偿办法,根据中央补偿政策及省、市、县(区)级财力情况,稳步提高森林生态效益补偿和天然林停伐管护补助标准。落实好江河下游地区对上游地区森林生态效益补偿政策,调动上游地区保护森林资源积极性。每年从省级林业专项资金中安排5000万元用于深化重点生态区位森林赎买等改革,到2025年全省新增赎买森林面积25万亩。开展湿地生态保护补偿试点,进一步明确补偿对象、范围、标准等,探索建立湿地生态保护补偿制度。(责任单位:省林业局、财政厅、生态环境厅)

(八)健全林业碳汇发展机制

完善林业碳汇交易制度,探索建立福建林业碳中和交易中心,制定大型活动碳中和实施办法,建立碳排放抵消机制。鼓励各地积极探索林业碳汇场外交易模式,引导机关、企事业单位、社会团体购买林业碳汇或营造碳中和林,推动碳中和行动。培育我省具有林业碳汇项目审定核证资质的机构。采取植树造林、森林经营和灾害防治等固碳减排措施提升林业碳汇能力,支持开展"森林停止商业性采伐"等林业碳汇项目方法学研究,鼓励国有林场、林业企业等经营主体强化森林经营,提高森林质量,提升森林生态系统固碳能力,参与碳汇交易。从省级林业专项资金中安排1000万元用于20个县(市、区)、国有林场等开展林业碳中和试点建设,完成建设面积50万亩以上,新增森林植被碳汇量50万吨以上。(责任单位:省林业局、发改委、生态环境厅)

(九)创新林业投融资机制

加强与央企战略合作,争取加大对福建省国家战略储备林等建设项目投入,支持建立林业投融资平台,拓宽林业投资渠道。推广"闽林通"系列普惠林业金融产品,用足用好政策性、开发性银行贷款。创新推出符合林业生产特点的期限长、利率低、手续简便的林业金融产品,探索开展公益林补偿、天然林停伐管护补助、林业碳汇收益权质押贷款和林地经营权抵押贷款。每年从省级林业专项资金中安排不少于1000万元用于贴息。规范森林资源资产评估工作,降低评估费用,通过林权收储担保补助,鼓励林权收储机构、政府性融资担保机构与金融机构开展合作,提前参与林权抵押贷款评估,提供担保服务,出险后及时收储或代偿。完善林业保险制度,健全以政策性保险为基础、商业性保险为补充的森林保险制度。完善森林保险承保机构遴选机制,提升保险保额,减少受灾户因灾损失,及时恢复生产。推广"林票制"和"森林生态银行"改革做法,促进资源变资产、资产变资本、资本变收入。(责任单位:省金融监管局、财政厅、自然资源厅、林业局,人行福州中心支行、福建银保监局、厦门银保监局)

(十)加快构建自然保护地体系

巩固拓展武夷山国家公园体制试点成果,加快建立以国家公园为主体的自然保护地体系,保持自然生态系统的原真性和完整性。坚持生态保护优先,统筹保护和发展,有序推进各类自然保护地生态移民工作,引导适度发展生态旅游。落实重要生态系统保护和修复重大工程规划实施方案,实施武夷山脉、戴云山脉森林生态系统、重要湿地保护与修复,以及濒危野生动植物及其栖息地保护等工程,持续做好禁食野生动物后续工作,有序开展防控野猪危害综合试点。(责任单位:省林业局、发改委、公安厅、财政厅、自然资源厅、生态环境厅、水利厅、农业农村厅、海洋渔业局、武夷山国家公园管理局)

(十一)促进生态成果共建共享

持续开展百城千村、百园千道、百区千带等"三个百千"绿化美化行动,统筹推进城乡绿化美化,加快森林城市、森林乡村、森林公园创建。创新全民义务植树参与机制,鼓励开展"互联网+全民义务植树"等特色活动,共同营造优美的生态环境和休闲游憩空间。按照"省统一规划、市协调推动、县组织实施"原则,加快推进武夷山国家森林步道和省级森林步道建设。各地要根据实际情况,将乡村绿化美化、生态保护修复、绿色富民产业发展以及森林步道等基础设施建设相关支出，纳入土地出让金收入和收益计提用于农村建设的资金中统筹安排。依托各类自然保护地等自然资源，建设林业践行习近平生态文明思想基地20个以上、自然教育基地(学校)100个。(责任单位：省林业局、教育厅、财政厅、住建厅、文旅厅)

(十二)大力发展绿色产业

坚持一二三产融合发展，每年从省级林业专项资金中安排不少于2亿元用于扶持竹产业、林下经济、生态旅游、花卉苗木等绿色富民产业发展，文旅融合专项也对生态旅游予以支持。加大林业科技攻关、林业新技术应用支持力度，引导林业企业转型升级、发展壮大。支持建设一批林竹产业园区，推动林产加工产业聚集。支持将具备社会公共服务属性的林区道路纳入当地交通基础设施建设范畴予以扶持。将符合政策要求的营造林、林业生产经营、采伐运输、林产品初加工、病虫害防治器械等林业机械纳入农机购置补贴范围，提高机械化发展水平。(责任单位：省林业局、发改委、财政厅、科技厅、自然资源厅、交通运输厅、农业农村厅、文旅厅)

(十三)强化林业资源监管

全面推行林长制，构建党政同责、属地负责、部门协同、源头治理、全域覆盖的长效机制，压紧压实各级党政领导干部保护发展森林资源目标责任。加强基层林业站、林业行政执法、专业护林员等队伍建设，强化森林资源监管力量，加快推进智慧林业建设，实现全省森林资源网格化全覆盖监管，加强森林资源和生态保护，提升森林、湿地等重要生态系统功能，守护好生态安全屏障。(责任单位：省林业局、发改委、自然资源厅、生态环境厅，省委编办)

三、保障措施

(十四)强化组织领导

坚持省市统一部署、县(市、区)直接领导、部门配套服务、乡镇组织实施、村组具体落实的林改工作机制，把深化集体林权制度改革，推进林业高质量发展作为各级林长的一项重要职责，切实加强组织领导，强化统筹协调，推动政策措施落实。各有关部门按照职责分工，出台完善相关支持政策，加快形成全省上下联动、共同推进深化林改的工作格局。(责任单位：省林业局、发改委、财政厅、自然资源厅、生态环境厅)

(十五)强化宣传引导

加强政策解读与舆论引导，利用各种传统媒体和新媒体，大力宣传各地推进深化林改和林业生态建设的好经验好做法，营造良好的舆论环境。坚持制度设计和基层探索相结合，继续挖掘总结推广可复制的林改成熟经验，充分发挥

试点的示范带动作用,进一步打造福建林改样板。(责任单位:省委宣传部、省文旅厅、林业局)

(十六)强化责任落实

各级各部门要建立健全工作责任制,结合实际对深化林改任务进行分解细化,将责任落实到人。要压实各级党委和政府保护发展森林资源的主体责任,继续将森林资源资产纳入领导干部自然资源资产离任审计的重要内容,落实党政领导干部生态环境损害责任终身追究制,对造成森林资源严重破坏的,严格按照有关规定追究责任。对落实深化林改工作成绩突出的单位和个人按有关规定予以表彰奖励。(责任单位:省人社厅、审计厅、林业局,省委组织部)

附件:重点任务清单

中共福建省委全面深化改革委员会
2021 年 10 月 14 日

附件

重点任务清单

序号	重点任务	目标内容	责任单位
1	稳定集体林地承包制度	制定林权类不动产登记管理操作规范,简化登记办证程序,加快林地经营权凭证发放,建立信息共享机制。探索开展进城落户农民集体林地承包权依法自愿有偿退出试点。	省自然资源厅、林业局、各设区市、平潭综合实验区
2	完善林业规模经营机制	推广使用《集体林地承包合同》和《集体林权流转合同》示范文本,完善林权流转管理制度。	省林业局,各设区市、平潭综合实验区
3		扶持新型林业经营主体及其标准化建设和林业社会化服务组织发展。至2025年,新增各类林业新型经营主体1000家、新型林业经营主体标准化建设500家。	省林业局,各设区市、平潭综合实验区
4		深化国有林场改革,积极与林农建立利益联结机制。至2025年,推进现代国有林场试点建设30个。	省林业局
5	完善森林科学经营制度	积极稳妥地将符合生态公益林区划界定条件的天然商品林、重点生态区位商品林逐步置换或调整为生态公益林。	省林业局、自然资源厅、财政厅,各设区市、平潭综合实验区
6		开展森林可持续经营试点和林木采伐制度改革。至2025年,全省实施森林质量精准提升100万亩;实施松林改造提升1000万亩。	省林业局,各设区市、平潭综合实验区
7	健全生态补偿机制	根据中央补偿政策及省、市、县(区)级财力情况,稳步提高森林生态效益补偿和天然林停伐管护补助标准。落实好江河下游地区对上游地区森林生态效益补偿政策,调动上游地区保护森林资源积极性。	省财政厅、林业局,各设区市、平潭综合实验区
8		深化重点生态区位森林赎买等改革,到2025年,全省新增赎买森林面积25万亩以上。	省林业局,各设区市、平潭综合实验区
9		在云霄漳江口开展湿地生态保护补偿试点。	省林业局,漳州市
10	健全林业碳汇发展机制	完善林业碳汇交易制度,探索建立福建林业碳中和交易中心,制定大型活动碳中和实施办法。培育我省具有林业碳汇项目审定核证资质的机构。支持林业碳汇项目方法学研究。在20个县(市、区)、国有林场等开展林业碳中和试点,完成建设面积50万亩以上,新增森林植被碳汇量50万吨以上。	省林业局、发改委、生态环境厅,各设区市、平潭综合实验区
11		采取植树造林、森林经营和灾害防治等固碳减排措施提升我省林业碳汇能力,至2025年,全省完成植树造林400万亩,森林抚育面积1500万亩,封山育林面积500万亩,建设生物防火林带2222公里、沿海防护林70万亩;建设一批林业碳中和试点。	省林业局,各设区市、平潭综合实验区

(续)

序号	重点任务	目标内容	责任单位
12	创新林业投融资机制	创新推出符合林业生产特点的林业金融产品,加大金融扶持林业发展力度。鼓励林权收储机构、政府性融资担保机构与金融机构开展合作,化解金融风险。推广"林票制"和"森林生态银行"改革做法。	省金融监管局、财政厅、林业局、人行福州中心支行,三明、南平市
13		健全以政策性保险为基础、商业性保险为补充的森林保险制度,完善森林保险承保机构遴选机制。	省林业局、财政厅、福建银保监局、厦门银保监局,各设区市、平潭综合实验区
14	加快构建自然保护地体系	建立以国家公园为主体的自然保护地体系,有序推进各类自然保护地生态移民工作。至2025年,完成自然保护地整合优化与勘界立标,提升完善39个省级以上自然保护区。	省林业局、发改委、财政厅、自然资源厅、生态环境厅、水利厅、农业农村厅、海洋渔业局、武夷山国家公园管理局,各设区市、平潭综合实验区
15		落实重要生态系统保护和修复重大工程规划实施方案,实施一批生态保护工程,在浦城、福安、沙县开展防控野猪危害综合试点。至2025年,实施武夷山脉、龙岩森林生态系统保护和修复工程,实施重要湿地保护修复30处,实施珍贵濒危野生动植物保护项目30个。	省林业局、发改委、公安厅、财政厅、生态环境厅,各设区市、平潭综合实验区
16	促进生态成果共建共享	持续开展百城千村、百园千道、百区千带等"三个百千"绿化美化行动。至2025年,全省新建省级森林乡镇100个、省级森林村庄1000个;改造提升100个自然公园,建成1000公里森林步道;建成珍贵树种造林示范区100个,建设森林质量提升景观带1000公里。	省林业局、财政厅、住建厅、农业农村厅,各设区市、平潭综合实验区
17		把乡村绿化美化、生态保护修复、绿色富民产业发展以及森林步道等基础设施建设相关支出,纳入土地出让金收入和收益计提用于农村建设的资金中统筹安排。	省财政厅、林业局,各设区市、平潭综合实验区
18		建设武夷山国家森林步道、戴云山省级森林步道。培育森林养生城市20个、森林康养小镇50个、森林康养基地100个、四星级以上森林人家50个。	省林业局、文旅厅,各设区市
19		建设林业践行习近平生态文明思想基地20个以上、自然教育基地(学校)100个。	省林业局、教育厅、文旅厅,各设区市、平潭综合实验区

(续)

序号	重点任务	目标内容	责任单位
20	大力发展绿色产业	积极推进竹产业、林下经济、生态旅游、花卉苗木等绿色富民产业发展。到2025年,全省林业总产值达到8500亿元。	省林业局、发改委、财政厅、农业农村厅、文旅厅,各设区市、平潭综合实验区
21		加强对生态旅游(含森林康养)项目、林业科技攻关、林业新技术应用、林竹产业园区、林区道路、林业机械化等工作的政策支持力度。	省林业局、财政厅、科技厅、自然资源厅、交通运输厅、文旅厅,各设区市、平潭综合实验区
22	强化林业资源监管	2021年底,全面建立林长制,基本建立配套制度。	省林业局、发改委、自然资源厅、生态环境厅,各设区市、平潭综合实验区
23		加强基层林业站、林业行政执法、专业护林员等队伍建设,加快推进智慧林业建设,实现全省森林资源网格化全覆盖监管。	省林业局、发改委、省委编办,各设区市、平潭综合实验区

中共福建省委 福建省人民政府关于持续推进林业改革发展的意见

森林是水库、钱库、粮库、碳库，对生态安全具有基础性、战略性作用，林业建设是事关经济社会可持续发展的根本性问题。为传承弘扬习近平总书记在福建工作期间关于林业改革发展的重要理念和重大实践，贯彻落实习近平总书记来闽考察重要讲话精神，在新的起点上全方位高质量推进林业改革发展，现提出如下意见。

一、总体要求

（一）指导思想

以习近平新时代中国特色社会主义思想为指导，认真贯彻习近平生态文明思想，全面落实习近平总书记关于福建林业改革发展工作的重要讲话重要指示批示精神，按照省第十一次党代会部署要求，持续深化林业改革，接续实施林业"八大工程"，促进林区乡村振兴，增强固碳中和功能，维护生物安全多样，不断提高效率、提升效能、提增效益，努力服务全省高质量发展超越，为奋力谱写全面建设社会主义现代化国家福建篇章作出新贡献。

（二）基本原则

——服务全局与安全。充分发挥林业在维护生态安全、物种安全、木材安全、食物安全等方面的重要作用，打造天蓝、地绿、水清的优美生态环境，让绿水青山永远成为福建的骄傲。

——贯通改革与发展。深化改革创新，积极探索林业生态产品价值实现机制，以改革促发展，以发展增效益，进一步激发林业发展活力。

——统筹保护与利用。坚持人与自然和谐共生，统筹山水林田湖草沙系统治理。在保护中利用，在利用中保护，集约节约、可持续利用林业资源，切实提高林业的生态、经济、社会和文化效益。

——优化管理与服务。坚持用最严格的制度、最严密的法治保护生态环境，强化资源监管，守护生态安全。主动热忱服务，为经济社会发展提供用林保障，为林业发展营造良好营商环境。

——促进富裕与惠民。坚持生态惠民、生态利民、生态为民，积极发展绿色富民产业，共建共享生态福祉，提供更多优质生态产品，不断满足人民日益增长的优美生态环境和美好生活需要。

(三) 主要目标

持续深化集体林权制度改革，接续实施沿海防护林、江河流域生态林、生物多样性保护、城乡绿化和绿色通道、商品用材林、竹业花卉与名特优经济林、林产工业、森林旅游等林业"八大工程"，继续建设"生态环境优美、资源永续利用、科教兴林先进、绿色产业发达、林业实力雄厚"的现代林业强省，更好促进"生态美，百姓富"的有机统一。到2025年，全省森林覆盖率比2020年增加0.12%，继续保持全国首位，森林蓄积量达7.79亿立方米，林业产业总产值达8500亿元，森林植被碳储量达4.80亿吨，森林生态系统服务功能年总价值量达1.35万亿元，森林火灾受害率控制在0.80‰以内，科技成果贡献率达62%。到2035年，全省森林覆盖率比2025年再增加0.13%，森林蓄积量达8.79亿立方米，林业产业总产值达1.30万亿元，森林植被碳储量达5.40亿吨，森林生态系统服务功能年总价值量达1.50万亿元，森林火灾受害率控制在0.80‰以内，科技成果贡献率达68%。

二、重点任务

(一) 高起点深化林业改革

围绕"调整生产关系、促进多方得益，发展生产力、开展多式联营，发挥职能作用、强化多重服务"大胆探索，着力打造深化林改先行区。

完善林权流转机制。深入推进林业产权确权、登记、监管、流转、定价、抵(质)押、变现等工作。支持建设综合性林权交易平台，完善林权交易服务体系。实施森林资源流转5年行动，新增森林资源流转面积1000万亩。稳定现有林地承包关系，依法做好集体林地新一轮延包工作。创新方式开展林权地籍调查，推进"三权分置"改革，加快集体林地经营权登记发证。加快融合国土"三调"数据、林权登记数据、森林资源管理年度更新数据，实现"三图合一"，建立林权登记信息与林业管理信息互通共享机制。

完善多式联营机制。加快培育家庭林场、合作社、股份林场等新型经营主体，实现适度规模经营。总结推广三明林票、漳州地票、南平森林生态银行等经验做法，引导林农、林场、林企合作结成利益共同体，发展主体复合经营。完善国有林场差异化绩效管理激励机制，新增经营结余应先用于发放现有绩效工资，如仍有剩余，可申请适当核增绩效工资总量。积极开展"百场带千村"

活动，促进场村共同发展。大力扶持发展林下经济，促进立体精致经营。

完善价值实现机制。充分利用优势资源，建设一批产业集群，将资源优势转化为经济优势。根据省、市、县(区)财力情况稳步提高森林生态效益补偿、天然林停伐管护补助标准，将省级以上自然保护区内林权所有者补助政策适用范围扩大到省级以上各类自然保护地。加快开展湿地生态补偿。持续推进重点生态区位商品林赎买等改革。巩固和增强森林、湿地生态系统碳汇功能，加快培育碳汇林，储备一批林业碳汇项目。推进林业碳中和试点，创新林业碳汇项目方法学，积极推广三明碳票改革经验，降低计量、审定、核证和交易费用。

完善多元服务机制。根据国家有关部门部署要求，探索开展人工商品林林权所有者自主确定采伐类型和主伐年龄试点，简化采伐审批程序。积极搭建政银企保、林农林场林企等合作对接平台。创新林业投融资机制，与绿色金融发展相结合，鼓励开发符合林业生产特点的期限长、利率低、手续简便的林业金融产品，推广"闽林通"系列普惠林业金融产品，鼓励使用开发性政策性银行贷款投入林业生态建设。鼓励林业龙头企业到银行间市场发行债务融资工具筹资。提升林权收储机构功能，促进林权抵押不良贷款处置。继续实施森林综合保险，鼓励创新推广林业特色险种。完善林业社会化服务体系，支持创建林业综合服务组织，提供林业生产经营等综合服务。

(二)高标准提升森林质量

推进森林培育科学化、经营集约化、功能多样化、效益最大化，着力打造森林质量精品区。

科学造林绿化。接续实施城乡绿化和绿色通道工程，坚持适地适树、良种壮苗、见缝插绿、应造尽造，持续推进"三个百千"绿化美化行动，积极争取国土绿化试点示范项目。创新尽责形式，推进全民义务植树工作。

强化抚育修复。完善森林分类经营制度，加大商品林抚育间伐力度，采取补植套种阔叶树、珍贵树等人工促进措施，营造复层异龄混交林。接续实施江河流域生态林工程，强化生态公益林和天然林管护，推进重要生态系统保护和修复。接续实施沿海防护林工程，建设功能齐全的纵深防护林。

着力精准提升。实施千万亩森林质量精准提升行动，推进重点区域林相改造，以城市周边、村庄四旁、江河两岸、高速高铁沿线两侧等的森林景观提升为重点，打造一批示范基地，推进花化、彩化、季相化。

(三)高要求强化生态保护

创新自然资源管护机制，着力打造生态保护样板区。

完善资源监管利用体系。严格落实生态保护红线管控制度，强化森林、湿地、草原资源监测管理和科学利用。科学编制林地保护利用规划，优化建设项目使用林地审核审批，强化林地要素保障。

加快构建自然保护地体系。突出自然和人文兼备、保护和发展兼容、全民和集体兼顾、科研和游憩兼具，高标准推进武夷山国家公园建设。深入推进自然保护地整合优化，支持新建或晋升一批自然保护地，支持龙岩创建世界地质公园。

完善林业灾害防控体系。突出"治、防、改、检、封、罚"要求，强化松材线虫病防治，加大互花米草等入侵物种的监测和治理力度。推行森林防火网格化管理，健全责任、组织、管理、保障体系。

完善生物多样性保护体系。接续实施生物多样性保护工程，加强野生动植物及其重要栖息地保护，开展珍贵濒危物种拯救保护行动。加强野生动植物资源调查、监测、评估和保护，建立健全资源档案。支持每个设区市建设一个植物园，支持创建国家植物园。

(四)高效益发展富民林业

坚持"以二促一带三"，推进一二三产业融合发展，着力打造绿色发展示范区。

做优做强二产。接续实施林产工业工程，实施培优扶强行动，加快科技创新、文化创意、标准创设、品牌创建，扶持一批林业重点龙头企业做大做强。实施延链强链行动，做全做长木竹精深加工产业链条。实施园区提升行动，重点打造一批国家林业产业示范园区和省级林业重点园区。

提质增效一产。接续实施商品用材林工程、竹业花卉与名特优经济林工程，鼓励发展短周期工业原料林，大力培育珍贵用材林、速生丰产林、大径级用材林，提高木材自给率。继续实施现代竹业重点县、笋竹精深加工示范县等竹产业发展项目和省级财政花卉产业发展项目。鼓励开展低产低效油茶林改造，发展木本粮油，积极开发笋、板栗、锥栗等绿色森林食品。

培育壮大三产。接续实施森林旅游工程，大力开展森林旅游、森林人家、森林康养项目建设，推进与医疗、康养、体育、文化等行业融合形成新业态，在符合国土空间规划、永久基本农田、生态保护红线等用途管制要求和集约节约用地的情况下，依法办理用地审批手续。依法将取得《医疗机构执业许可证》的以康复医疗为主的森林康养机构纳入医保定点。支持发展林产品电子商务、物流配送等服务业。

(五)高品位弘扬生态文化

依托丰富的森林资源、人文资源，积极培育和弘扬林业生态文化，着力打造生态共享模范区。

建设自然宣教基地。建设一批林业生态文明实践基地、科普研学(科教馆)和自然教育基地(馆),开展丰富多彩的自然教育活动,通过进校园、进课堂、进社区,大力传播生态文明理念。

创建生态文化高地。深入挖掘林竹、花鸟等林业生态文化内涵,构建形式多样、内涵丰富的林业生态文化体系。开展"最美古树群"遴选活动,组织开展林业相关节日宣传活动,宣传省(市)树省(市)花,引导树立尊重自然、顺应自然、保护自然的生态理念。

打造生态共享福地。加快武夷山国家森林步道和鹫峰山、戴云山、博平岭等3条省级森林步道建设,推进沿海、沿江河及城镇、村庄周边森林步道开发。引导森林步道出入口与森林旅游聚集区相连接,提升聚集区、服务区的文旅配套设施及产业服务设施。鼓励建设城郊自然公园。

(六)高水平建设智慧林业

提升林业科技成果转化、应用水平,推进林业机械化、智能化发展,着力打造智慧林业创新区。

加强科技创新。采用"揭榜挂帅"机制,加快林木种苗、林产工业、林业碳汇等重点创新平台建设和科技攻关。加大现代生物技术应用,建立以杉木第四代改良为代表的现代林业精准育种技术体系。支持组建创新联盟,加快建设国家级林业科技转化基地,推动(国家级)海峡花卉创新高地在我省落地。加强基层科技推广机构建设,推进"林农点单、专家送餐"活动。

提升机械装备。加大营林生产、采伐运输机械化和木材精深加工智能化技术与装备的研发推广力度,鼓励引进智能化林业机械和林产加工设备。加大竹林生产经营、竹材运输、笋竹产品加工等方面机械设备的研发和推广应用力度。将符合政策要求的林业机械纳入农机购置补贴范围。

建设智慧林业。实施智慧林业"123"工程,应用无人机等信息化技术装备,着力建设一个林业大数据中心,构建电脑端和移动端两大服务平台,完善资源监管、业务应用、政务服务三大体系。

(七)高层次推进闽台融合

充分发挥对台区位优势,着力打造闽台林业合作实验区。

拓展融合领域。加强与台湾在资源保育与利用、种质创新、精深加工、森林疗愈、自然教育、新品种开发、新技术应用等方面的合作,加快台湾林业"五新"科技的引进、推广。

建设融合基地。加强漳浦、仙游、清流、漳平台湾农民创业园,闽台农业融合发展(永安林竹、南靖兰花)产业园和国家漳浦海峡花卉集散中心产业示范园区等基地建设,支持台资企业申报龙头企业。

提升融合平台。支持举办"林博会"、"花博会"、海峡两岸生物多样性与森林保护文化研讨会等活动,推进海峡两岸林业交流合作。

三、保障措施

(一)加强组织领导

各级党委和政府要把推进林业改革发展摆上重要议事日程,强化统筹协调,将林业改革发展重点任务纳入林长制督查考核内容,推动林业高质量发展。

(二)加强政策支持

将林业产业发展纳入乡村振兴和农村发展支持范围。支持建设杉木、竹业、花卉等现代林业产业技术体系。扩大林业贷款贴息规模,将林产加工、林下经济等贷款纳入省级财政贴息范围,对纳入省级财政保费补贴范围的林业特色保险给予30%保费补贴,鼓励有条件的市县加大保费补贴支持力度。对进入园区的林业加工项目,适当调低亩均税收和亩均投资标准要求。将现代花卉生产设施建设用地纳入县级政府年度耕地"进出平衡"方案,统一规划实施。依托福建金服云平台,运用福建省政策性优惠贷款风险分担资金池,探索设立林业经济类快服贷产品。将林区基础设施建设纳入同级政府农村公益性基础设施建设规划和相关行业发展规划,统筹推进保护地、国有林场、森林康养基地等的水电路讯等民生设施和管护用房建设。加快推进林业站服务能力提升和标准化建设。

(三)加强队伍建设

推广"定向招生、定向培养、定向就业"人才培养模式,提升林业人员编制使用效益,加强林业队伍建设。各地可根据实际情况,经设区市人社部门批准后适当放宽岗位条件要求,也可采取专项公开招聘等更加简捷有效的方式补充紧缺急需林业类专业技术人才,充实基层林业工作队伍。建立健全国家公园人才激励和保障机制。

(四)加强依法治林

加快推进林业法规规章立法和修订工作,加强林业普法。加强执法协作,加大执法力度,推行三明基层林业行政执法"一带三"模式,提升执法效能。持续深化"放管服"改革,进一步优化林业审批服务。

(五)加强典型引路

支持和鼓励基层大胆创新,允许试错,及时纠错,及时总结推广一批典型经验做法。指导推进三明、南平、龙岩市全国林业改革发展综合试点工作。大力宣传先进事迹和先进人物，营造浓厚的林业改革发展氛围。

中共福建省委
福建省人民政府
2022 年 6 月 29 日

附录 2

福建省集体林权制度改革大事记

2002 年

6月21日，时任福建省省长的习近平同志在武平县调研时，明确指出"林改的方向是对的，关键是要脚踏实地向前推进，让老百姓真正受益"，并要求"集体林权制度改革要像家庭联产承包责任制那样从山下转向山上"，推动福建省在全国率先开展集体林权制度改革。

8月16—17日，省林业厅在武平县召开集体林木林地产权制度改革研讨会。省委政策研究室、省政府办公厅、省政府法制办、各设区市和部分县(市、区)林业局以及省林业厅有关处室负责人参加会议，国家林业局政策法规司陈根长司长和林业经济发展研究中心刘东生副主任到会指导。会上，张添根副厅长作了《全面贯彻"三个代表"要求，扎实推进林木林地产权制度改革》的发言，黄建兴厅长作了总结发言。

2003 年

3月11日，省政府刘德章副省长赴南平市延平区杨厝村开展林改调研。

4月4日，省政府下发《关于推进集体林权制度改革的意见》(闽政〔2003〕8号)，推进以"明晰所有权、放活经营权、落实处置权、确保收益权"为主要内容的集体林权制度改革。

5月28日，省政府在福州召开全省集体林权制度改革动员部署大会。参加会议的有各设区市政府分管副市长和林业局局长，57个县(市、区)政府分管副县长和林业局局长及省直有关单位负责人。会上，刘德章副省长作了题为《全面推进集体林权制度改革，加快农村全面建设小康社会步伐》的报告。省长卢展工作了"把好事办好"的重要讲话，要求坚持科学发展观为指导，坚持形成合力、融入全局，坚持为民惠民的出发点和立足点，坚持改革创新、不断去破解发展中的难题，真正把集体林权制度改革这件好事做好、做实、做到位。

9月3日，省人大常委会副主任曹德淦、部分常委会委员和农经委负责人专题听取了省林业厅关于集体林权制度改革汇报。曹德淦副主任在会上指出：集体林权制度改革是福建林业的一件大事，也是福建改革与发展的一件大事。要分析新情况、研究新问题、建立新机制，不断完善管理措施和办法，提高社会化服务水平，防止出现乱砍滥伐等问题。

9月16—19日，省政府在福州、三明、泉州三地分别召开了福莆宁、南三龙、厦漳泉三个片集体林权制度改革座谈会，市县乡村代表作了交流发言。会上，刘德章副省长强调，认识要到位、工作要到位、领导要到位，切实把这件好事办好。

2004年

2月12日，省政府召开全省集体林权制度改革电视电话会议。省直有关单位负责人参加主会场会议，各市、县（区）政府、林业局、各乡（镇）负责人参加分会场会议。会上，刘德章副省长指出，2004年是集体林权制度改革的关键年，总目标是确保全省完成70%的改革任务，为2005年基本完成集体林权制度改革打好基础。

6月初，福建省被国家林业局列为国家林业改革与发展综合试点区，重点开展以集体林权制度及其配套改革为核心的林业综合改革试点工作。

6月3日，省政府办公厅下发《关于开展集体林权制度改革检查验收的通知》。

6月7日，省政府召开全省集体林权制度改革电视电话会议。刘德章副省长强调：一要分析林改现状，认真进行再动员、再部署；二要采取强有力措施，抓重点攻难点；三要认真抓关键问题，确保改革健康推进，要始终坚持进度服从质量，尊重群众意愿，探索推进配套改革，认真组织检查验收，确保林改工作保质保量完成。

6月11日，经省政府同意，省监察厅、省林业厅联合下发开展集体林权制度改革进展情况执法监察工作的通知，于7—11月在全省范围内开展执法监察。

6月9—14日，国家林业局雷加富副局长到福建调研集体林权制度改革工作。

8月23日，国家林业局下发《关于福建省三明市集体林区林业产权制度改革试点方案的批复》，要求进一步探索森林资源资产营运的新途径，全面推进林区经济体制和森林资源管理体制改革，激活森林资源培育和保护机制，加快建立稳定健康的森林生态系统，促进林区社会稳定和经济、资源、环境协调发展。

11月29日，国家林业局祝列克副局长到永安调研集体林权制度改革工作。祝列克副局长要求把林业要素市场规模做大，向外辐射，促进林业产业集聚，为全国林权制度改革和南方林区林业发展探路子、出经验。

12月6日，省委农村工作领导小组在永安召开全省集体林权制度改革现场会。会上，省委副书记梁绮萍强调，各地要求真务实、开拓创新、奋发有为、扎实工作，打好林改攻坚战，全面深化各项配套改革，按时保质完成省委、省政府确定的工作目标任务。刘德章副省长作了总结讲话，对做好林改工作提出了具体要求。

2005 年

1月11—13日，国家林业局林业经济发展研究中心、中国农业大学等部门在福州召开"关注林权"国际研讨会，著名"三农"专家温铁军教授等国内外专家就集体林权制度改革展开研讨。

2月21日，省政府召开全省集体林权制度改革电视电话会议。会上，刘德章副省长通报了全省林改进展情况，总结了改革初步成效，分析了存在的主要问题，部署了今后林改工作。

3月23—29日，中央农村工作领导小组副组长徐有芳在国家林业局张建龙副局长的陪同下，来福建调研集体林权制度改革工作。

3月27—30日，国家林业局李育才副局长到永安等地调研集体林权制度改革工作。

4月28日，中国人民银行福州中心支行与省林业厅在福州联合召开林业投融资改革暨金融创新会商会议。刘德章副省长参加会议并讲话。会上，签订了《福建省林业厅 中国人民银行福州中心支行协作备忘录》《中国保险监督管理委员会福建监管局 福建省林业厅关于推进我省林业保险试点工作备忘录》。

6月1—2日，全省集体林权制度改革检查验收现场会在南平召开。省委常委、副省长刘德章部署了全省林改检查验收工作及配套制度改革工作。

6月26—28日，中国集体林权制度改革研讨会在三明召开。中央农村工作领导小组办公室、国务院研究室、财政部、国务院农村税费改革办公室、国家发展与改革委员会、农业部、国家林业局等中央有关部门同志，江西、湖南、陕西、辽宁、河北、浙江、四川、云南等19个兄弟省(自治区)林业部门负责人，中国社科院、中国人民大学、北京林业大学、南京林业大学、福建农林大学等院校专家学者及有关新闻单位记者近200人参加了会议。与会代表就集体林权制度改革的意义和作用、如何开展集体林权制度改革等问题展开了热烈的研讨。国家林业局副局长张建龙、省政府副省长王美香出席会议并讲话。

9月6日，省委办公厅、省政府办公厅下发了《关于加大力度推进集体林权制度改革的通知》，要求加快林权登记发证、组织检查验收、加强山林纠纷调处、深化各项配套改革。

9月29日，省第十届人民代表大会常务委员会第十九次会议审议通过了修订后的《福建省森林资源流转条例》，并于2005年12月1日起施行。

12月6日，省监察厅、省林业厅召开林改执法监察联席会议，联合下发了《关于2006年开展集体林权制度改革执法监督工作的通知》。

12月19日，省政府转发中国人民银行福州中心支行、省林业厅、福建保监局《关于加快金融创新促进林业发展的指导意见》。

2006年

1月13日，中共中央总书记胡锦涛在视察永安林改时指出"林改意义确实很重大。"

1月11—15日，国家林业局局长贾治邦在常务副省长刘德章的陪同下，深入林区开展集体林权制度改革调研。贾治邦在调研后强调，福建省集体林权制度改革取得了显著成效，是农村改革的连续、深化和完善，是农村经济社会发展的第二次革命，是农村生产力的又一次大解放，是破解"三农"问题的有效途径，对加快林业现代化进程，推进社会主义新农村建设，具有重大的现实意义和深远的历史意义。福建省集体林权制度改革，抓住了发展的牛鼻子，破解了制约集体林发展的体制机制性难题，展示了林业生产力发展的巨大活力，带来了山绿、民富、人欢的新景象，体现了林业在社会主义新农村建设中的重要地位和作用。

2月12日，人民日报在第一版以"山定权人定心树定根，福建省全省推行林权制度改革"为题目，报道福建省林权制度改革，同时发表了副总编辑梁衡《栽者有其权，百姓得其利》的短评。

5月14—15日，国家林业局、福建省政府、中央党校和中国人民大学联合举办的全国集体林权制度改革高峰论坛在三明举行。参加会议的有中央有关部委、高等院校、科研单位和全国28个省(自治区、直辖市)林业厅(局)的领导、专家、学者100余名。全国人大常委会副委员长乌云其木格，国家林业局局长贾治邦，中央农村工作领导小组办公室主任陈锡文，福建省省长黄小晶，中国人民大学党委副书记王新清，福建省常务副省长刘德章，中国工程院院士王涛，福建省人大常委会副主任曹德淦等出席论坛。论坛由国家林业局副局长张建龙、中央党校教育长李兴山分别主持。与会代表对进一步深化集体林权制度改革做了深入的理论探讨，提出了一系列富有前瞻性、建设性的观点和建议。乌云其木格副委员长高度评价福建省在集体林权制度改革上取得的成效以及林业战线为"三农"工作所做的积极贡献，黄小晶省长代表福建省委省政府致辞，国家林业局贾治邦局长作了会议总结。

8月8—15日，中国绿色时报就福建省集体林权制度改革进行连续追踪报道，六篇报道的标题分别是：胆略和智慧成就"林权改革第一省"、八闽大地林改潮、综合配套改革适时跟进、林业大发展的新动力、为新农村建设御风扬帆、林改锻造出"林改精神"。

11月7日，省委、省政府出台了《关于深化集体林权制度改革的意见》，提出了以"稳定一大政策、突出三项改革、完善六个体系"为主要内容的深化改革思路。

12月20日，省委、省政府组织召开了全省深化集体林权制度改革工作会议。会议表彰了林改先进工作者，省委书记卢展工、省长黄小晶和国家林业局副局长张建龙等领导分别讲话。

2007年

5月17—21日，中农办、国家发改委、财政部、国务院研究室、中国人民银行和国家林业局等六部委组成联合调研组，到福建开展集体林权制度改革调研，并与福建省委、省政府领导进行座谈。国家林业局局长贾治邦、省委书记卢展工、省长黄小晶、常务副省长张昌平、省人大常委会副主任刘德章出席座谈会。贾治邦指出，福建通过改革，农民的积极性充分调动，林业资源迅速增长，产业加快发展，农民收入增加。福建的实践证明了这项改革顺民意，得民心；证明了林改使生态得到保护，农民得到实惠。福建省委书记卢展工强调，要认真研究和解决改革中的深层次问题，毫不动摇地继续推进改革，巩固和发展改革成果，建立长效机制，完善林业布局，切实维护好人民群众特别是广大林农的长远利益、现实利益。

5月，福建成立全国首家省级林权登记管理机构——福建省林权登记中心。

7月25日，省林业厅和省监察厅联合召开全省深化集体林权制度改革电视电话会议。

8月29—31日，省委组织部与省林业厅联合在三明市举办了深化集体林权制度改革专题研讨班。黄建兴厅长深入讲解了深化集体林权制度改革的"十个问题"：一是为什么要提出均山、均权、均利？二是为什么要创新生态公益林管护机制？三是为什么要创新采伐制度？四是为什么要提高林业经营的组织化程度？五是为什么要创新沿海防护林管理体制？六是为什么要加快绿色家园建设，建设重点是什么？七是为什么要贯彻落实产业调整？八是为什么要处理好

"场"与"村"的关系？九是为什么要以森林资源的培育为中心？十是为什么要转变职能？

10月8日，省政府下发了《关于推进生态公益林管护机制改革的意见》，提出"落实主体、维护权益、强化保护、科学利用"的总体要求，在全省推进生态公益林管护机制改革。

10月10日，省政府在福州召开全省生态公益林管护机制改革电视电话会议。

2008年

2月27日至3月9日，省委政策研究室和省林业厅联合调研组深入南平、三明、泉州、福州市的部分县(区)开展深化和完善集体林权制度改革调研。

4月28日，中共中央政治局召开会议，研究部署推进集体林权制度改革，胡锦涛总书记亲自主持会议。会议认为，集体林权制度改革对于充分调动广大农民发展林业生产经营的积极性，促进农民脱贫致富，推进社会主义新农村建设，建设生态文明，推动经济社会可持续发展，具有重大意义。必须坚持农村基本经营制度，确保农民平等享有集体林地承包经营权；坚持统筹兼顾各方利益，确保农民得实惠、生态受保护；坚持尊重农民意愿，确保农民的知情权、参与权、决策权；坚持依法办事，确保改革规范有序；坚持分类指导，确保改革符合实际。会议要求各地区各部门要切实加强组织领导，在认真总结试点经验的基础上，依法明晰产权、放活经营、规范流转、减轻税费，全面推进集体林权制度改革。

6月8日，中共中央、国务院下发了《关于全面推进集体林权制度改革的意见》。

2009年

4月24日，省政府第23次常务会议研究通过了《福建省林权登记条例(草案)》。

4月起，省委、省政府将全省1.15亿亩森林全部纳入火灾保险范围，省级财政投入5000万元，每亩保险金额500元。

9月27日，省高院林业审判庭、省处纠办联合下发了《关于涉及林权争议行政执法、行政复议与行政诉讼若干问题的会议纪要》，对进一步规范涉及林权争议案件的处理，提出了指导性意见。

11月26日，《福建省林权登记条例》经福建省第十一届人民代表大会常务委员会第十二次会议审议通过,并将于2010年3月1日起正式施行。这是我国第一部专门规范林权登记行为的地方性法规。

2010年

2月,省委、省政府将森林保险列入2010年为民办实事工作加以推动,并在森林火灾保险的基础上开始实施森林综合保险。

10月21日,省政府办公厅下发了《关于开展林改"回头看",进一步推进林权登记发证工作的通知》,要求全省各地全面开展林改"回头看",继续落实集体林地承包经营政策,加快林权登记发证进度,加强林改档案管理。

2011年

8月17日,福建省首家林产业专业支行——中国农业银行永安林产业支行揭牌。

12月中旬,省林业厅召开森林资源可持续经营管理试点工作会议。会议要求,推进林木采伐方式转变,促进形成复层林、异龄林;探索不同森林类型实行不同的经营和森林采伐管理措施;扶持成立营林、采伐等专业队。

2012年

2月21—22日,国家林业局副局长张建龙来闽调研集体林权制度改革。他要求,要根本解决森林综合保险问题,大力发展林业专业合作组织,积极发展林下经济,为山区扶贫作出贡献。

3月7日,时任中共中央政治局常委、国家副主席习近平在看望参加第十一届全国人大五次会议的福建代表团代表时指出:"我在福建工作时就着手开展集体林权制度改革。多年来,在全省干部群众不懈努力下,这项改革已取得实实在在的成效。"

12月中旬,省林业厅在福州组织召开林业金融座谈会。

2013年

5月中旬,省委书记尤权在德化县调研期间,对德化县发展林下养殖业、种植业增加农民收入的做法给予了充分肯定,要求德化县积极探索"不砍树也致富"的途径。

8月1日,省政府印发《关于进一步深化集体林权制度改革的若干意见》,要求以林权管理为重点,建立规范有序的森林资源流转市场;以分类经营为主导，建立森林可持续经营的新机制；以转变职能为核心，健全林业社会化服务体系。

2014 年

1月3日，福建省深化集体林权制度改革现场会暨全省林业局长会议在武平县召开。国家林业局局长赵树丛、省政府副省长陈荣凯出席会议并讲话。赵树丛强调，要坚持稳定巩固农民的林地承包经营权，依法保障农民对其承包经营权的占有、使用、收益、流转及林权的抵押、担保权利，促进林农持续增收。要培育发展新型林业经营主体，建立公开公平公正的林权交易平台，积极稳妥推进林地经营权流转。要建立适合农户家庭经营的森林可持续经营方案，服务农民发展林下经济，探索建立林权收储机构。陈荣凯强调，要加强林权动态管理、创新经营管理机制、加大金融支持力度、大力发展林下经济、完善林业服务体系。

2015 年

6月4日，省政府下发《关于推进林业改革发展加快生态文明先行示范区建设九条措施的通知》，提出深化林权管理改革、优化林业金融服务、开展重点生态区位商品林赎买、完善生态补偿机制、科学管理使用林地湿地、加大森林资源培育力度、加强森林灾害防控、加快推进依法治林、大力发展特色林产业等九条措施。

8月20日，黄琪玉副省长主持召开集体林权制度改革座谈会，要求坚持问题导向、着力破解难题，梳理总结提升、推进改革深化，准确把握重点、促进林业发展。

8月24日，省委编办印发《关于调整省林业厅内设机构的批复》，批复省林业厅成立林业改革处，负责全省林业改革等具体工作。

11月4日，省林业厅、财政厅、保监局联合印发《2016年设施花卉种植保险方案》，选择延平、清流、连城、武平、漳浦、龙海、南靖、福清等8个县（市、区）开展试点，2016年1月1日开始实施，开创了我国在省级实施花卉苗木保险的先河。

2016 年

3月14日，省国土厅、林业厅联合下发《关于做好林权登记与不动产统一登记衔接工作的通知》，标志着福建省林权登记工作全面移交国土部门。《通知》明确2016年3月底前完成相关人员划转、林权登记档案资料交接工作；自2016年4月1日起，全省各级林业部门不再受理林权登记申请，由国土部门统一受理，颁发《不动产权证书》《不动产登记证明》；原依法颁发的《林权证》继续有效，按照"不变不换"原则，今后在办理变更登记、转移登记时，逐步更换为新的不动产权证书。

4月28日，全国绿化委员会副主任、中国林学会理事长赵树丛来闽调研集体林权制度改革。他指出，福建下一步林改要做好五个字：第一个字是"权"。要长期稳定林地承包经营权，依法落实林农对承包林地的占有、使用和收益权。第二个字是"钱"。要建立财政、金融支持林业发展的长效机制，推进森林资源资本化运作，解决林农发展林业"钱从哪里来"的问题。第三个字是"绿"。要践行"绿色发展"理念，大力培育和保护森林资源，建设良好的生态环境。第四个字是"美"。要按照"生态美"的要求，加快推进城乡绿化美化香化。第五个字是"富"。要大力发展竹业、油茶、花卉、林下经济等绿色富民产业，加快发展森林生物质能源、森林生物制药等新兴产业，促进林农营林致富。

6月12日，省林业厅下发了《关于开展2016年新型林业经营主体标准化建设的通知》，省级财政安排资金500万元，首次推进新型林业经营主体标准化建设。

6月16日，省政府办公厅下发《关于持续深化集体林权制度改革六条措施的通知》，要求推进新型林业经营主体标准化建设，加大金融支持林业发展力度，加快林权收储机构建设，推进重点区位商品林改造提升，科学发展林下经济，健全林业服务体系。

2017年

3月17日，省政府办公厅转发了《国务院办公厅关于完善集体林权制度的意见》，要求稳定林地承包，放活生产经营，创新经营模式，优化管理服务，加强组织领导。

5月23日，习近平总书记对福建林改作出重要批示，充分肯定福建林改取得的成绩，要求继续深化集体林权制度改革，更好实现生态美、百姓富的有机统一，在推动绿色发展、建设生态文明上取得更大成绩。

7月27日，全国深化集体林权制度改革经验交流座谈会在福建省武平县召开，中共中央政治局委员、国务院副总理汪洋出席会议并讲话。他强调，集体林权制度改革是继家庭联产承包责任制后农村生产关系的又一次深刻调整，对推动绿色发展、建设生态文明具有重大意义。要深入学习贯彻习近平总书记关于深化集体林权制度改革的重要指示精神，按照党中央、国务院的决策部署，紧紧围绕增绿、增质、增效，着力构建现代林业产权制度，创新国土绿化机制，开发利用集体林业多种功能，广泛调动农民和社会力量发展林业，更好实现生态美、百姓富的有机统一。要深入总结推广福建集体林权制度改革的经验，不断开拓创新，推动林业改革再上新台阶。

10月1日，省委省政府下发了《关于深化集体林权制度改革加快国家生态文明试验区建设的意见》，要求着力创新生态保护和建设模式、创新林业生产经营模式、创新投融资支持模式、创新林业管理服务模式，持续深化集体林权制度改革。

2018年

1月15日，中共中央办公厅转达习近平总书记对捷文村群众来信的重要指示：希望大家继续"埋头苦干，保护好绿水青山，发展好林下经济、乡村旅游，把村庄建设得更加美丽，让日子越过越红火！"

6月10—12日，国家林业和草原局局长张建龙在福建调研集体林权制度改革工作。张建龙强调，要着力培育家庭林场、林业专业合作社、股份公司等新型林业经营主体，让专业的人干专业的事，提高林业经营效益和林农收益。要创新林业投融资机制，搭建林权抵押贷款平台，积极推广普惠林业金融，有效解决林农面临的担保难、贷款难问题。要继续加大生态保护力度，积极推进重点生态区位商品林赎买改革试点，有效破解生态保护和林农增收之间的矛盾，实现生态效益、经济效益和社会效益共赢。要大力发展林下经济、森林旅游等绿色富民产业，努力实现生态美、百姓富有机统一。

12月26日，国家林业和草原局局长张建龙对福建省林业工作作出批示："多年来，福建省作为国家生态文明试验区，认真践行习近平总书记关于'绿水青山就是金山银山理念'和'实现生态美百姓富有机统一'的指示要求，在推进集体林改、生态建设、资源保护、产业发展领域都取得了明显成效。特别是创建的'森林生态银行''福林卡''惠林卡'等好机制好做法，实施的林业生态产品共享工程，促进了绿色金融发展和群众增收致富，让老百姓幸福感获得感明显增强。希望全省各级林业部门认真总结经验，继续改革创新，为建设美丽福建作出更大贡献，为全国林业草原改革发展作出示范。"

2019 年

5月30日，经省政府同意，省林业局、财政厅、农业农村厅、文旅厅、市场监管局联合下发《关于加快林下经济发展八条措施的通知》。

10月，三明市在全国率先开展以"合作经营、量化权益、市场交易、保底分红"为主要内容的林票制度改革试点，制定出台了《三明市林票管理办法》和《三明林票基本操作流程》，初步解决了林业难融资、林权难流转、资源难变现、林分质量难提高、各方难共赢等问题。

2020 年

10月26日，国家林业和草原局办公室印发《集体林业综合改革试验典型案例（第一批）》，将福建省三明市探索林票制度、沙县探索林地股份制村集体企业两个案例纳入其中，在全国推广。

11月30日至12月4日，国家林草局、中央政研室、中央改革办等单位来闽开展集体林权制度改革联合调研。

12月22—24日，国家林业和草原局局长关志鸥一行来闽调研。关志鸥表示，国家林草局将全力支持福建省生态文明建设和林业综合改革，支持三明等地开展林业综合改革试点，加快破解深化改革过程中遇到的困难和问题，更好实现"生态美，百姓富"有机统一目标。支持武夷山国家公园建设，进一步创新体制机制，更好处理保护与发展的关系，推进生态保护与社区发展互促共赢。支持福建省通过实施森林质量精准提升工程，提升林业碳汇能力，推广林业碳汇交易，探索生态产品价值实现新机制。

2021 年

1月17日，国家林业和草原局发文对2020年林草重点工作表现突出单位予以通报表扬。福建省林业局在集体林权制度改革等方面工作突出，受到国家林草局表扬。

3月23日，习近平总书记在三明沙县调研时，充分肯定林改工作，要求："坚持正确改革方向，尊重群众首创精神，积极稳妥推进集体林权制度创新，探索完善生态产品价值实现机制，力争实现新的突破"。

4月26—27日，中央财经工作领导小组办公室尹艳林副主任带领国家发改委、财政部、林草局和人民银行的有关同志，到福建省开展集体林权制度改革专题调研。在座谈会上，尹艳林副主任提出了需要中央和福建省共同深入研究推动的几个问题：一是延长林地的承包期，使林地使用期限与林木的生长周期相适应、与采伐年龄相适应。二是保护林农权益，通过完善生态补偿机制等改革，既保护生态，也维护百姓利益。三是完善采伐制度，在保护生态的前提下放活经营权。四是把林业产业发展与生态保护作为一个产业链来设计，不能就保护谈保护，要从全链条的角度来设计生态保护和林业产业发展的机制，真正实现"生态美，百姓富"有机统一。五是完善财税金融政策支持，有关部门要大力支持。六是健全市场化机制，调动林农造林、产业发展和生态保护的积极性，从林权交易、碳汇交易切入，探索林业生态产品价值实现机制。

5月30日至6月1日，自然资源部部长陆昊来闽调研。陆昊指出，要把保护自然生态和提高林权增值收益作为集体林权改革的目标，进一步完善经营权流转交易平台和机制，推动林业规模化、专业化。深入探索生态产品价值实现机制，不断提高林权增值空间；研究碳中和目标下的林业碳汇问题，发掘林业潜在生态价值。要尊重群众首创精神，不断跟进总结经验。

7月17—18日，国家林业和草原局局长关志鸥在武平调研时指出，要进一步拓展提升林改"武平经验"，持续深入贯彻习近平总书记对捷文村群众来信重要指示精神，大力发扬"敢为人先、埋头苦干"的林改首创精神，积极探索林下经济、森林人家等"绿水青山就是金山银山"的实现途径，为全方位推进高质量发展超越打下坚实的林业基础。

7月19日，国家林业和草原局同意三明全国林业改革发展综合试点市实施方案，南平市、龙岩市参照该方案开展试点建设。

8月24日，国家林业和草原局印发了《关于支持福建省三明市南平市龙岩市林业综合改革试点若干措施》，分别从深化集体林地"三权分置"改革、创新林权抵押贷款机制、健全森林经营管理制度、建设国家储备林、实施武夷山森林和生物多样性保护工程、开展横向生态保护补偿试点、共建森林防灭火一体化体系、创建高标准林业产业示范基地、支持全面推行林长制等9个方面提出了具体要求，并明确了扶持政策。

9月1日，习近平总书记在2021年秋季学期中央党校（国家行政学院）中青年干部培训班上指出："我在福建工作时，针对福建是林业大省、广大林农却守着'金山银山'过穷日子的状况，为解决产权归属不清等体制机制问题，推动实施了林权制度改革。当时，这项改革是有风险的，主要是20世纪80年代有些地方出现了乱砍滥伐的情况，中央暂停了分山到户工作。20多年过去了，还能不能分山到户，大家都拿不准。经过反复思考，我认为，林权改革关系老百姓切身利益，这个问题不解决，矛盾总有一天会爆发，还是越早解决越好，况且经济发展了、农民生活水平提高了，乱砍滥伐因素减少了，只要政策制定得好、方法对头，风险是可控的。决心下定后，我们抓住'山要怎么分''树要怎么砍''钱从哪里来''单家独户怎么办'这4个难题深入调研、反复论证，推出了有针对性的改革举措，形成了全国第一个省级林改文件。2008年中央10号文件全面吸收了福建林改经验。"

9月2日，福建省深化集体林权制度改革暨全面推行林长制工作会议在南平顺昌县召开，省委书记、总林长尹力作出批示，省长、总林长王宁出席会议并讲话，副省长、副总林长康涛主持会议。尹力在批示中指出，全省推进集体林权制度改革20年来，各级各有关部门始终沿着习近平总书记当年亲自为我们指明的前进方向，不断探索创新、先行先试，健全完善集体林业发展体制机制，有效激发了广大林农造林、育林、护林的积极性，解放和发展了农村生产力，成就了绿水青山，丰盈了金山银山，富裕了万千林农，成绩值得充分肯定。进入新发展阶段，我们要深入学习贯彻习近平生态文明思想，紧密结合率先推进碳达峰碳中和工作，发挥林改策源地优势，深化森林资源管理、林地规模经营、林业金融创新、林业产业融合发展、林业碳汇等重点改革，完善生态产品价值实现机制，不断促进林业生态高颜值、林业产业高素质、林区群众高收入，加快生态省建设和乡村全面振兴，让绿水青山永远成为福建的骄傲。王宁要求在推行集体林地"三权分置"、推进适度规模经营、大力发展林业产业、创新林业金融机制、完善生态产品价值实现机制、健全生态建设与保护机制、全国林业改革发展综合试点等七个方面实现新突破。

10月14日，省委全面深化改革委员会印发《关于深化集体林权制度改革推进林业高质量发展的意见》，提出在"十四五"期间，在森林资源管理、林地规模经营、林业金融创新、林业产业融合发展、林业碳汇培育和交易、国有林场激励机制等重点领域推进改革。

11月25日，国家林草局办公室印发了《林业改革发展典型案例》(第二批)，在全国推广福建省建立林权收储担保机制、顺昌县探索"森林生态银行"运行机制两项林改典型经验。

2022年

6月28日，福建省林业改革发展会议暨省级总林长会议在福州召开，省委书记、总林长尹力出席会议，强调要深入学习贯彻习近平生态文明思想，传承弘扬习近平总书记在福建工作期间开创的重要理念、重大实践，回顾总结20年福建省林业工作成效和经验，深化推进林长制工作，在更高起点上扎实推动福建省林业改革发展。省长、总林长赵龙主持会议。三明市、漳州市、武平县、顺昌县作典型发言。会议采用视频形式，主会场设在省委第一会议室，省委、省政府主要领导(总林长)、分管领导(副总林长)，省人大、省政协分管领导，省直和中直驻闽有关单位主要负责同志，省林业局班子成员，国家林业和草原局驻福州专员办负责人，福建日报社、省广播影视集团记者主会场参会；各市、县(区)及平潭综合实验区设分会场。

6月28日，福建集体林权制度改革20年座谈会在福州召开。省委副书记罗东川、国家林草局副局长刘东生出席会议并讲话，副省长康涛主持会议。林改亲历者代表黄建兴、严金静、刘道崎，林改参与者和受益者代表杨兴忠、赵刚源、李财林、洪集体、李卫民，专家学者温铁军(视频)、刘伟平作典型发言。省委办、省政府办，省委宣传部、政研室、改革办，省发改委、工信厅、财政厅、自然资源厅、生态环境厅、农业农村厅、省林业局、金融监管局，省政府发展研究中心，福建社科院，人行福州中心支行，福建银保监局，福建农林大学主要负责人，国家林草局有关司局、驻福州专员办负责同志参会。

6月29日，省委省政府印发了《关于持续推进林业改革发展的意见》，提出了服务全局与安全、贯通改革与发展、统筹保护与利用、优化管理与服务、促进富裕与惠民五个原则和高起点深化林业改革、高标准提升森林质量、高要求强化生态保护、高效益发展富民林业、高品位弘扬生态文化、高水平建设智慧林业、高层次推进闽台融合，继续建设"生态环境优美、资源永续利用、科教兴林先进、绿色产业发达、林业实力雄厚"的现代林业强省。

后 记

《伟大的变革——福建集体林权制度改革透视与前瞻》一书付梓在即，感慨良多。在习近平总书记亲手抓起、亲自推动集体林权制度改革20年之际，2022年1月，福建省林业局确定研究任务。历经半年多时间，我们多次深入三明、南平、龙岩、宁德、漳州、泉州、莆田、福州等全省重点林区开展调研，查阅了大量集体林权制度改革的史实资料，对集体林权制度改革的亲历者展开深入的访谈，收集了全省各地集体林权制度改革的典型案例。从收集资料、确定书名、论证大纲到明确体例，从各章撰写、书稿汇总、反复研讨到征求意见，编委会所有成员都付出了不懈的努力，在书稿撰写过程中也得到了调研地区各级政府、专家学者和各类林业经营主体无私的帮助，在此深表谢意！

本书是编委会成员分工合作的成果。王智桢局长、林旭东副局长、刘伟平教授对本书的方向、定位和重点做了精准的把握和具体的指导。具体编写分工为：第一章陈思莹、洪燕真；第二章洪燕真、何世祯；第三章温映雪；第四章戴永务、王强强；第五章林伟明；第六章冯亮明；第七章陈思莹；第八章傅一敏；第九章刘伟平、温亚平；附录中的大事记和政策文件由郑盛文、宋家健和林仙淋整理、提供。洪燕真、郑盛文和陈思莹担任统稿和修改工作。叶遄、朱艺琦收集和整理了大量的案例，林仙淋、林晓芸、陈婕、刘煜莹、朱学瑞、李邦妮等在资料收集、文稿校对上做了细致的工作。

在调研、写作及书稿出版过程中得到福建农林大学多位校领导的关心、支持和帮助。兰思仁校长、唐振鹏副校长多次关心书稿进展，并对书稿的章节结构给予指导。廖荣天、陈念东、吴德进、黄和亮、胡玉浪、潘子凡、林文东和福建省林业局改革发展处、森林资源管理处、造林处、计划财务处的有关同志为本书提出了宝贵的意见和建议。此外，我们的写作还参考了诸多文献和媒体

后 记

报道。对此我们一并表示感谢！

  由于时间紧迫，书中难免有疏漏之处，希望专家学者、实践部门同志不吝批评指正！

编委会
2022 年 10 月